Git 高效实践

吴子俊 著

清华大学出版社

北 京

内 容 简 介

本书是一本全面介绍 Git 版本控制系统的实践指南和参考手册。这本书将帮助读者掌握 Git 的核心概念和操作技巧，同时教授如何使用 Git 进行高效的版本控制和团队协作。笔者将从 0 到 1，由浅入深地对 Git 的操作进行讲解。

本书共分为 17 章，全方位围绕 Git 的使用技巧与原理进行讲解。书中绝大多数的命令都配有专门的实战案例，以帮助读者更好地理解。本书还提供了案例代码的每个步骤的源代码，以便于读者观察和思考，通过结合命令解析、概念阐述、流程图以及实战案例，帮助读者全面吸收并融会贯通所学知识。

无论您是前端或后端开发工程师、在校学生或初学者，还是具有一定经验的开发者，本书都将为您提供宝贵的知识参考和指导。它将成为您学习 Git 之路上的明灯。

图书在版编目（CIP）数据

Git 高效实践 / 吴子俊著. -- 北京：清华大学出版社，
2025. 1. -- ISBN 978-7-302-67719-2

Ⅰ. TP311.561

中国国家版本馆 CIP 数据核字第 2024QW9027 号

责任编辑：王秋阳
封面设计：秦 丽
版式设计：楠竹文化
责任校对：范文芳
责任印制：杨 艳

出版发行：清华大学出版社
      网   址：https://www.tup.com.cn，https://www.wqxuetang.com
      地   址：北京清华大学学研大厦 A 座   邮   编：100084
      社 总 机：010-83470000   邮   购：010-62786544
      投稿与读者服务：010-62776969，c-service@tup.tsinghua.edu.cn
      质量反馈：010-62772015，zhiliang@tup.tsinghua.edu.cn
印 装 者：北京同文印刷有限责任公司
经   销：全国新华书店
开   本：185mm×230mm   印   张：27.25   字   数：592 千字
版   次：2025 年 1 月第 1 版   印   次：2025 年 1 月第 1 次印刷
定   价：109.00 元

产品编号：105703-01

前　　言

尊敬的读者：

Git，作为当前最受欢迎的版本控制系统之一，已经成为现代软件开发中不可或缺的一部分。其强大而灵活的特性，不仅可以帮助我们更好地管理代码的版本，还能促进团队协同开发，并自动化许多重复性的任务。然而，对于许多人来说，Git 的学习路径可能会显得颇为陡峭。这正是我编写这本书的初衷——帮助您更好地理解和掌握 Git。

本书首先从 Git 的基本概念和原理讲起，然后逐步深入到更高级的特性和使用技巧。同时，本书还结合大量的实例和案例来帮助您更好地理解和应用所学知识。此外，我还将分享一些在 Git 使用过程中遇到的问题和解决策略，希望这些经验能为您在遇到类似问题时提供一些启示和帮助。

通过阅读本书，相信您不仅能够掌握 Git 的基本操作和使用方法，还能够深入了解其背后的原理和设计理念。这将使您能够更加熟练、高效地运用 Git 来管理您的项目和代码，从而提升您的软件开发能力和效率。

在此，我衷心感谢所有为本书的出版提供支持和帮助的人。特别感谢我的家人、朋友和同事们的鼓励与支持，同时也向那些为 Git 社区做出贡献的开源爱好者致以崇高的敬意。他们的努力和奉献使得我们能够更容易地获取和分享知识。

最后，愿您在阅读此书的过程中收获满满，期待与您共同探索 Git 的奇妙世界！

本书特点

☑　基础入门：本书循序渐进地讲解了 Git 的核心概念和基本操作，涵盖了版本控制的概念，配置用户信息，基本操作如提交、改名、删除、对比、日志、文件忽略，标签，存储，分支合并，数据回退与恢复，解决代码冲突，远程仓库协作，协同开发等。

☑　进阶技巧：除了基础知识，本书还介绍了一些高级技巧和最佳实践，如各类命令的高级使用方法以及常用参数的演示、分支的 Rebase、cherry-pick 操作、Git 补丁、工作流、Git 钩子等。

☑　深入剖析：本书对一些命令的底层进行了深入剖析，包括 Git 对象的产生、常用开发命令的原理、Git 目录中文件和文件夹的含义、代码冲突原理、三路合并算法、Git 配置项的修改与定制等。

☑ 案例分析：通过实际案例，生动地展示了 Git 在项目开发中的应用，帮助读者更好地理解和掌握 Git 的使用技巧。

☑ 图形化界面的使用：除了命令行操作外，本书还介绍了许多 Git 客户端及其图形化界面，并展示其基本功能和使用方法。

☑ 代码托管平台：本书详细介绍了如何将 Git 与代码托管平台相结合，包括创建仓库、推送代码、拉取更新等操作。

读者对象

☑ 软件开发人员：无论是新手，还是经验丰富的开发者，都可以通过本书深入挖掘 Git 的强大功能和最佳实践。

☑ 项目经理：了解如何利用 Git 有效地管理软件开发过程和团队，掌握 Git 的最佳配置与设定，规范 Git 的使用流程。

☑ 系统管理员：负责维护和管理代码仓库的人员，需要熟悉 Git 的高级用法和集成方法。

☑ 开源贡献者：参与开源项目通常需要使用 Git 进行版本控制和代码提交。

☑ 学生和教育工作者：计算机科学和软件工程专业的学生，以及教授相关课程的教师也会发现本书是学习 Git 的宝贵资源。

☑ 对版本控制感兴趣的人：无论您是想转行进入软件行业，还是对版本控制的原理感兴趣，本书都将为您提供一份全面且易于理解的介绍。

技术背景

本书编写时所涉及的平台与软件版本如下。

☑ 操作系统：Windows 11 专业版。

☑ Git 版本：Git-2.30.0-64-bit。

☑ 图形化工具及版本：TortoiseGit-2.7.0.0-64bit。

☑ IDEA 版本：IntelliJ IDEA 2023.2.2。

☑ JDK 版本：jdk1.8.0_152。

读者服务

☑ 课件。

☑ 学习视频。

　　读者可通过扫描本书封底的二维码来访问本书专享资源官网，获取课件和学习视频，也可以加入读者群，下载最新学习资源或反馈书中的问题。

勘误和支持

　　本书在编写过程中历经多次勘校、查证，力求避免差错，尽善尽美。由于作者水平有限，书中难免存在疏漏之处，欢迎读者批评指正，也欢迎读者来信一起探讨。

编者

目　　录

第1章　Git 概述 ················· 1
1.1　项目协同开发 ············· 1
1.2　Git 简介 ·················· 2
1.3　集中式与分布式版本控制
　　　系统 ··················· 3
　　1.3.1　集中式版本控制系统 ···· 3
　　1.3.2　分布式版本控制系统 ···· 4
1.4　Git 的使用流程 ·········· 5
　　1.4.1　本地仓库 ············ 6
　　1.4.2　协同开发 ············ 7
1.5　创建 Git 仓库 ············ 7
　　1.5.1　初始化 Git 仓库 ······· 7
　　1.5.2　Git 的帮助文档 ······· 9
1.6　Git 的配置 ·············· 10
　　1.6.1　Git 的配置等级 ······· 11
　　1.6.2　Git 的配置分类 ······· 12
　　1.6.3　读取 Git 配置 ········ 12
　　1.6.4　设置 Git 配置 ········ 13
　　1.6.5　Git 的初始化配置 ······ 15

第2章　Git 的基本使用 ········· 17
2.1　Git 基本操作命令 ········· 17
2.2　暂存区的概念 ············· 21
　　2.2.1　暂存区的工作流程 ······ 21
　　2.2.2　查看暂存区 ··········· 22
2.3　Git 的工作空间状态 ········ 24

2.3.1　nothing to commit ········ 24
2.3.2　Untracked files ·········· 25
2.3.3　Changes to be
　　　　committed ·············· 26
2.3.4　Changes not staged for
　　　　commit ················ 27

第3章　Git 其他常用命令 ········ 29
3.1　diff 命令——文件对比 ········ 29
　　3.1.1　工作空间与暂存区文件
　　　　　对比 ················ 29
　　3.1.2　版本库与暂存区文件
　　　　　对比 ················ 30
3.2　rm 命令——文件删除 ········ 31
　　3.2.1　普通方式删除 ········· 31
　　3.2.2　git rm 命令删除 ······ 33
3.3　mv 命令——文件改名 ········ 36
　　3.3.1　普通方式重命名 ······· 37
　　3.3.2　使用 git mv 改名 ······ 38
3.4　log 命令——日志查询 ········ 39
　　3.4.1　git log 命令的使用 ····· 40
　　3.4.2　格式化日志 ·········· 41
　　3.4.3　日期格式化 ·········· 42
3.5　Git 文件忽略 ·············· 44
　　3.5.1　忽略文件的使用 ········ 44
　　3.5.2　强制追踪 ············· 45

3.5.3　忽略规则的优先级 ······ 46

3.5.4　忽略规则的匹配语法 ··· 46

第 4 章　Git 底层对象 ············49

4.1　Git 对象的概念与介绍 ······· 49

4.2　Blob 对象 ····················· 50

4.2.1　Blob 对象简介 ······· 50

4.2.2　Blob 对象的使用 ······ 50

4.2.3　Blob 的存储方式 ······ 53

4.3　Tree 对象 ····················· 53

4.3.1　Tree 对象简介 ········· 53

4.3.2　暂存区与 Tree 对象 ··· 54

4.3.3　生成 Tree 对象 ········· 54

4.3.4　读取 Tree 对象 ········· 56

4.4　Commit 对象 ················· 62

4.4.1　Commit 对象简介 ······ 62

4.4.2　生成 Commit 对象 ····· 63

4.4.3　指定父级 Commit 对象

提交 ··················· 65

4.5　Tag 对象 ····················· 66

4.5.1　Tag 对象简介 ········· 66

4.5.2　Tag 对象的使用 ······· 66

第 5 章　Git 命令原理 ············70

5.1　add 命令原理 ················· 70

5.2　commit 命令原理 ············· 71

5.3　文件删除原理 ················· 73

5.3.1　普通方式删除 ········· 74

5.3.2　git rm 命令原理 ······· 76

5.4　文件改名原理 ················· 78

5.4.1　普通方式改名 ········· 78

5.4.2　git mv 命令原理 ······· 80

第 6 章　Git 分支的使用 ············83

6.1　Git 分支概述 ················· 83

6.1.1　Git 分支简介 ··········· 83

6.1.2　Git 分支原理 ··········· 84

6.2　分支的使用 ··················· 86

6.2.1　创建分支 ············· 87

6.2.2　查看分支 ············· 88

6.2.3　删除分支 ············· 88

6.3　切换分支 ····················· 89

6.3.1　checkout 切换分支 ····· 89

6.3.2　switch 切换分支 ······· 91

6.4　切换分支原理 ················· 92

6.4.1　影响工作空间 ········· 94

6.4.2　影响暂存区 ··········· 97

6.4.3　分离头指针 ··········· 100

6.5　checkout 命令的其他功能 ····· 102

6.5.1　撤销修改 ············· 102

6.5.2　强制切换 ············· 103

6.6　Git 的分支状态存储 ········· 104

6.6.1　git stash 命令 ········· 104

6.6.2　Git 存储的基本使用 ··· 105

6.6.3　Git 存储的其他用法 ··· 109

6.6.4　Git 存储与暂存区 ····· 113

6.6.5　Git 存储的原理 ······· 114

6.7　工作树的使用 ················· 118

6.7.1　工作树简介 ··········· 118

6.7.2　git worktree 的使用 ··· 119

6.7.3　git worktree 详细

用法 ················· 121

第 7 章　分支合并 ············· 123

7.1　分支开发路线 ················· 123

7.1.1　同轴开发路线 ········· 123

7.1.2　分叉开发路线 ········· 125

7.2　分支合并的分类 ············· 126

7.2.1　快进式合并分支 ······· 126

7.2.2 典型式合并分支⋯⋯⋯129

7.3 Git 的代码冲突⋯⋯⋯⋯132

7.3.1 代码冲突的分类与
特点⋯⋯⋯⋯⋯⋯132

7.3.2 快进式合并代码
冲突⋯⋯⋯⋯⋯133

7.3.3 典型式合并代码
冲突⋯⋯⋯⋯⋯138

7.4 Git 的代码冲突原理⋯⋯142

7.4.1 两路合并算法⋯⋯⋯142

7.4.2 三路合并算法⋯⋯⋯143

7.4.3 递归三路合并⋯⋯⋯149

7.5 git merge 命令详解⋯⋯⋯153

7.5.1 git merge 其他用法⋯⋯153

7.5.2 git merge 的可选
参数⋯⋯⋯⋯⋯155

7.5.3 分支合并的策略⋯⋯158

7.6 git rebase 命令⋯⋯⋯⋯161

7.6.1 git rebase 命令简介⋯161

7.6.2 git rebase 与 git merge⋯162

7.6.3 交互式 Rebase⋯⋯⋯166

7.7 git cherry-pick 命令⋯⋯⋯175

7.7.1 git cherry-pick 命令
简介⋯⋯⋯⋯⋯176

7.7.2 cherry-pick 与 merge⋯176

第8章 Git 数据恢复与还原⋯⋯183

8.1 Git 的还原——restore 命令⋯183

8.1.1 还原工作空间⋯⋯⋯184

8.1.2 还原暂存区⋯⋯⋯⋯184

8.1.3 同时还原暂存区和
工作空间⋯⋯⋯186

8.2 修正提交——amend 命令⋯187

8.2.1 提交日志修正⋯⋯⋯187

8.2.2 提交内容修正⋯⋯⋯⋯188

8.2.3 提交文件修正⋯⋯⋯⋯189

8.3 Git 的数据回退——
reset 命令⋯⋯⋯⋯⋯190

8.3.1 回退 HEAD 指针⋯⋯190

8.3.2 回退暂存区⋯⋯⋯193

8.3.3 回退工作空间⋯⋯⋯195

第9章 远程协同开发⋯⋯⋯⋯197

9.1 远程仓库简介⋯⋯⋯⋯197

9.1.1 GitHub⋯⋯⋯⋯⋯197

9.1.2 Gitee⋯⋯⋯⋯⋯198

9.1.3 其他托管平台⋯⋯⋯198

9.2 发布远程仓库⋯⋯⋯⋯200

9.2.1 协同开发工作流程⋯⋯201

9.2.2 创建远程仓库⋯⋯⋯202

9.2.3 推送仓库⋯⋯⋯⋯203

9.3 协同开发相关命令⋯⋯⋯206

9.3.1 remote 命令的使用⋯⋯206

9.3.2 clone 命令的使用⋯⋯207

9.3.3 fetch 命令的使用⋯⋯208

9.3.4 pull 命令的使用⋯⋯211

9.4 远程跟踪分支⋯⋯⋯⋯212

9.4.1 远程分支的创建⋯⋯213

9.4.2 远程跟踪分支的
创建⋯⋯⋯⋯⋯215

9.5 远程协作代码冲突⋯⋯⋯221

9.5.1 分支合并的情况⋯⋯221

9.5.2 远程协作的情况⋯⋯227

9.6 用户信息的配置⋯⋯⋯⋯233

第10章 多人协同开发⋯⋯⋯⋯236

10.1 多人协同开发的场景⋯⋯236

10.1.1 场景 1——单人
开发⋯⋯⋯⋯⋯236

10.1.2 场景 2——多人共同
开发 ·············237
10.1.3 场景 3——多人独立
开发 ·············238
10.2 进行多人协同 ·············238
10.2.1 模拟多账号协同
开发 ·············239
10.2.2 Pull Request 的
使用 ·············243

第 11 章 TortoiseGit 图形化工具 ······250
11.1 TortoiseGit 简介 ·············250
11.2 TortoiseGit 的基本使用 ·······252
11.2.1 创建仓库 ·············252
11.2.2 添加 ·············253
11.2.3 提交 ·············254
11.2.4 对比 ·············255
11.2.5 改名 ·············256
11.2.6 删除 ·············258
11.2.7 日志 ·············259
11.2.8 标签的使用 ·············260
11.2.9 文件忽略 ·············261
11.3 TortoiseGit 数据恢复 ·········262
11.3.1 restore 数据还原 ······262
11.3.2 amend 提交修正 ······264
11.3.3 reset 数据回退 ········265
11.4 TortoiseGit 操作分支 ········271
11.4.1 创建分支 ·············272
11.4.2 切换分支 ·············273
11.4.3 合并分支 ·············274
11.4.4 分支合并解决
冲突 ·············275
11.5 分支状态存储 ·············278
11.5.1 使用存储 ·············278

11.5.2 查看存储 ·············280
11.5.3 读取存储 ·············280
11.5.4 删除存储 ·············281
11.6 TortoiseGit 分支高级操作 ·····282
11.6.1 rebase 操作 ·············282
11.6.2 cherry-pick 操作 ·····286
11.7 TortoiseGit 协同开发 ·······290
11.7.1 remote ·············290
11.7.2 push ·············292
11.7.3 clone ·············293
11.7.4 fetch ·············294
11.7.5 pull ·············295
11.7.6 模拟协同开发
冲突 ·············296

第 12 章 IntelliJ IDEA 集成 Git 插件的
使用 ·············299
12.1 Git 插件的基本使用 ·········299
12.1.1 IDEA 绑定 Git
插件 ·············299
12.1.2 提交项目 ·············301
12.1.3 添加忽略文件 ·······302
12.1.4 比较 ·············306
12.1.5 改名 ·············307
12.1.6 删除 ·············307
12.1.7 日志 ·············307
12.1.8 标签 ·············309
12.2 Git 插件数据恢复 ·········310
12.2.1 restore 数据还原 ······311
12.2.2 amend 提交修正 ······311
12.2.3 reset 数据回退 ········312
12.3 分支的操作 ·············315
12.3.1 创建分支 ·············315
12.3.2 切换分支 ·············317

12.3.3　合并分支 ·············317

12.3.4　分支合并解决冲突···318

12.4　分支状态存储 ···········321

12.5　分支高级操作 ···········322

12.5.1　rebase 操作 ·········322

12.5.2　cherry-pick 操作 ···325

12.6　协同开发 ···············327

12.6.1　remote ·············327

12.6.2　push ···············328

12.6.3　clone ·············329

12.6.4　fetch ·············330

12.6.5　pull ···············332

12.6.6　模拟协同开发冲突···334

第 13 章　协同开发命令详细用法······· 336

13.1　push 命令 ·············336

13.1.1　push 命令的使用

方式 ···············336

13.1.2　push 命令的常用

参数 ···············339

13.1.3　push 命令常用参数

演示 ···············340

13.1.4　上游分支 ···········342

13.1.5　修剪分支 ···········345

13.1.6　强制推送 ···········346

13.2　fetch 命令 ···········348

13.2.1　fetch 命令的常用

参数 ···············348

13.2.2　fetch 命令常用参数

演示 ···············349

13.2.3　强制获取 ···········351

13.3　pull 命令 ·············352

13.3.1　pull 命令的常用

参数 ···············353

13.3.2　pull 命令常用参数

演示 ···············353

13.3.3　pull 变基操作 ······356

13.3.4　强制拉取 ···········360

第 14 章　Git 补丁 ············· 363

14.1　Git 补丁语法 ··········363

14.2　git apply 应用补丁 ······364

14.2.1　git apply 使用示例 ···364

14.2.2　git apply 旧版本

问题 ···············368

14.3　git format-patch 生成补丁 ····368

14.4　git am 应用补丁 ·········371

14.4.1　git am 使用示例 ·····371

14.4.2　git am 解决冲突 ·····372

第 15 章　Git 工作流 ··········· 375

15.1　Git Flow 中的分支 ······375

15.2　使用 Git Flow 模拟开发······377

15.3　使用 Git Flow Script 开发 ····380

第 16 章　Git 钩子 ············· 387

16.1　钩子的作用 ···········387

16.1.1　客户端钩子 ·········387

16.1.2　服务端钩子 ·········388

16.2　使用钩子 ·············388

16.2.1　编写 pre-commit

钩子 ···············389

16.2.2　编写 commit-msg

钩子 ···············390

16.2.3　采用 Java 实现

钩子 ···············391

第 17 章　Git 的配置项 ·········· 393

17.1　git config 命令 ·········393

17.1.1　查询信息类 ··········393

17.1.2　作用域类 ············394

17.1.3　属性操作类 ········396

17.2　.git 目录详解·············401

17.2.1　.git 目录中文件夹的
说明 ···············401

17.2.2　.git 目录中文件的
说明 ···············404

17.3　Git 客户端配置···············404

17.3.1　user 配置项 ··········405

17.3.2　alias 配置项··········405

17.3.3　credential 配置项 ····407

17.3.4　merge 配置项·········412

17.3.5　push 配置项 ·········414

17.3.6　其他配置项··········416

17.4　Git 服务端配置···············418

17.4.1　receive 配置项 ·······419

17.4.2　http 配置项 ··········420

17.4.3　gc 配置项 ·········421

第 1 章
Git 概述

Git 是一款版本控制工具，主要用于团队间协同开发项目。在学习 Git 之前，我们必须对 Git 的基本概念、工作方式等有所了解，以便于更加深入地学习 Git 的使用与配置。本章主要介绍版本控制、协同开发等基本概念，然后再进一步探究 Git 如何实现这些功能以及 Git 的工作方式、使用流程与基本配置。

1.1　项目协同开发

我们进行项目开发时，由于项目的庞大，通常都是由多人协同进行开发，每个人负责部分业务代码的开发，一起推进项目的进度。但多人协同开发不可避免地会存在很多的问题，例如代码共享、代码合并、历史回退、权限控制、日志记录等问题。

- ☑　代码共享：建立一个专门的服务器管理代码。
- ☑　代码合并：复制粘贴，肉眼观察，极易出错。
- ☑　历史回退：在修改代码之前，做好每次修改前的备份（复制粘贴）。
- ☑　权限控制：人为控制，非常麻烦。
- ☑　日志记录：人为控制，非常麻烦。

为了解决上述问题，我们急需一款软件能够帮助进行项目的协同开发。

1. 什么是版本控制

版本控制系统（Version Control System，VCS）是用于管理和追踪文件修改历史的软件工具，它记录和跟踪从创建到当前状态的所有源代码及项目文件变化，支持团队协作、版本回溯、差异对比以及合并不同成员的工作。

我们可以把一个版本控制系统理解为一个"数据库"，它可以帮助我们完整地保存一个项目的快照。当我们需要查看一个之前的快照（称之为"版本"）时，版本控制系统可以显示出当前版本与上一个版本之间的所有改动的细节。图 1-1 为版本控制系统的工作流程。

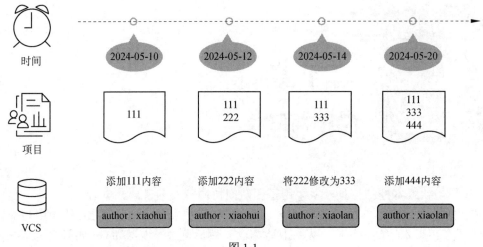

图 1-1

2. 版本控制的好处

试想一下，如果没有版本控制系统，当需要处理那些共享文件夹中的文件时，我们必须告知团队里的所有人，正在对哪些文件进行编辑。与此同时，其他人必须避免操作相同的文件。这是一个不现实和完全错误的流程。当我们花了很长时间完成编辑后，可能这些文件早已经被团队里的其他开发成员修改或者删除了。

如果使用了版本控制系统，团队中的每个成员都可以在任何时间对任何文件毫无顾虑地进行修改，版本控制系统可以把之后所有的改动合并成一个共同的版本，不论是一个文件还是整个项目。这个共同的中心平台就是我们的版本控制系统。

1.2 Git 简介

Git 是一个开源的分布式版本控制系统，是由 Linux 之父 Linus Torvalds 为了帮助管理 Linux 内核而开发的一个版本控制软件。Git 与常用的版本控制工具 CVS、SVN 等不同，它采用了分布式版本库的方式，即开发人员的每一台机器都可以独立提交产生版本并将版本存储在自己的本地仓库（工作副本）中，不依赖于服务器。它的主要目标是提供高效、可靠的数据存储和代码版本管理能力，尤其是在处理大型项目和应对多用户协作场景时。

Git 官网为 https://git-scm.com/，如图 1-2 所示。

Git 更像是一系列微型文件系统的快照。每次使用 Git 提交或保存项目状态时，Git 基本上都会记录当时所有文件的状态，并存储对该快照的引用。为了提高效率，如果文件没有改变，Git 不会再次存储文件，只是指向它已存储的上一个相同文件的链接。Git 认为它的数据更像是一个快照流，会将数据作为项目的快照存储一段时间。Git 可以有效且高效地管理从小型到超大型项目的版本控制。

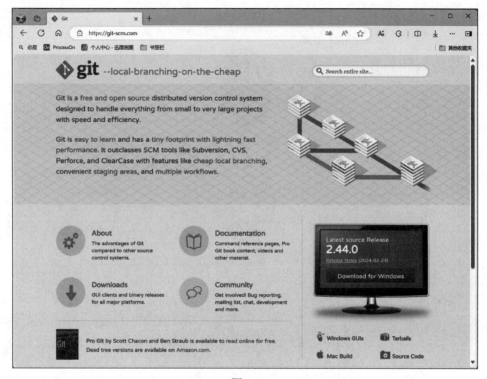

图 1-2

1.3　集中式与分布式版本控制系统

版本控制系统主要分为集中式版本控制系统与分布式版本控制系统两大类。两种版本控制系统在安全性、灵活性和使用场景上有所不同。

1.3.1　集中式版本控制系统

SVN 就是一个典型的集中式版本控制系统，版本库是集中放在中央服务器的。

在项目开发过程中，每位开发者都是使用自己的计算机进行开发，而代码都是统一存储到中央服务器。开发者需要从中央服务器拉取代码到本地，并在本地建立代码的工作副本，然后进行开发。开发者将自身功能开发完后将代码提交（commit）到中央服务器，与此同时，其他开发人员将服务器中的代码更新（update）到本地，达到协同开发的目的。

在这种模式下，所有代码统一集中到中央服务器中，开发者需要借助中央服务器进行代码的更新、提交等操作。SVN 的工作流程如图 1-3 所示。

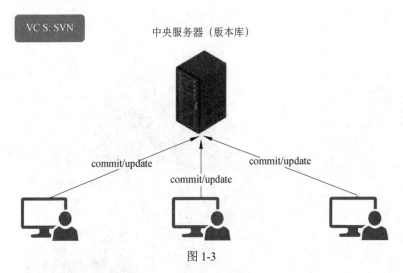

图 1-3

当单个开发人员开发完自身功能后，他需要通过网络将改动提交到中央服务器中，这个过程离不开网络的连接。在局域网环境下，如果带宽充足，速度够快，则此操作流畅高效；然而，在互联网环境下，若网速缓慢，则开发效率可能变得比较低。另外，在集中式版本控制系统中，如果没有网络，也就无法进行协同开发，项目进展将会因而受阻。

在集中式环境中，非常容易出现单点故障。如果中央服务器出现故障，那么整个代码版本将会丢失，除非之前有备份。然而，由于版本库持续不断地更新，即使有备份，也会丢失最近的版本，除非备份频率设置得非常高。

1.3.2 分布式版本控制系统

Git 是分布式版本控制系统，每个人的计算机都是一个完整的版本库，开发人员开发完某个功能后直接将代码提交到自己本地的仓库中即可。这样，即使没有联网，也可以进行项目开发，就不存在集中式的单点故障问题了。

> **Tips:** 在 SVN 中，要产生一次版本必须提交到服务器才行，这一步必须借助网络才能提交。而在 Git 中，每一个工作副本都可以独立提交版本到自己的工作副本中，不需要借助服务器更不需要网络。

既然每个人的计算机都有一个完整的版本库，那么，多个人如何协作呢？在 Git 中，由于每个人的计算机都是一个独立的完整版本库，开发者开发完某个功能后，首先将功能提交到自身的版本库中，然后再将功能推送（push）到远程的代码仓库中。如果其他开发人员需要获取最新的代码，只需要将远程仓库中的代码拉取到本地即可。

我们可以这样理解：Git 在本地会有一整套版本控制服务，在这个版本控制服务中可以进行代码的提交、生成版本快照信息等；使用 Git 的项目团队的每一个成员开发项目时，如果需要产生一次版本，可以提交到本地仓库，等到需要将功能发布给团队的其他人时再发布到远程仓库，其他人通过拉取远程仓库的代码来更新自身的本地仓库。

在 SVN 中，每次功能开发完毕，如果需要产生一次快照，则必须提交到远程仓库（中央仓库），这一过程无疑要求开发者具备网络连接。因此，若使用 SVN 的开发团队离开了中央仓库，则团队的每个成员都将无法提交数据产生版本信息了；除非使用 SVN 的项目团队成员开发完某个功能后可以先提交到本地仓库，产生一次快照信息。但遗憾的是，SVN 并不支持此类操作。另外，如果 SVN 能够支持这样类似的操作，那么，它便会归类为分布式版本控制系统，而不再是集中式版本控制系统了。

Git 的工作流程如图 1-4 所示。

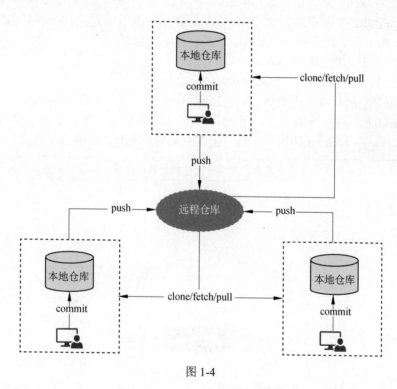

图 1-4

1.4　Git 的使用流程

Git 是一种分布式版本控制系统，每位开发人员都拥有一个独立的仓库。即便在完全与外界环境隔离的环境中，开发人员仍能进行项目功能的推进。只不过我们自己开发的功能无法发布到远程仓库，团队的其他成员自然也就无法从远程仓库拉取我们开发的功能，但这并不影响我们自身的开发。

我们开发完某些功能后，首先需要将功能提交到自身的本地仓库，然后再推送到远程仓库。

1.4.1 本地仓库

本地仓库的来源有两种。

（1）项目刚开始开发，需要有人先在本地创建一个本地仓库，该本地仓库包含项目结构、基本信息等，然后将这个本地仓库推送到远程仓库中，项目的其他成员使用 Git 拉取远程仓库的项目结构、基本信息等到本地。

（2）中途加入项目开发，这个时候远程仓库已经存在了，需要将远程仓库克隆（clone）到本地，在本地建立一个工作副本（也称本地仓库）。

本地仓库的开发流程如下。

- ☑ init：在本地初始化一个本地仓库。
- ☑ clone：从远程仓库中克隆一个仓库到本地。
- ☑ checkout：用于切换分支，不同的分支对应的代码、版本信息等都不一样。因此，执行 checkout 切换分支后，工作空间将会更新到新的分支状态。

> **Tips：** 分支是 Git 中一个重要的功能，关于分支的概念将在后续的章节详细介绍，此处先省略。

图 1-5 描述了 Git 使用本地仓库的流程。

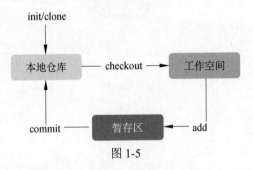

图 1-5

在 Git 中，本地仓库=工作空间（代码）+项目的版本信息，本地仓库就包含了工作空间，因此，我们不需要将本地仓库的代码更新到工作空间。在编辑本地空间的代码时相当于更新了本地仓库，将工作空间的代码提交到本地仓库的目的是需要生成一个版本快照，而非为了将工作空间的代码提交到本地仓库。

> **Tips：** 暂存区是 Git 一些操作的临时存储区域，可以将操作先添加到暂存区，等到暂存到一定数量后一起提交，这些变更都被记录成一个版本。

1.4.2　协同开发

当项目发布到远程仓库后，团队的其他成员将远程仓库的项目克隆到本地，之后每个成员都可以独立开发了。如果需要把自己本地仓库的项目共享给其他成员，则可以推送到远程仓库。

图 1-6 描述了 Git 协同开发时的流程。

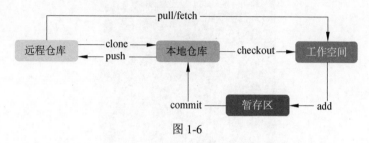

图 1-6

远程仓库的来源一般是由某个开发者将自己的本地仓库进行推送而创建的。协同开发相关命令的介绍如下。

- ☑ clone：将远程仓库的所有信息克隆到本地仓库。
- ☑ push：当本地开发的功能需要发布到远程仓库时，使用 push 命令把本地仓库的代码、版本信息等全部推送到远程仓库。
- ☑ fetch：将远程仓库的最新版本信息拉取到本地仓库，但是工作空间的代码并未更新到最新版本，只是本地仓库中存储的版本信息可以看到有一些版本被更新下来了，工作空间还是指向旧版本。因此，使用 fetch 命令拉取之后通常需要将工作空间也更新到最新版本，这个动作叫作合并（merge）。
- ☑ pull：除了将远程仓库的最新版本更新到本地之后，还会将工作空间指向最新的版本（fetch+merge）。

> **Tips:** 关于 Git 的使用流程，目前不需要过于深入了解，在第 9 章将介绍关于协同开发的知识。

1.5　创建 Git 仓库

了解完 Git 的使用流程后，我们来实际创建一个 Git 仓库，以学习其基本用法，为后续深入学习 Git 做前期铺垫。

1.5.1　初始化 Git 仓库

关于 Git 的安装请参考本书电子资源的附录内容"Git 的安装与卸载"，安装完毕之后在右键菜单会有 Git 相关操作，如图 1-7 所示。

图 1-7

- ☑ **Git GUI Here**：在当前目录打开 Git 的 GUI 图形化操作面板。
- ☑ **Git Bash Here**：在当前目录打开 Git 的命令行。

新建一个目录，在空白处右击，选择 Git Bash Here 菜单项，在弹出的控制台中输入 git init 命令，然后按 Enter 键创建一个本地仓库，如图 1-8 所示。

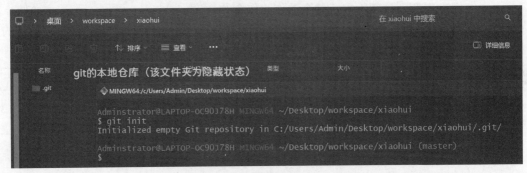

图 1-8

此时，xiaohui 就是项目名称，xiaohui 文件夹就是项目文件夹（xiaohui 文件夹就是一个本地仓库）；其中.git 文件夹存放了当前本地仓库的一些配置信息，后面会逐个了解该文件夹中的文件，目前先略过。

.git 目录是一个隐藏目录，我们可以将其设置为可见，如图 1-9 所示。

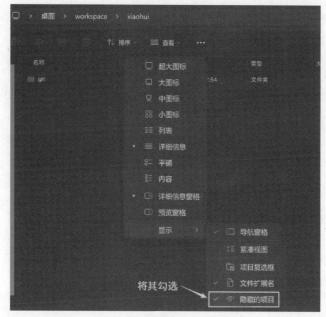

图 1-9

1.5.2　Git 的帮助文档

在 Git 的安装目录中，自带 Git 的官方文档手册，我们可以随时翻阅官方手册查询更详细的说明。官方手册的目录在 Git 的安装目录\mingw64\share\doc\git-doc。

例如，笔者计算机上 Git 帮助文档所在位置为 D:\Git\mingw64\share\doc\git-doc，如图 1-10 所示。

图 1-10

如果以后遇到不熟悉的 Git 命令时，您可以采用--help 命令来快速定位到该命令的使用详情页；在 Git Bash Here 窗口中输入如下命令。

```
git commit --help                    # 表示查询 git commit 命令的详情页
```

输入完上述命令后按 Enter 键，浏览器将自动打开 commit 命令的详情页。图 1-11 描述的是 git commit 命令的详细使用方法。

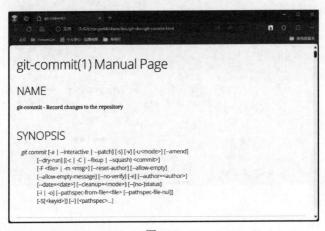

图 1-11

我们也可以在 Git 的任意命令后面加上-h 参数，表示查看这个命令的详细用法。图 1-12 表示查看 git init 命令的详细用法。

```
Adminstrator@LAPTOP-OC90J78H MINGW64 ~/Desktop/workspace/xiaohui (master)
$ git init -h
usage: git init [-q | --quiet] [--bare] [--template=<template-directory>] [--shared[=<permissions>]] [<directory>]

    --template <template-directory>
                          directory from which templates will be used
    --bare                create a bare repository                    git init命令的所有参数
    --shared[=<permissions>]
                          specify that the git repository is to be shared amongst several users
    -q, --quiet           be quiet
    --separate-git-dir <gitdir>
                          separate git dir from working tree
    -b, --initial-branch <name>
                          override the name of the initial branch
    --object-format <hash>
                          specify the hash algorithm to use
```

图 1-12

1.6 Git 的配置

安装好 Git 后，我们需要对 Git 进行一些基本设置。通过 Git 提供的相关命令可以用来设置或读取相应的配置信息。这些配置信息决定了 Git 在各个环节的具体工作方式和行为。

1.6.1　Git 的配置等级

在 Git 中，配置等级分为 local、global、system。每一个配置等级都会存储在磁盘的不同位置。

（1）local：低级别配置，是本项目的配置，只会在本项目的范围内生效，其他项目不会生效该配置，local 范围的配置需要先创建本地仓库，才可以进行 local 配置。local 配置存储在本地仓库的.git/config 文件中，如图 1-13 所示。

（2）global：全局配置，global 的作用域是当前 Windows 用户范围内的所有 Git 仓库，只要用的是同一个用户名就可以使用这个配置。global 配置存储在 C:\Users\${user}\.gitconfig 文件中，如图 1-14 所示。

> **Tips:** ${user} 为当前 Windows 的用户名。例如笔者的 Windows 当前的用户名为 Admin。

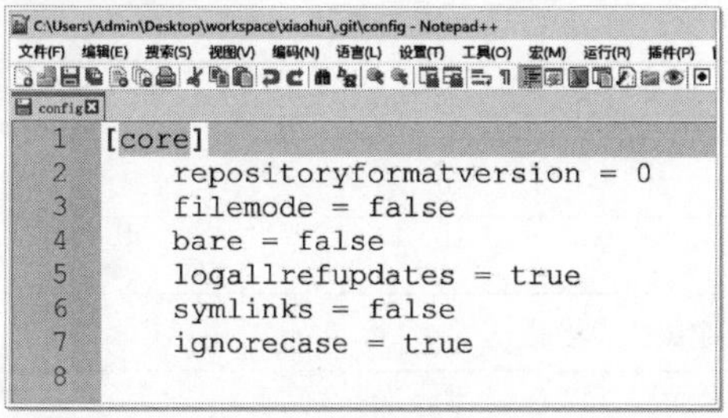

图 1-13　　　　　　　　　　　　　　　　　　图 1-14

（3）system：最高级的配置，作用域是整个系统的所有 Git 仓库，不管用的是什么用户（当前 Windows 用户），都可以使用这个配置。system 配置存储在 Git 的安装目录中的etc/gitconfig 文件中，如图 1-15 所示。

图 1-15

> **Tips：** 每个级别的配置可能会重复或冲突，如果冲突，会以低级别的配置为准，即低级别配置覆盖高级别配置。

1.6.2　Git 的配置分类

Git 提供的配置选项非常多，在 Git 官方提供的配置中，分为客户端配置和服务端配置；客户端和服务端的配置又划分为很多类。客户端配置如表 1-1 所示。

表 1-1

配置分类	说明
user	用于标识开发者身份，包括用户名、邮箱等
core	设置 Git 的基本工作方式和性能优化选项
push	设置 git push 命令的行为，例如是否推送所有分支
merge	设置 Git 合并代码时的行为，例如解决冲突的方式
diff	设置 git diff 命令的输出格式
credential	设置 Git 凭证的获取和存储方式
commit	设置提交信息的相关选项，例如默认提交信息的模板等
alias	设置命令别名

服务端配置如表 1-2 所示。

表 1-2

配置项	说明
receive	Git 服务器接收请求时的相关配置
http	设置 git http 服务器的行为
gc	用于控制垃圾回收的行为
refspec	设置 Git 的引用规范，例如推送分支的映射关系等

作为开发人员，一般用不到上述的绝大多数配置，对于这些配置我们先简单了解即可。关于详细的配置参数及介绍可以参考本书的第 17 章。

1.6.3　读取 Git 配置

我们可以通过 git config 命令来设置或读取 Git 的配置。打开 Git Bash Here 命令控制台，执行 git config 命令查看当前配置。语法如表 1-3 所示。

表 1-3

语法	说明
git config [--local | --global | --system] --list	读取 local/global/system 级别的所有配置
git config [--local | --global | --system]type.key	读取 local/global/system 级别的指定配置

使用示例如下。

```
git config --system --list          # 查看所有 system 级别的配置
git config --global --list          # 查看所有 global 级别的配置
git config --local --list           # 查看所有 local 级别的配置
git config --list                   # 查看所有级别的所有配置


git config --local core.bare    # 查询 local 级别的 core.bare 配置的信息
git config core.bare                # 查询所有级别的 core.bare 配置的信息
```

具体使用如下。

```
git config --local --list                   # local 级别
core.repositoryformatversion=0
core.filemode=false
core.bare=false
...


git config --global --list                  # global 级别


git config --system --list                  # system 级别
diff.astextplain.textconv=astextplain
filter.lfs.clean=git-lfs clean -- %f
filter.lfs.smudge=git-lfs smudge -- %f
filter.lfs.process=git-lfs filter-process
...


git config --local core.symlinks            # 查询 local 级别的
core.symlinks 配置信息
false
```

1.6.4　设置 Git 配置

git config 命令同样也可以用来设置 Git 的配置。语法如表 1-4 所示。

表 1-4

语法	说明
git config [--local | --global | --system] [type.key value]	设置指定级别的指定类型的配置值
git config [--local | --global | --system] --unset [type.key]	清除指定级别的指定类型的配置

使用示例如下。

```
# 配置 system 级别的 user.name 配置，如果已经配置将会覆盖
git config --system user.name "xiaohui"
# 清除 system 级别的 user.name 配置
git config --system --unset user.name


git config --global user.name "xiaohui"        # 配置 global 级别配置
git config --global --unset user.name          # 清空 global 级别配置


git config --local user.name "xiaohui"         # 配置 local 级别配置
git config --local --unset user.name           # 清空 local 级别配置
```

同样，我们使用 git config 命令设置了具体配置后，Windows 磁盘中对应的配置文件也会新增/删除具体配置，如图 1-16 所示。

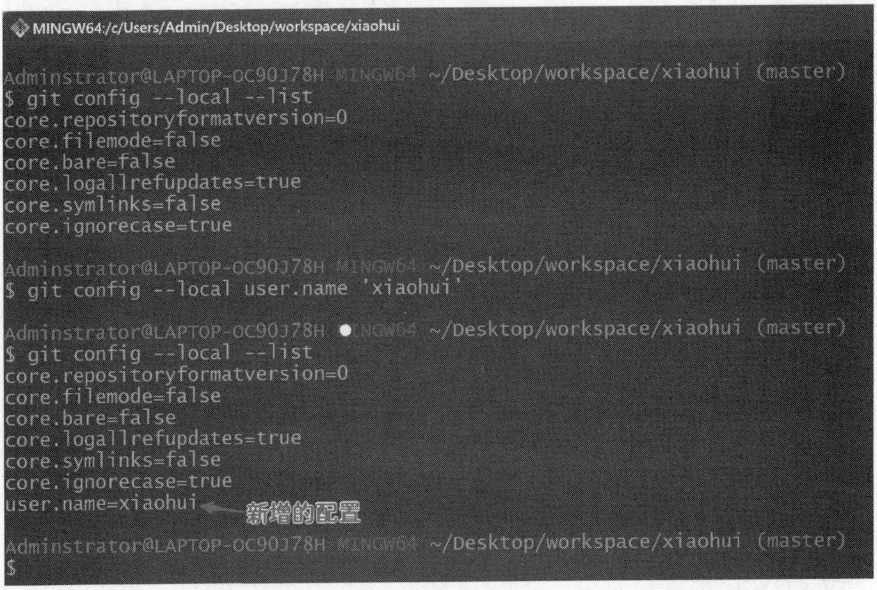

图 1-16

查看.git/config 文件，如图 1-17 所示。

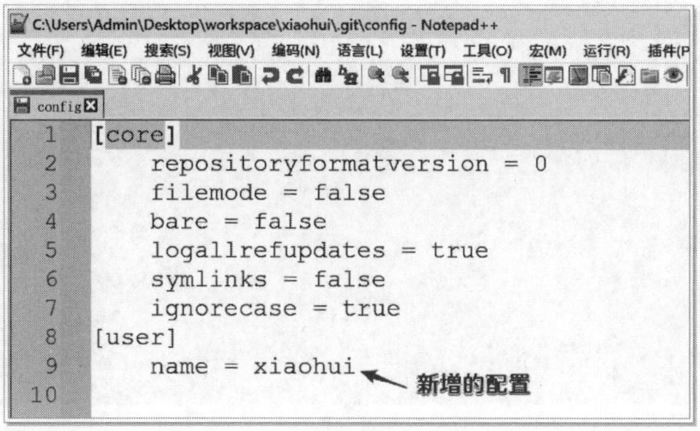

图 1-17

1.6.5　Git 的初始化配置

使用 git init 可以初始化一个 Git 仓库（把当前目录变为本地仓库），在本地空间编辑代码后需要使用 add 命令将操作先添加到暂存区，等积累到一定操作需要生成一次版本快照时，可以使用 commit 命令以提交的方式生成一次版本快照。

本次版本快照将会记录一些版本信息，如哪个用户提交的、这个用户的邮箱是什么、本次提交的注释信息等。因此，在使用 Git 之前必须先对仓库进行一些基本配置，否则，后续提交时将会出现问题（Git 将无法记录本次提交的额外附加信息，如用户名、邮箱等）。

Git 中规定，用户提交之前必须配置用户名、邮箱这两项基本配置，否则将不能提交信息。

在命令行窗口中配置用户名和邮箱（什么级别的配置都可以）。

```
# 配置 local 级别的 user.name
git config --local user.name 'xiaohui'
# 配置 local 级别的 user.email
git config --local user.email 'xiaohui@aliyun.com'
# 查看 local 级别的所有配置
git config --local --list
```

执行效果如图 1-18 所示。

如果是 local 级别的配置，那么，每当新建一个仓库，都需要重新配置一遍用户信息。为了简化这一过程，通常我们会把用户信息的配置设置为 global 级别。

```
# 配置 global 级别的 user.name
git config --global user.name 'xiaohui'
# 配置 global 级别的 user.email
git config --global user.email 'xiaohui@aliyun.com'
```

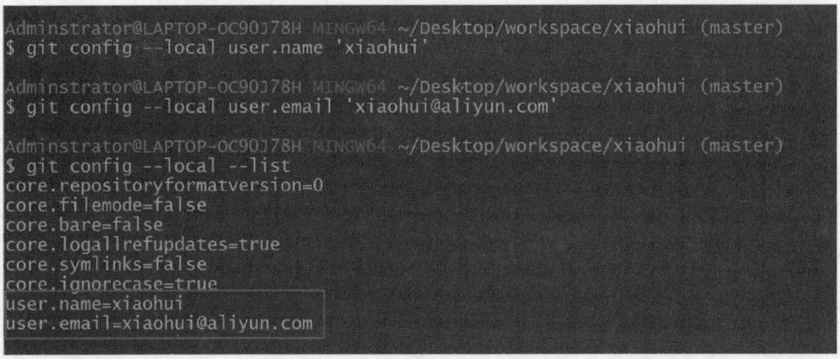

```
Adminstrator@LAPTOP-OC90J78H MINGW64 ~/Desktop/workspace/xiaohui (master)
$ git config --local user.name 'xiaohui'

Adminstrator@LAPTOP-OC90J78H MINGW64 ~/Desktop/workspace/xiaohui (master)
$ git config --local user.email 'xiaohui@aliyun.com'

Adminstrator@LAPTOP-OC90J78H MINGW64 ~/Desktop/workspace/xiaohui (master)
$ git config --local --list
core.repositoryformatversion=0
core.filemode=false
core.bare=false
core.logallrefupdates=true
core.symlinks=false
core.ignorecase=true
user.name=xiaohui
user.email=xiaohui@aliyun.com
```

图 1-18

通过上述命令配置之后，以后每次新建一个本地仓库时，就不需要再去设置用户名、邮箱等信息了。

第 2 章
Git 的基本使用

下面我们将要正式进入 Git 世界的大门，学习 Git 的基本使用。本章的内容尤为重要，我们将会学习到 Git 的基本命令、关于目录状态的变更、Git 的其他常用命令以及 Git 关于文件忽略的操作。这些命令都是经常使用的命令。通过本章的学习，读者将初步掌握 Git 的操作技巧，并能够简单地使用 Git。

2.1 Git 基本操作命令

我们之前已经了解过 Git 的本地仓库的使用流程，接下来开始学习本地仓库使用流程中所涉及的 Git 相关命令。

1. 初始化项目

使用 git init 命令可以将当前目录初始化，使其变为一个本地仓库。其中，当前目录名就是项目名，我们以后编写的代码、项目中的文件都放在该目录中。

使用示例如下。

删除之前的 xiaohui 文件夹，建立一个新的文件（xiaohui）。进入文件夹，在空白处右击，选择 Git Bash Here，打开 Git 命令行，如图 2-1 所示。

接着在命令行窗口输入 git init，如图 2-2 所示。

2. 添加操作

我们首次提交任何文件之前，都应该先使用 add 命令将其添加到暂存区中进行暂存，这一步也是将文件纳入 Git 版本控制系统的一个重要操作。在 Git 中，并不是工作空间中的所有文件都会被 Git 所管理，只有那些执行了 add 命令的文件才会被 Git 所管理。

另外，任何文件只需要执行一次 add 操作即可，代表该文件纳入了 Git 的版本控制（同时添加到了暂存区），之后每次提交文件时，Git 都会自动隐式地执行一次 add 命令，将文件添加到暂存区。

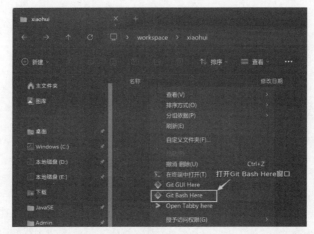

xiaohui
workspace
xiaohui
新建
排序
查看
主文件夹
图库
桌面
Windows (C:)
本地磁盘 (D:)
本地磁盘 (E:)
下载
JavaSE
Admin
名称
修改日期
查看(V)
排序方式(O)
分组依据(P)
刷新(E)
自定义文件夹(F)...
撤消 删除(U)
Ctrl+Z
在终端中打开(T)
打开Git Bash Here窗口
Git GUI Here
Git Bash Here
Open Tabby here
授予访问权限(G)

图 2-1

workspace
xiaohui
在 xiaohui 中搜索
.git目录（默认为隐藏状态）代表本地仓库初始化成功
MINGW64:/c/Users/Admin/Desktop/workspace/xiaohui
当前命令行所在的目录位置
.git
Adminstrator@LAPTOP-OC90J78H MINGW64 ~/Desktop/workspace/xiaohui
$ git init
输入命令，然后按Enter键
Initialized empty Git repository in C:/Users/Admin/Desktop/workspace/xiaohui/.git/
Adminstrator@LAPTOP-OC90J78H MINGW64 ~/Desktop/workspace/xiaohui (master)
$

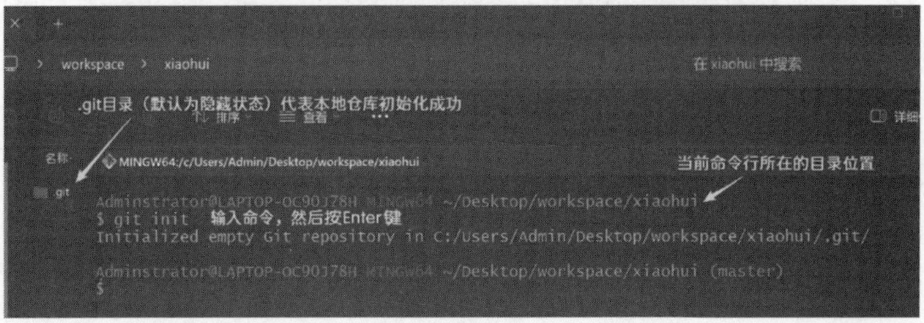

图 2-2

使用示例如下。

```
echo "111" >> aaa.txt      # 在当前目录创建一个 aaa.txt 文件，内容为 111
git add ./                 # 将当前目录下的所有文件/文件夹都添加到暂存区
```

上述命令的执行效果如图 2-3 所示。

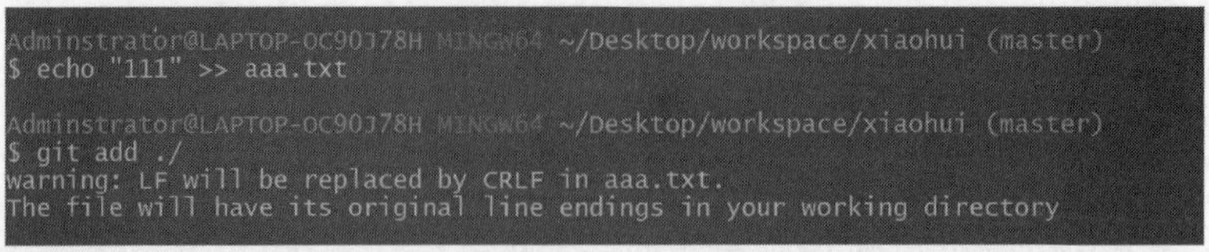

Adminstrator@LAPTOP-OC90J78H MINGW64 ~/Desktop/workspace/xiaohui (master)
$ echo "111" >> aaa.txt
Adminstrator@LAPTOP-OC90J78H MINGW64 ~/Desktop/workspace/xiaohui (master)
$ git add ./
warning: LF will be replaced by CRLF in aaa.txt.
The file will have its original line endings in your working directory

图 2-3

3. 提交操作

暂存区用于接收多个文件的暂存操作，当积累到一定操作需要生成一次版本时，可以使用 commit 命令将暂存区的所有操作提交到本地仓库（版本库），使其生成一次版本信息。

语法如下。

```
git commit -m '日志信息' 文件名
```

使用示例如下。

```
git commit -m "第一次提交-111" ./          # 将当前目录下的所有文件提交
```

Tips： 提交时必须写日志，否则不允许提交。

提交时，发现出现图 2-4 所示问题。

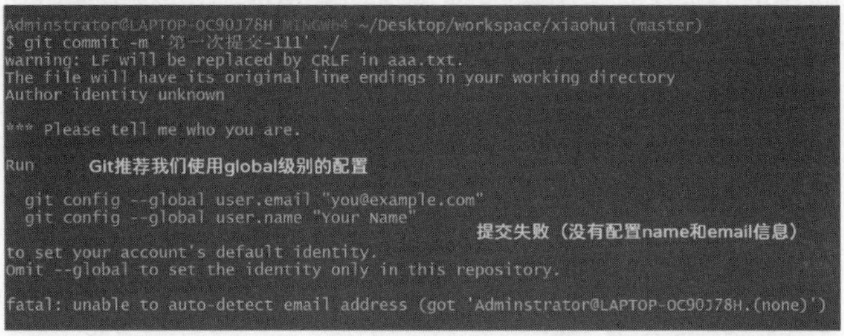

图 2-4

出现上述问题的原因是，之前的配置为 local 级别，且之前的本地仓库已经被删除了，新创建的本地仓库并没有配置 name 和 email 信息。我们在命令行输入相关配置。

```
# 配置用户名、邮箱等信息
git config --global user.name 'xiaohui'
git config --global user.email 'xiaohui@aliyun.com'

# 查看配置
git config --global --list

# 再次提交
git commit -m "第一次提交-111" ./
```

上述命令的执行效果如图 2-5 所示。

图 2-5

下面介绍提交的注意事项。

提交有如下两种方式。

```
git commit -m 'xxx' ./              # 加了提交路径
git commit -m 'xxx'                 # 没加提交路径
```

两个命令提交时都需要确保文件之前被 Git 追踪过。这两个命令的主要区别在于它们处理暂存区中的文件的方式不同。

（1）git commit -m '111' ./：使用该命令提交时，如果文件没有被执行 add 命令，则隐式地执行 add 命令将其添加到暂存区（但必须确保该文件之前最少被执行过一次 add 操作），然后将暂存区的内容提交到版本库。

（2）git commit -m '111'：与上一个命令不同的地方在于，该命令不会隐式地执行 add 命令将文件添加到暂存区，必须手动地执行 add 命令将文件添加到暂存区才能提交。

使用示例如下。

```
echo "222" >> bbb.txt        # 新建 bbb.txt 文件
# 提交失败, 因为 bbb.txt 还没有纳入 Git 版本控制(没有执行过 add)
git commit -m '222'
# 提交失败, 因为 bbb.txt 还没有纳入 Git 版本控制(没有执行过 add)
git commit -m '222' ./

git add ./                   # 将 bbb.txt 文件添加到暂存区(纳入 Git 版本控制)
git commit -m '222'
或
git commit -m '222' ./

echo "0101" >> bbb.txt       # 追加内容到 bbb.txt (修改了 bbb.txt 文件)
git commit -m '0101'         # 提交失败, 之前的操作没有添加到暂存区
git commit -m '0101' ./      # 提交成功, 该操作会隐式地将前面的操作添加到暂存区
```

4. 修改操作

修改 Git 版本库中的文件内容时，需要先修改工作空间的文件内容，然后再将操作提交到版本库。这样，版本库和工作空间的内容就都修改了。

使用示例如下。

```
cat aaa.txt                  # 查看文件内容
111

echo "111" >> aaa.txt        # 追加一行 111
cat aaa.txt                  # 再次查看文件内容
111
111
```

```
git commit -m "修改文件-追加了 111" ./   # 提交到版本库
warning:LF will be replaced by CRLF in aaa.txt.
The file will have its original line endings in your working directory
[master c903940] 修改文件-追加了 111
 1 file changed,1 insertion(+)
```

> **Tips:** 文件在刚创建时，需要使用 add 命令让其被 Git 追踪，之后每次修改文件只需要提交即可，Git 会自动执行 add，不需要再次执行 add。

5. 删除操作

删除版本库中的文件时，首先需要删除工作空间的文件，然后将该操作提交到版本库即可。

使用示例如下。

```
rm -f aaa.txt                           # 先删除工作空间的文件
git commit -m '删除 aaa.txt 文件' ./      # 将操作提交
[master 4bab904] 删除 aaa.txt 文件
 1 file changed,2 deletions(-)
 delete mode 100644 aaa.txt
```

2.2　暂存区的概念

暂存区，顾名思义是用于暂存文件的，即临时存储，在 Git 中也被称为索引。Git 和其他版本控制系统（如 SVN）的一个不同之处就是，Git 有暂存区的概念，暂存区是 Git 的核心功能之一。

2.2.1　暂存区的工作流程

Git 可以记录每个文件的所有版本，随着开发的持续推进，同一个文件会产生非常多不同的版本，这些版本就代表了该文件的某一个指定状态。一个文件会变更很多内容（新增、删除、修改等）。那么，到底变更多少内容才会生成一次版本信息呢？另外，有时候一个版本中记录了多个文件的变更，我们需要将这些文件的多个变更记录到同一个版本中，以便于以后回退到这个版本时，所有文件中的内容都能回退到这个版本的状态。

我们可以使用 add 命令将需要生成版本的文件添加到暂存区中，暂存区中记录该文件的当前状态。另外，暂存区也可以存储多个文件。使用 commit 命令将当前暂存区的所有内容生成一次版本快照。

一个版本记录多次内容变更的示意图如图 2-6 所示。

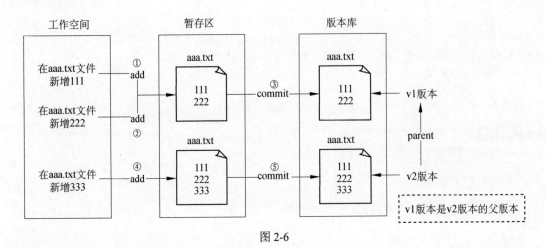

图 2-6

> **Tips:** 在图 2-6 中，①和②也可以在工作空间先完成两步操作，然后使用 add 命令将两步操作都添加到暂存区。

一个版本记录多个文件的示意图如图 2-7 所示。

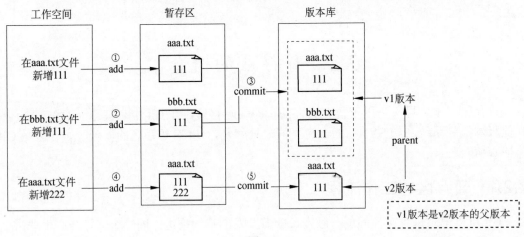

图 2-7

2.2.2 查看暂存区

当文件被执行 add 操作添加到暂存区后，我们可以通过 git ls-files 命令来查看暂存区，该命令用于列出当前暂存区中的文件。

使用如下命令来查看命令的帮助文档。

```
git ls-files -h
```

上述命令的执行效果如图 2-8 所示。

```
Adminstrator@LAPTOP-OC9OJ78H MINGW64 ~/Desktop/workspace/xiaohui (master)
$ git ls-files -h
usage: git ls-files [<options>] [<file>...]

    -z                    paths are separated with NUL character
    -t                    identify the file status with tags
    -v                    use lowercase letters for 'assume unchanged' files
    -f                    use lowercase letters for 'fsmonitor clean' files
    -c, --cached          show cached files in the output (default)
    -d, --deleted         show deleted files in the output
    -m, --modified        show modified files in the output
    -o, --others          show other files in the output
    -i, --ignored         show ignored files in the output
    -s, --stage           show staged contents' object name in the output
    -k, --killed          show files on the filesystem that need to be removed
    --directory           show 'other' directories' names only
    --eol                 show line endings of files
    --empty-directory     don't show empty directories
    -u, --unmerged        show unmerged files in the output
    --resolve-undo        show resolve-undo information
    -x, --exclude <pattern>
                          skip files matching pattern
    -X, --exclude-from <file>
                          exclude patterns are read from <file>
    --exclude-per-directory <file>
                          read additional per-directory exclude patterns in <file>
    --exclude-standard    add the standard git exclusions
    --full-name           make the output relative to the project top directory
    --recurse-submodules  recurse through submodules
    --error-unmatch       if any <file> is not in the index, treat this as an error
    --with-tree <tree-ish>
                          pretend that paths removed since <tree-ish> are still present
    --abbrev[=<n>]        use <n> digits to display object names
    --debug               show debugging data
```

图 2-8

表 2-1 列出了 git ls-files 命令的参数及说明。

表 2-1

参数名	说明
-c 或 --cached	列出所有已跟踪的文件（默认值）
-d 或 --deleted	只列出已经删除的文件
-m 或 --modified	只列出已修改但尚未暂存的文件
-o 或 --others	只列出未跟踪的文件
-i 或 --ignored	只列出忽略文件，需要搭配--exclude 参数使用
-s 或 --stage	显示文件的状态信息，包括文件的模式 （100644 表示普通文件，100755 表示可执行文件等）和 SHA-1 哈希值
-k 或 --killed	显示文件系统上由于文件/目录冲突而需要删除的文件，以使 checkout-index 成功
-u 或 --unmerged	只列出有合并冲突的文件

清空本地空间和版本库，并使用 init 命令初始化仓库。

```
rm -rf ./*              # 删除当前目录下的所有文件和文件夹
rm -rf .git             # .git 是隐藏文件夹，需要单独删除

git init                # 初始化本地仓库
```

执行操作如下。

```
echo "111" >> aaa.txt    # 编辑并创建一个新的文件
git ls-files             # 列出所有已跟踪的文件

git ls-files -o          # 只列出未跟踪的文件
aaa.txt

git add ./               # 将当前目录的所有文件和文件夹添加到暂存区
git ls-files             # 列出所有已跟踪的文件
aaa.txt

git ls-files -s     # 显示文件的状态信息，包括文件的模式、文件的哈希值
100644 58c9bdf9d017fcd178dc8c073cbfcbb7ff240d6c 0         aaa.txt

git commit -m '111' ./         # 将暂存区的内容提交到版本库
git ls-files                   # 暂存区的内容依旧存在
aaa.txt
```

2.3 Git 的工作空间状态

对 Git 的工作空间进行不同操作会将其处于不同的状态，通过一些状态信息我们可以很好地判断 Git 进行了什么操作以及接下来应该进行什么操作。

2.3.1 nothing to commit

nothing to commit 表示当前工作空间没有还未提交的操作，属于一个干净的工作空间（工作空间的所有文件均已提交）。

删除之前的 Git 仓库。

```
rm -rf ./*              # 删除当前目录下的所有文件
rm -rf .git             # .git 是隐藏文件夹，需要单独删除
```

初始化 Git 仓库，查看当前工作空间状态。

```
git init            # 初始化 Git 仓库
Initialized empty Git repository in
```

```
C:/Users/Admin/Desktop/workspace/xiaohui/.git/

git status                # 查看当前工作空间的状态
On branch master
No commits yet
nothing to commit (create/copy files and use "git add" to track)
```

查询工作空间状态，如图 2-9 所示。

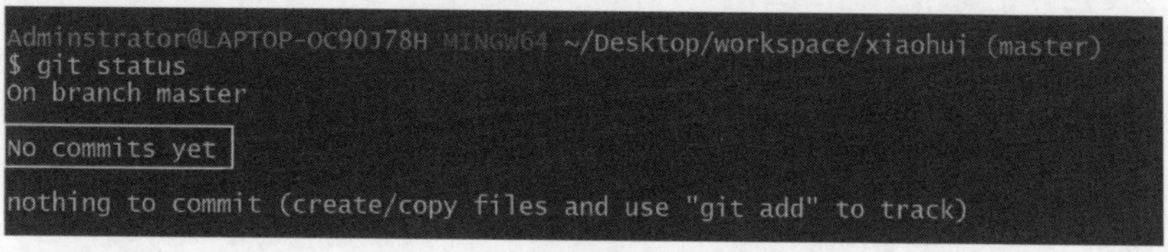

图 2-9

2.3.2　Untracked files

Untracked files 表示当前工作空间有文件处于从未被追踪过的状态，需要使用 add 命令添加（工作空间中含有没有执行 add 的文件）。

```
echo "111" >> aaa.txt          # 编辑一个新文件（该文件还未添加到暂存区）
git status                     # 查看当前工作空间状态
On branch master

No commits yet

Untracked files:
(use "git add <file>..." to include in what will be committed)
    aaa.txt

nothing added to commit but untracked files present (use "git add" to track)
```

上述命令的执行效果如图 2-10 所示。

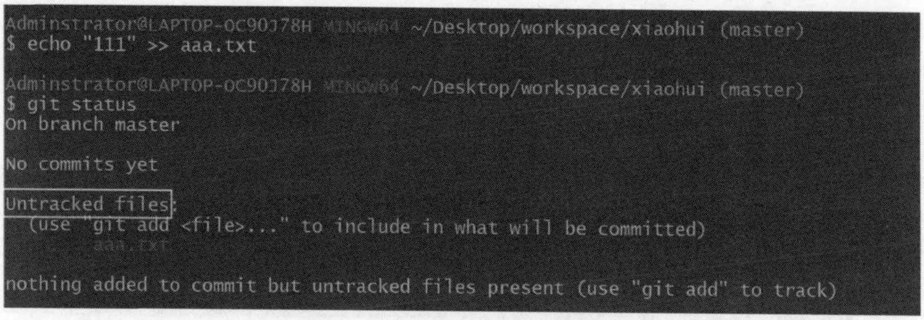

图 2-10

2.3.3　Changes to be committed

Changes to be committed 表示更改的操作已经被追踪到了，但操作还未被提交（修改的文件执行了 add 操作，但是还未提交）。

```
git add ./                          # 将当前目录的所有文件和文件夹添加到暂存区
git status                          # 查看当前工作空间的状态
On branch master

No commits yet

Changes to be committed:
  (use "git rm --cached <file>..." to unstage)
        new file:  aaa.txt
```

上述命令的执行效果如图 2-11 所示。

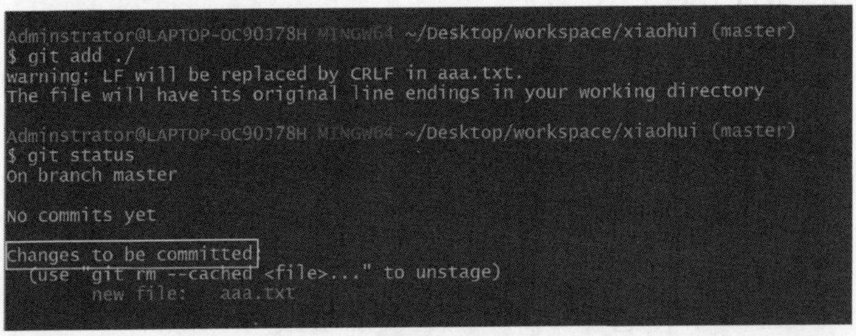

图 2-11

当文件被提交后，工作空间重新回到 nothing to commit 状态，命令如下。

```
git commit -m "111" ./                      # 提交

git status                                  # 查看当前工作空间的状态
On branch master
nothing to commit, working tree clean
```

上述命令的执行效果如图 2-12 所示。

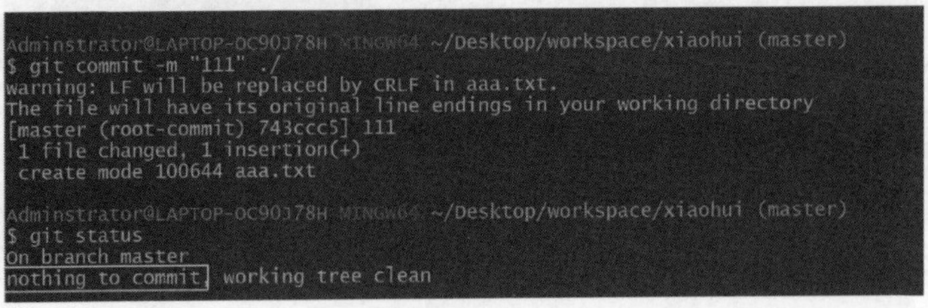

图 2-12

2.3.4　Changes not staged for commit

　　Changes not staged for commit 表示当前工作目录中有文件被修改了，但是这个修改操作还未被 Git 追踪到。因此，我们需要使用 add 命令来追踪（已经执行过 add 的文件被修改了但还未执行 add 操作）。

　　Changes not staged for commit 与 Untracked files 不同的是：前者代表文件之前已经被 Git 追踪过，只是本次的操作还没有被 Git 追踪，可以使用 commit 直接提交；后者则代表文件从来没有被 Git 追踪，必须先使用 add 来追踪。

　　再次修改工作空间的文件，命令如下。

```
echo "222" >> aaa.txt                    # 编辑文件
git status                               # 查看状态
On branch master
Changes not staged for commit:
  (use "git add <file>..." to update what will be committed)
  (use "git restore <file>..." to discard changes in working directory)
        modified: aaa.txt

no changes added to commit(use "git add" and/or "git commit -a")
```

　　上述命令的执行效果如图 2-13 所示。

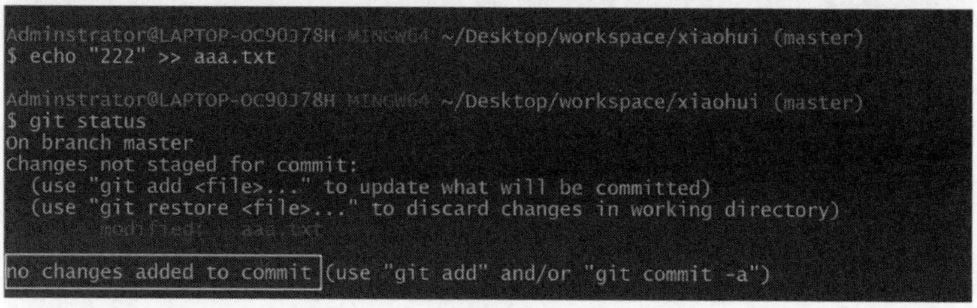

图 2-13

　　当执行 add 命令后，工作空间再次回到 Changes to be committed 状态，表示文件已经被追踪（添加到暂存区），但是还未提交。命令如下。

```
git add ./                              # 添加到暂存区
warning:LF will be replaced by CRLF in aaa.txt.
The file will have its original line endings in your working directory

git status                              # 查看状态
On branch master
Changes to be committed:
  (use "git restore --staged <file>..." to unstage)
        modified: aaa.txt
```

上述命令的执行效果如图 2-14 所示。

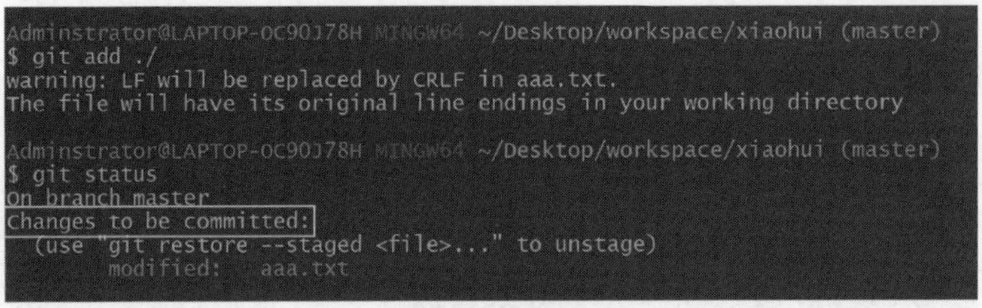

图 2-14

当修改被提交后，工作空间再次回到 nothing to commit 状态，表示当前工作空间所有的操作均已提交。示例代码如下。

```
git commit -m "222" ./          # 提交
git status                      # 查看状态
On branch master
nothing to commit, working tree clean
```

上述命令的执行效果如图 2-15 所示。

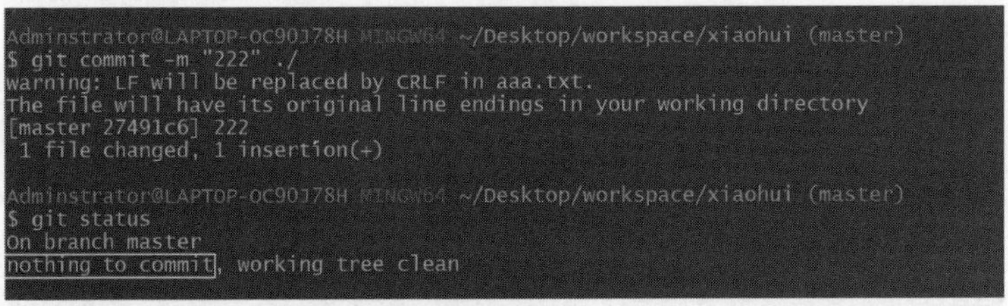

图 2-15

第 3 章
Git 其他常用命令

除了之前学习的常用命令之外，Git 还提供了许多实用的命令，这些命令能够帮助我们更好地使用 Git。在本章，我们将探索 Git 的一些常用命令，涵盖文件对比、删除、改名、日志查询等操作。此外，我们将学习 Git 的文件忽略语法，以便在一定场景下忽略某些文件。本章的内容非常实用，相信在未来的 Git 使用过程中，您将会经常用到本章所教授的技巧和命令。

3.1 diff 命令——文件对比

git diff 命令是 Git 中用于比较文件差异的核心工具，它可以用来查看不同版本之间代码或文件内容的变化。

使用 git diff 命令可以对比工作空间、暂存区、版本库、提交对象之间的文件内容。本章只演示对比工作空间、暂存区、版本库的内容，git diff 命令的语法如表 3-1 所示。

表 3-1

语法	说明
git diff	对比工作空间和暂存区的内容
git diff --cached	对比暂存区与版本库的内容
git diff commitId	对比指定提交对象与工作空间的差异
git diff commitId1 commitId2	对比指定的两个提交对象的差异

3.1.1 工作空间与暂存区文件对比

首先初始化一个新的版本库，命令如下。

```
rm -rf .git ./*          # 删除之前的项目
git init                 # 初始化版本库
```

```
echo "111" >> aaa.txt                    # 编辑文件
git add ./                               # 添加到暂存区
git commit -m "111" ./                   # 提交到版本库
```

编辑文件，命令如下。

```
echo "222" >> aaa.txt
```

对比工作空间和暂存区的内容，命令如下。

```
git diff
```

上述命令的执行效果如图 3-1 所示。

图 3-1

将文件再次添加到暂存区，对比工作空间和暂存区的内容，命令如下。

```
git add ./              # 将文件再次添加到暂存区，此时暂存区的内容和工作空间的内容一致
git diff
```

上述命令的执行效果如图 3-2 所示。

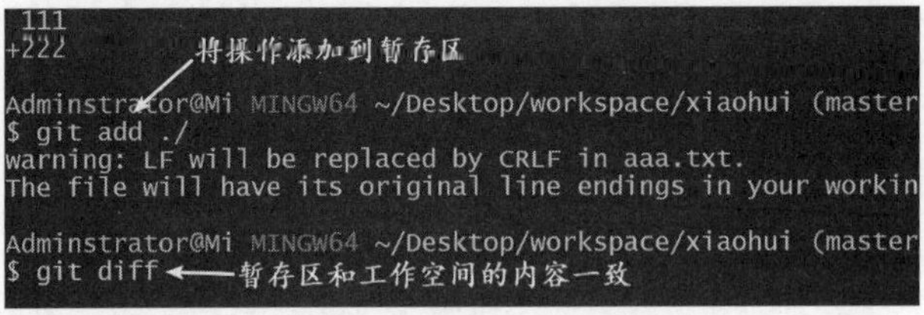

图 3-2

Tips： 文件执行 add 命令添加到暂存区后，此后每次提交文件时，Git 都会自动地先将文件添加到暂存区，因此文件只需要添加一次即可。

3.1.2 版本库与暂存区文件对比

使用 git diff --cached 命令可以对比版本库中的文件与暂存区的文件差异，命令如下。

```
git diff                           # 对比工作空间与暂存区
git diff --cached                  # 对比版本库与暂存区
```

上述命令的执行效果如图 3-3 所示。

图 3-3

将暂存区的内容提交到版本库，再次对比版本库与暂存区的内容，命令如下。

```
git commit -m "222" ./             # 提交
git diff --cached                  # 对比版本库与暂存区的内容
```

上述命令的执行效果如图 3-4 所示。

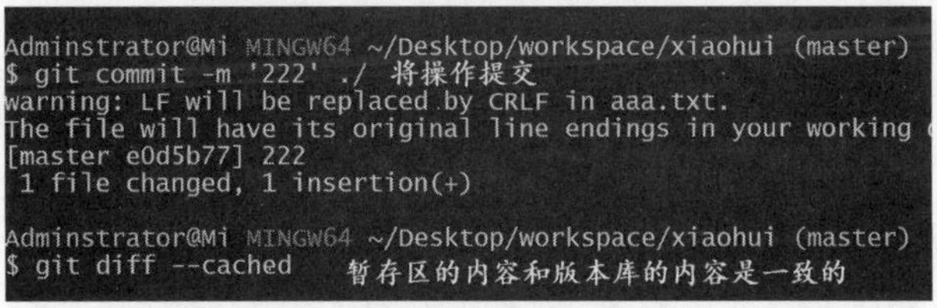

图 3-4

3.2　rm 命令——文件删除

git rm 是 Git 版本控制系统提供的一个用于删除文件的命令。该命令可以从工作空间、暂存区、版本库中删除文件，确保文件从工作目录、暂存区及后续提交中彻底移除，从而保持项目历史记录的整洁和一致性，并方便团队协作时同步删除状态。灵活使用 git rm，可以实现对项目文件的多种操作，丰富您的版本控制体验。

3.2.1　普通方式删除

初始化项目库，命令如下。

```
rm -rf .git ./*
```

```
git init
echo "111" >> aaa.txt
git add ./
git commit -m "111" ./
```

直接删除工作空间的 aaa.txt 文件，查看工作空间的状态和暂存区的内容，命令如下。

```
rm -f aaa.txt              # 直接从磁盘中删除文件
git status                 # 查看工作空间的状态
git ls-files -s            # 查看暂存区的内容
```

上述命令的执行效果如图 3-5 所示。

图 3-5

我们可以发现，直接从磁盘中删除文件其实是不彻底的，工作空间的状态不对且暂存区还有残留等。

接着将操作添加到暂存区，再次查看工作空间的状态与暂存区的内容，命令如下。

```
git add ./                 # 将操作添加到暂存区
git status                 # 查看工作空间的状态
git ls-files -s            # 查看暂存区的内容
```

上述命令的执行效果如图 3-6 所示。

图 3-6

然后提交删除操作，再次查看工作空间的状态与暂存区的内容，命令如下。

```
git commit -m "del aaa.txt" ./
```

上述命令的执行效果如图 3-7 所示。

```
Adminstrator@Mi MINGW64 ~/Desktop/workspace/xiaohui (master)
$ git commit -m "del aaa.txt" ./
[master b921fb1] del aaa.txt            将删除操作提交
 1 file changed, 1 deletion(-)
 delete mode 100644 aaa.txt

Adminstrator@Mi MINGW64 ~/Desktop/workspace/xiaohui (master)
$ git status
On branch master            工作空间的状态变为正常的
nothing to commit, working tree clean
```

图 3-7

从磁盘中删除文件后，需要将这一步操作提交到版本库。这样，工作空间和暂存区的状态才是正常的。因此，删除 Git 版本库中文件的标准步骤应该是：删除工作空间的文件→将操作添加到暂存区→将操作提交到版本库。

> **Tips**：在 Git 中，只要文件被执行过一次 add 操作后，之后提交该文件时，Git 都会自动隐式地先执行一次 add 操作。

3.2.2　git rm 命令删除

git rm 命令的语法说明如表 3-2 所示。

表 3-2

语法	说明
git rm {文件名}	删除工作空间的文件并将操作添加到暂存区，用于删除文件
git rm { -f | --force } {文件名}	强制删除，当工作空间的文件被修改但还未提交（无论是否暂存），需要强制删除才能成功。 注意：被强制删除的文件必须是已经被追踪的文件，即之前被版本控制的文件
git rm --cached {文件名}	保留工作空间中的文件，删除暂存区中的文件，通过该命令相当于取消了该文件的版本控制。 注意：--cached 参数删除的文件必须是已经被追踪的文件，即之前被版本控制的文件
git rm -r {文件名}	删除工作空间的内容并将操作添加到暂存区，递归删除，用于删除文件夹

1. git rm 命令的使用

重新初始化本地仓库，命令如下。

```
rm -rf .git ./*
```

```
git init
echo "111" >> aaa.txt
git add ./
git commit -m "111" ./
git status
```

使用 git rm 命令删除文件，观察工作空间和暂存区的状态，命令如下。

```
git rm aaa.txt                          # 使用 git rm 命令删除
git status                              # 查看状态
git commit -m "del aaa.txt 222" ./      # 提交删除操作
git status                              # 查看状态
git ls-files -s                         # 查看暂存区
```

上述命令的执行效果如图 3-8 所示。

图 3-8

Tips: 使用 git rm 命令删除文件与我们自己从磁盘删除后再提交的效果是一致的。

2. git rm -f 命令的使用

观察工作空间和暂存区的状态，命令如下。

```
rm -rf .git ./*           # 删除之前的仓库信息
git init                  # 初始化仓库
echo "111" >> aaa.txt     # 新建文件
git add ./                # 添加到暂存区（此时还未提交）
git rm                    # 删除失败，该文件处于修改未提交状态
git rm -f aaa.txt         # 删除成功
git status
git ls-files -s
```

上述命令的执行效果如图 3-9 所示。

图 3-9

3. git rm --cached 命令的使用

git rm --cached 命令的原理是，首先删除工作空间，将此操作暂存（相当于把暂存区的文件删除了），但未提交。然后再把原先删除的文件添加一份到工作空间，但该操作未暂存（没有被 Git 追踪），即原来的文件被脱离了版本控制。

观察工作空间和暂存区的状态，命令如下。

```
# 初始化项目
rm -rf .git ./*
git init
echo "111" >> aaa.txt
git add ./
git commit -m "111" ./
git status
git ls-files -s


git rm --cached aaa.txt                    # 删除暂存区中的文件，保留工作空间的文件
git status
git ls-files -s
```

上述命令的执行效果如图 3-10 所示。

删除工作空间中的文件这个操作已暂存但未提交，在工作空间新建文件的操作还未暂存。此时，若将之前的操作提交，则版本库中的文件也会被删除。这样，版本库、暂存区的文件都被删除了，工作空间的文件还没有被 Git 追踪，达到将某文件与 Git 取消版本管理的目的。命令如下。

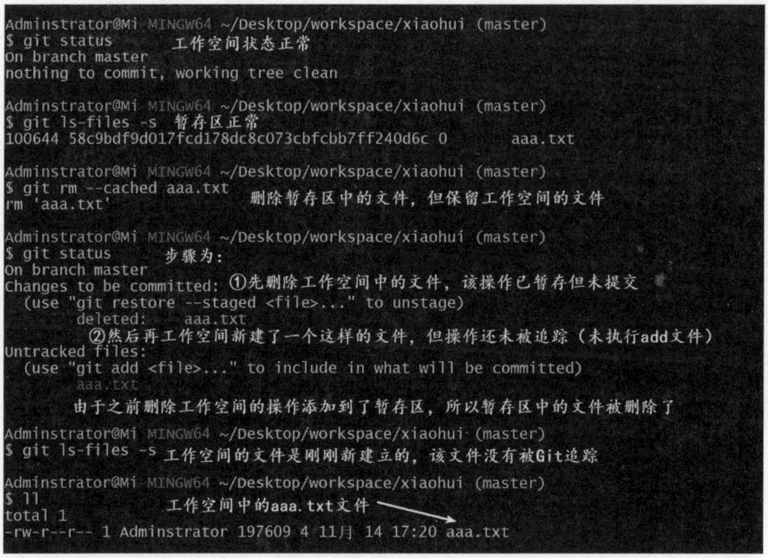

图 3-10

```
# 提交操作（注意，不要加路径，直接提交暂存区中的操作即可）
git commit -m "del cached aaa.txt"
git status                              # 查看状态
git ls-files                            # 查看暂存区
```

上述命令的执行效果如图 3-11 所示。

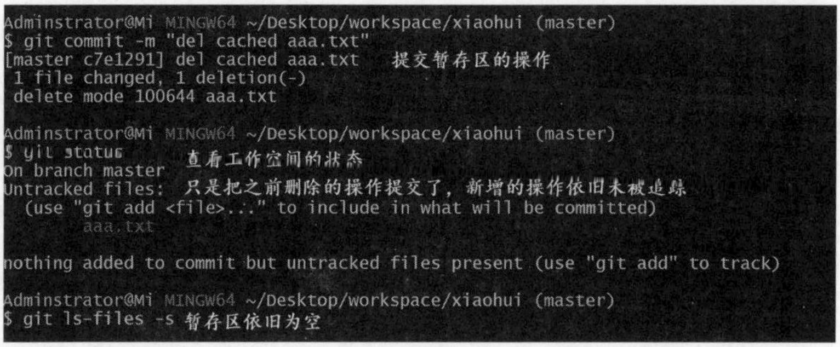

图 3-11

3.3   mv 命令——文件改名

git rm 命令是 Git 版本控制系统中用于移动或重命名文件和目录的命令，确保文件能够从工作目录、暂存区及后续提交中彻底移除，并方便团队协作时同步删除状态。

3.3.1　普通方式重命名

初始化项目库，命令如下。

```
rm -rf .git ./*
git init
echo "111" >> aaa.txt
git add ./
git commit -m "111" ./
```

将工作目录中的 aaa.txt 修改为 bbb.txt，并查看工作目录状态，命令如下。

```
mv aaa.txt bbb.txt          # 修改文件名称
ll                          # 查看工作空间的文件
git status
```

上述命令的执行效果如图 3-12 所示。

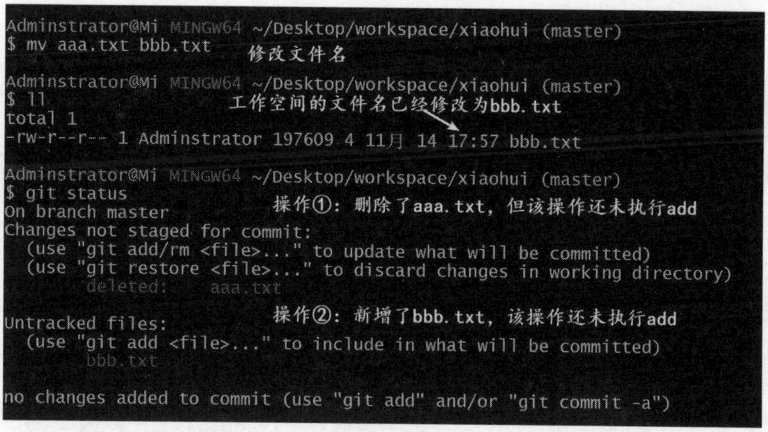

图 3-12

在上面的案例中，实际上是把原来的 aaa.txt 文件删除了，然后新增了一个 bbb.txt 文件。其中，删除 aaa.txt 文件的操作属于"本次修改的操作还未被追踪"，新增 bbb.txt 文件的操作属于"从未被追踪的操作"，两个操作都需要使用 add 命令来追踪。

提交操作，观察工作空间状态，命令如下。

```
git commit -m "aaa->bbb" ./
git status
```

上述命令的执行效果如图 3-13 所示。

提交改名操作后查看工作空间状态，发现 bbb.txt 处于未被追踪状态，这是因为 bbb.txt 还没有被执行 add 操作（还没有被纳入版本控制）。

需要为 bbb.txt 执行 add 操作，然后再提交。观察工作空间状态，命令如下。

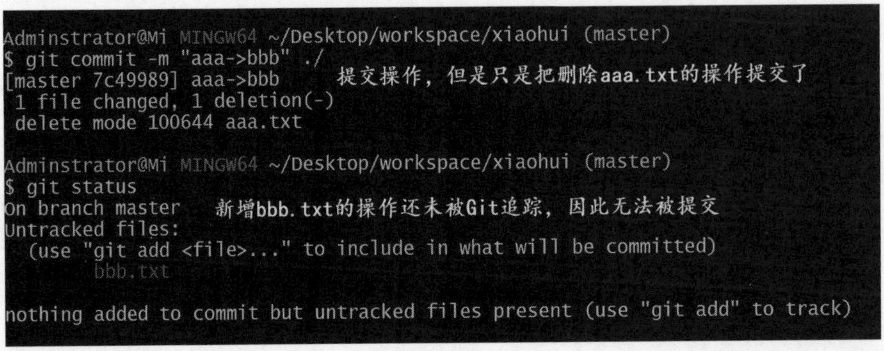

```
Adminstrator@Mi MINGW64 ~/Desktop/workspace/xiaohui (master)
$ git commit -m "aaa->bbb" ./        提交操作，但是只是把删除aaa.txt的操作提交了
[master 7c49989] aaa->bbb
 1 file changed, 1 deletion(-)
 delete mode 100644 aaa.txt

Adminstrator@Mi MINGW64 ~/Desktop/workspace/xiaohui (master)
$ git status
On branch master        新增bbb.txt的操作还未被Git追踪，因此无法被提交
Untracked files:
  (use "git add <file>..." to include in what will be committed)
        bbb.txt

nothing added to commit but untracked files present (use "git add" to track)
```

图 3-13

```
git add ./                              # 将 bbb.txt 文件添加到暂存区（纳入版本控制）
git commit -m "bbb" ./
```

上述命令的执行效果如图 3-14 所示。

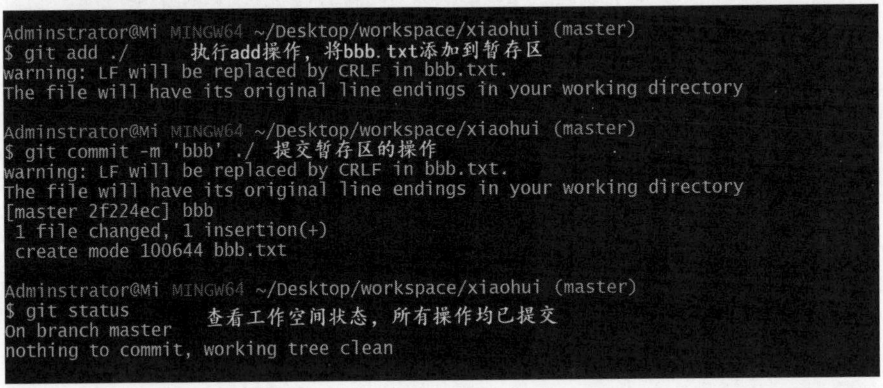

```
Adminstrator@Mi MINGW64 ~/Desktop/workspace/xiaohui (master)
$ git add ./      执行add操作，将bbb.txt添加到暂存区
warning: LF will be replaced by CRLF in bbb.txt.
The file will have its original line endings in your working directory

Adminstrator@Mi MINGW64 ~/Desktop/workspace/xiaohui (master)
$ git commit -m 'bbb' ./   提交暂存区的操作
warning: LF will be replaced by CRLF in bbb.txt.
The file will have its original line endings in your working directory
[master 2f224ec] bbb
 1 file changed, 1 insertion(+)
 create mode 100644 bbb.txt

Adminstrator@Mi MINGW64 ~/Desktop/workspace/xiaohui (master)
$ git status        查看工作空间状态，所有操作均已提交
On branch master
nothing to commit, working tree clean
```

图 3-14

3.3.2 使用 git mv 改名

普通方式重命名的步骤为：首先删除旧的文件，随后新增一个新的文件，两个操作都没有被暂存（追踪）。由于旧的文件之前被追踪过，因此直接提交操作即可。新的文件之前没有被追踪过，因此在提交前还需要执行 add 操作来进行第一次追踪。

git mv 命令整合了我们之前的操作，实际上是先执行了 mv 命令，将旧文件重命名为新文件，接着使用 git rm 命令删除旧文件，并使用 git add 添加新文件。此时，删除旧文件的操作被追踪了，新建文件的操作也被追踪了，后续直接提交即可。

git mv 命令的语法如表 3-3 所示。

表 3-3

语法	说明
git mv oldName newName	更改文件名： oldName：旧文件名。 newName：新文件名

使用 git mv 命令改名并查看工作空间状态，命令如下。

```
git mv bbb.txt ccc.txt            # 使用 git mv 更改文件名
ll                                # 查看工作空间的文件夹和文件
git commit -m "bbb->ccc" ./       # 提交操作
git status                        # 查看工作空间状态
```

上述命令的执行效果如图 3-15 所示。

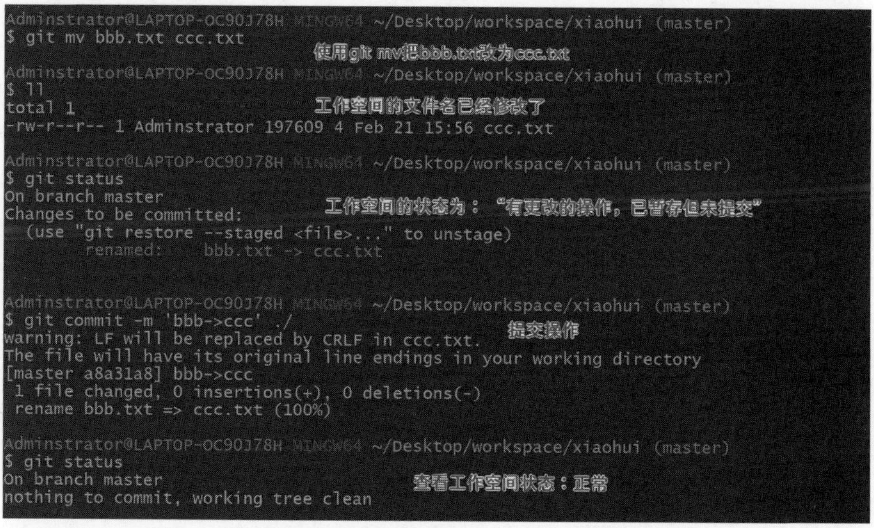

图 3-15

3.4　log 命令——日志查询

git log 命令用于查看提交历史记录，通过执行此命令，用户能够获取每一条提交的具体内容，包括每次提交的哈希值、作者名称、日期时间以及提交时附带的描述信息。这些详细日志有助于开发者追踪代码的演进过程，对比不同版本间的差异，深入理解功能或修复背后的开发逻辑，并快速定位到某个特性或错误的引入点。这样，便于追溯项目演进过程、对比不同版本差异及回溯错误引入点，为团队协作、代码审查和问题定位提供有力支持。

3.4.1　git log 命令的使用

使用 git log 命令可以查询 git 的提交日志，每一次的提交都会产生一次提交日志，我们可以通过查询日志来观察项目的进度变化。

log 命令语法如下。

```
git log [options] [<file> <commit> <tag>...]
```

如果不加其他选项，默认情况下，这个命令按提交的先后顺序由近到远显示提交日志，包括每个提交 id、作者的名字和电子邮件地址、提交时间以及提交说明等信息。

git log 命令的参数如表 3-4 所示。

表 3-4

选项	说明
-n（n 为一个整数）	指定显示最近的 n 次提交信息
-p	显示每次提交所引入的差异
--name-status	显示每次提交新增、修改、删除的文件清单
--author	仅显示指定作者的提交信息
--committer	仅显示指定提交者的提交信息
--grep	仅显示提交日志中包含指定字符的提交
-S	仅显示添加或删除内容匹配指定字符串的提交
--oneline	显示简略的日志信息
--decorate	显示更多关联信息，显示每个提交所关联的分支、标签或其他引用等信息
--graph	使用 ASCII 图形来表示提交历史中的分支关系

初始化项目库，命令如下。

```
rm -rf .git ./*
git init
echo "111" >> aaa.txt
git add ./
git commit -m "111" ./
echo "222" >> aaa.txt
git commit -m "222" ./
echo "333 111" >> aaa.txt
git commit -m "333 111" ./
```

查询日志，命令如下。

```
git log                              # 查询所有日志
```

```
git log -2                        # 查询最近的两次提交日志
git log -p                        # 显示每次提交的差异信息
git log --name-status             # 显示每次提交新增、修改、删除的文件清单
git log --author xiaohui          # 查询 xiaohui 用户创建的文件的提交信息
git log --committer xiaohui       # 查询 xiaohui 用户提交的信息
git log --grep '1'                # 查询条件日志中包含有 1 的提交信息
git log -S '1'                    # 查询添加或删除内容中包含 1 的提交信息
git log --oneline                 # 查询简略的提交信息
git log --decorate                # 查询更多的关联信息
git log --graph                   # 查询提交历史中的分支关系

git log -2 --grep '1' --oneline   # 混搭使用
```

3.4.2　格式化日志

使用 git log --pretty=format：<string> 命令可以自定义提交历史的显示格式，<string>
一般是一些格式占位符，表示要显示的内容。常用格式占位符写法如表 3-5 所示。

表 3-5

选项	作用说明
%H	提交的完整哈希值
%h	提交的简写哈希值
%T	树的完整哈希值
%t	树的简写哈希值
%P	父提交的完整哈希值
%p	父提交的简写哈希值
%an	作者名字
%ae	作者的电子邮件地址
%ad	作者修订日期（可以用--date=选项来定制格式）
%ar	作者修订日期（距今多长时间）
%cn	提交者的名字
%ce	提交者的电子邮件地址
%cd	提交日期
%cr	提交日期（距今多长时间）
%s	提交日志信息

示例代码如下。

```
git log --pretty=format:'%h %t'
e1c688f 56e552e
a8ce0ef 703a392
60710c9 8f96f2f

git log --pretty=format:'%h %an %cd %s'
e1c688f xiaohui Fri Oct 6 16:01:05 2023 +0800 333 111
a8ce0ef xiaohui Fri Oct 6 16:01:03 2023 +0800 222
60710c9 xiaohui Fri Oct 6 16:01:03 2023 +0800 111

git log --pretty=format:'%h %an %s'
e1c688f xiaohui 333 111
a8ce0ef xiaohui 222
60710c9 xiaohui 111
```

3.4.3　日期格式化

当自定义显示格式中使用%ad 或%cd 显示提交时间时，可以使用"--date=选项"指定日期的显示格式。常用选项如表 3-6 所示。

表 3-6

选项	作用说明
relative	只显示相对于现在时间的天数，如"2 weeks ago"
local	显示在当前时区下的时间
short	只显示日期，以"YYYY-MM-DD"的形式
raw	以"%s %z"格式显示时间，%s 指自 1970-01-01 00：00：00 以来的秒数，%z 指时区
default	显示原始时区下的时间

示例代码如下。

```
git log --pretty=format:'%h %an %s %cd' --date=short
e1c688f xiaohui 333 111 2023-10-06
a8ce0ef xiaohui 222 2023-10-06
60710c9 xiaohui 111 2023-10-06

git log --pretty=format:'%h %an %s %cd' --date=local
e1c688f xiaohui 333 111 Fri Oct 6 16:01:05 2023
a8ce0ef xiaohui 222 Fri Oct 6 16:01:03 2023
60710c9 xiaohui 111 Fri Oct 6 16:01:03 2023
```

```
git log --pretty=format:'%h %an %s %cd' --date default
e1c688f xiaohui 333 111 Fri Oct 6 16:01:05 2023 +0800
a8ce0ef xiaohui 222 Fri Oct 6 16:01:03 2023 +0800
60710c9 xiaohui 111 Fri Oct 6 16:01:03 2023 +0800

git log --pretty=format:'%h %an %s %cd' --date relative
e1c688f xiaohui 333 111 14 minutes ago
a8ce0ef xiaohui 222 14 minutes ago
60710c9 xiaohui 111 14 minutes ago
```

也可以使用--date=format:<string>自定义时间的显示格式。例如--date=format："%Y-%m-%d %H：%M：%S"。常用的格式占位符如表 3-7 所示。

表 3-7

选项	作用说明
%A	星期的英文全称
%a	星期的英文简写
%B	月份的英文全称
%b	月份的英文简写
%Y	年份全写，如 2022
%y	年份简写，如 22
%M	分钟，00-59
%m	月份，00-12
%d	日期，00-31
%H	小时，00-23
%I	小时，00-12
%S	秒，00-59
%s	自 1970-01-01 00：00：00 以来的秒数
%z	时区
%W	一年中的第几周，以周一为一周的开始
%w	一周中的第几天，0-6，周日是 0
%U	一年中的第几周，以周日为一周的开始
%%	输出一个百分号

示例代码如下。

```
git log --pretty=format:'%h %an %s %cd' --date=format:'%Y-%m-%d %H:%M:%S'
```

```
e1c688f xiaohui 333 111 2023-10-06 16:01:05
a8ce0ef xiaohui 222 2023-10-06 16:01:03
60710c9 xiaohui 111 2023-10-06 16:01:03
```

3.5　Git 文件忽略

如果想将某个文件保留在项目中，又不想让它受到 Git 的跟踪管理，那么，我们可以使用.gitignore 文件。只需要先创建该文件，然后添加到项目的根目录中，最后将我们想要忽略（让 Git 不进行跟踪）的文件名称填写到该文件中即可。

3.5.1　忽略文件的使用

在工作空间准备如下文件，如图 3-16 所示。

图 3-16

可以看到，在图 3-16 中，testDir 文件夹中包含 aaa.txt 和 bbb.txt 文件。

初始化项目，命令如下。

```
git init
git add ./
git ls-files -s
100644 e69de29bb2d1d6434b8b29ae775ad8c2e48c5391 0      aaa.txt
# 追踪了 aaa.txt
100644 e69de29bb2d1d6434b8b29ae775ad8c2e48c5391 0      bbb.txt
# 追踪了 bbb.txt
100644 e69de29bb2d1d6434b8b29ae775ad8c2e48c5391 0      testDir/aaa.txt
# 追踪了 testDir/aaa.txt
100644 e69de29bb2d1d6434b8b29ae775ad8c2e48c5391 0      testDir/bbb.txt
# 追踪了 testDir/bbb.txt

git commit -m "000" ./                                 # 提交
[master(root-commit)de9a3d3] 000
```

```
4 files changed,0 insertions(+),0 deletions(-)
create mode 100644 aaa.txt
create mode 100644 bbb.txt
create mode 100644 testDir/aaa.txt
create mode 100644 testDir/bbb.txt
```

　　通过上述命令的执行效果我们可以看到，工作空间中的所有文件和文件夹均被 Git 所管理。

　　删除.git 文件夹（删除之前的版本信息），在工作空间添加 .gitignore 文件，内容如下。

```
/bbb.txt
/testDir
```

　　将上述内容输入到该文件中，文件内容如图 3-17 所示。

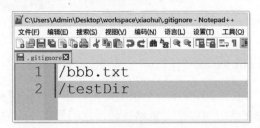

图 3-17

　　再次初始化项目并提交文件，命令如下。

```
git init
git add ./

# 查看暂存区，发现只有 aaa.txt 和忽略文件
git ls-files -s
100644 46ed5f1031796dcba0e4008473e1a06f10d16e0d 0        .gitignore
100644 e69de29bb2d1d6434b8b29ae775ad8c2e48c5391 0        aaa.txt

# 只提交了 aaa.txt 文件和忽略文件
git commit -m "000" ./
[master(root-commit)5de0509] 000
 2 files changed,2 insertions(+)
 create mode 100644 .gitignore
 create mode 100644 aaa.txt
```

3.5.2　强制追踪

　　被添加到.gitignore 的文件或文件夹通常不会被 Git 所追踪。不过，通过强制追踪依旧可以让 Git 追踪到被忽略的文件。我们可以在执行 add 命令时加上-f 指令，代表强制追踪。
示例代码如下。

```
# 强制追踪 bbb.txt 文件
git add -f bbb.txt

# 可以看到已经被添加到暂存区
git ls-files -s
100644 46ed5f1031796dcba0e4008473e1a06f10d16e0d 0          .gitignore
100644 e69de29bb2d1d6434b8b29ae775ad8c2e48c5391 0          aaa.txt
100644 e69de29bb2d1d6434b8b29ae775ad8c2e48c5391 0          bbb.txt

# 提交了一个 bbb.txt 文件
git commit -m "bbb" bbb.txt
[master 0df2591] bbb
 1 file changed,0 insertions(+),0 deletions(-)
 create mode 100644 bbb.txt
```

3.5.3 忽略规则的优先级

在.gitignore 文件中，每一行都表示一个忽略规则，用于确定哪些文件或目录应该被 Git 所忽略。在 Git 中，有很多地方可以定义忽略规则，它们的优先级如下（由高到低）。

（1）从命令行中读取可用的忽略规则：通过 git add -f 或者 git checkout --force 等命令行选项临时覆盖默认的忽略行为，该优先级最高。

（2）当前目录定义的规则：在当前路径中定义的.gitignore 具有较高优先级，仅对所在目录及其子目录生效。

（3）父级目录定义的规则：如果当前目录下没有.gitignore 文件，则会递归查找上层目录中的.gitignore 文件，其规则对所有子目录有效，但会被更接近目标文件的.gitignore 规则所覆盖。

（4）$GIT_DIR/info/exclude 文件中定义的规则：位于 Git 仓库目录（即.git 目录）内的 info/exclude 文件中的规则也会影响哪些文件会被忽略，但优先级低于任何.gitignore 文件。

（5）core.excludesfile 中定义的全局规则：在用户级别设置的全局忽略文件，可以通过配置变量 core.excludesfile 指定。这个全局忽略文件对所有 Git 仓库都生效，但优先级最低。

示例代码如下。

```
# 表示在当前目录中添加一个.test 的文件作为 gitignore 文件
git config --local core.excludesfile ./.test
```

3.5.4 忽略规则的匹配语法

Git 忽略规则的匹配语法允许我们在.gitignore 文件中定义一系列模式来指定哪些文件

和目录应当被 Git 忽略，不加入版本控制。

以下是一些基本的匹配规则和语法。

1. 注释

以#开头的行被视为注释，Git 会忽略这些行。

2. 通配符

☑　*：匹配任意数量（包括零个）的任意字符。

☑　?：匹配单个任意字符。

☑　[abc]：匹配括号内的任何一个字符，如[abc]表示匹配 a、b 或 c。

☑　[0-9]或[a-z]：范围匹配，匹配括号内指定范围内的字符。

☑　**：匹配任意中间目录层级，如**/*.log 表示匹配所有子目录下的.log 文件。

3. 路径匹配

☑　"/"在规则前面表示路径，如/aaa.txt 表示当前.gitignore 文件所在的路径下的 aaa.txt 文件（不包含子目录的 aaa.txt 文件）。

☑　"/"在规则末尾表示目录，如 build/表示忽略名为 build 的目录及其子内容。

☑　如果规则没有以"/"结尾，则表示既匹配文件，也匹配目录名。

4. 否定匹配

在规则前添加 ! 符号可以取消某个匹配规则，即不忽略符合该规则的文件或目录。如!aaa.txt 表示即使有其他规则忽略了所有.txt 文件，也不会忽略名为 aaa.txt 的文件。

5. 相对路径与绝对路径

.gitignore 文件中的路径规则默认是相对于.gitignore 文件所在目录的路径。如/aaa.txt 表示当前.gitignore 文件所在的路径中的 aaa.txt 文件。aaa.txt（没加/）则表示当前.gitignore 文件所在的路径中的 aaa.txt 以及所有后代路径中的 aaa.txt 文件。

6. 多个规则顺序

☑　Git 按照.gitignore 文件中规则的顺序进行处理，一旦找到匹配项，后续规则将不再对同一文件进行检查。

☑　如果一个文件或目录同时符合多个规则，则优先级较高的规则生效（通常是指令出现较早的规则）。

7. 特殊符号转义

若要匹配包含特殊字符（如空格、星号等）的文件名，需使用\进行转义。

例如，想要忽略名为 test.txt 的文件，直接写入.gitignore 文件即可，示例如下。

```
test.txt
```

同样，如果我们要忽略所有以.news 结尾的文件，可以这样写。

```
*.news
```

注意，这里不需要对*进行转义，因为 Git 能够正确识别其上下文含义——在这种情况下，它是一个通配符，而不是文件名中的字面值。

但是，当这些特殊字符恰好是我们想作为字面值匹配到的文件名部分时，就需要进行转义。例如，如果有一个名为*test.txt 的文件，为了确保 Git 将其作为一个具体文件名而非通配符来处理，我们需要在 .gitignore 中这样写。

```
\*test.txt
```

第 4 章

Git 底层对象

Git 的核心部分是一个简单的键–值对数据库。我们可以向该数据库插入任意类型的内容，它会返回一个键值，通过该键值，我们可以在任意时刻再次检索该内容。我们之前使用 add、commit、rm、mv 等命令时，实际上是在向 Git 这个数据库读取/添加数据。

需要注意的是，一旦数据被添加到 Git 中，那么数据将永远不会被删除，其实使用 Git 删除命令只是进行了一次新的版本的迭代。这些功能与 Git 的底层对象紧密相连。本章将会深入探讨 Git 的底层对象，通过学习 Git 的底层命令来掌握其底层原理和工作机制。掌握 Git 的底层命令有助于我们对 Git 的底层原理有一个更加清晰的认识。

4.1 Git 对象的概念与介绍

Git 的底层对象分为 4 种：Blob 对象（文本对象）、Tree 对象（树对象）、Commit 对象（提交对象）、Tag 对象（标签对象）。当我们在使用 Git 命令往 Git 中写数据时，Git 会根据情况将其封装为这 4 种对象。代表项目的历史信息都被存储在这 4 种对象中，这 4 种对象存储的内容在 40 位随机字符串命名的文件中，如下所示。

```
58c9bdf9d017fcd178dc8c073cbfcbb7ff240d6c
```

我们可以通过名称来获取对象中的内容。4 种对象都存储在版本库中的.git/objects 目录。其中，随机字符串的前两位代表一个文件夹，剩余的 38 位为文件名。Git 中 4 种对象的介绍如下。

- ☑ Blob 对象：被称为文本对象，当文件被添加到 Git 时（被执行了 add 命令），Git 会根据文件的内容将其转换为一个 Blob 对象存储在 Git 中。
- ☑ Tree 对象：被称为树对象，Tree 对象包含了多个文件（Blob 对象）。
- ☑ Commit 对象：被称为提交对象，代表了一次真正的版本，Commit 对象包含 Tree 对象，在 Tree 对象的基础上添加了一些额外的信息。
- ☑ Tag 对象：被称为标签对象，指向某一个 Commit 对象，用于标记这一次版本的特殊性。

下面我们就针对这 4 种 Git 对象进行学习。

4.2　Blob 对象

Blob 对象的好处在于它提供了一种高效方式来存储文件内容。当文件被添加到 Git 仓库时，Git 会将文件的内容转换为一个独立的 Blob 对象，并存储在 Git 的对象数据库中。这个 Blob 对象只包含文件的内容本身，不包含文件名或其他元数据。

Blob 对象名称是一个长度为 40 位的哈希值，这个哈希值是根据文件内容计算而来的，保证了文件内容的唯一性。另外，Blob 对象的大小取决于它所代表的文件的大小。每个 Blob 对象存储文件的原始二进制内容，不进行压缩或增量编码。因此，Blob 对象的大小与相应文件的大小成正比。

4.2.1　Blob 对象简介

当某个文本需要添加到 Git 中时，Git 会将文件的内容转换为一个 Blob 对象存储到 Git 数据库中，每个 Blob 对象都会有一个唯一的哈希值，这就是 Git 中的最原始的版本信息。当修改文件后，需要再次将新的文件包裹成 Blob 对象存入 Git 数据库，这又是一次文件版本的更新。

> **Tips:** Git 在存储 Blob 对象时，会根据文件内容来计算对象的哈希值。如果两个对象的内容相同，它们将具有相同的哈希值。因此，当文件内容没有变化时，Git 会识别出这一点，并重用之前的 Blob 对象，而不是创建一个新的对象。这意味着相同的文件内容只会在对象数据库中存储一次，从而避免了冗余。

4.2.2　Blob 对象的使用

1. 写入数据

创建 Blob 对象的语法如表 4-1 所示。

表 4-1

语法	说明
git hash-object -w {文件名 | 目录名}	将某个文件或目录创建 Blob 对象

将数据写入 Git。

```
rm -rf ./* .git # 删除当前文件夹中的所有文件和文件夹（.git 是隐藏文件夹，需要单独删除）
```

```
git init              # 初始化一个新的 Git 仓库
echo "111" >> aaa.txt                 # 创建文件
git hash-object -w aaa.txt            # 将 aaa.txt 文件写入 Git
58c9bdf9d017fcd178dc8c073cbfcbb7ff240d6c
```

Git 对象文件生成的路径默认为.git\objects，其中，生成的文件夹名称是哈希值的前两位，其余的位数作为文件名，查看 Git 仓库如图 4-1 所示。

图 4-1

2. 读取数据

读取 Git 对象的语法如表 4-2 所示。

表 4-2

语法	说明
git cat-file {-p | -t} {hash}	查看 Git 对象的内容或类型： -p：获取该 Git 对象内容。 -t：获取该 Git 对象类型
git show {hash}	查看 Git 对象的内容

从 Git 读取数据。

```
# 获取 Git 对象的类型
git cat-file -t 58c9bdf9d017fcd178dc8c073cbfcbb7ff240d6c
blob

# 获取 Git 对象的内容
git cat-file -p 58c9bdf9d017fcd178dc8c073cbfcbb7ff240d6c
111

# 获取 Git 对象的内容
git show 58c9bdf9d017fcd178dc8c073cbfcbb7ff240d6c
111
```

3. 小练习

创建一个新的文件写入到 Git 中。

```
echo "Hello World" >> bbb.txt          # 创建一个新的文件
git hash-object -w bbb.txt             # 写入到 Git 中
```

```
557db03de997c86a4a028e1ebd3a1ceb225be238
```

执行完上述命令后，查看 objects 目录，如图 4-2 所示。

图 4-2

读取文件内容。

```
git cat-file -p 557db03de997c86a4a028e1ebd3a1ceb225be238
Hello World
```

修改文件内容，再次查看 Git 数据库中的数据。

```
echo "Hello Git" >> bbb.txt
git cat-file -p 557db03de997c86a4a028e1ebd3a1ceb225be238
Hello World          # 文件内容并没有发生变化
```

重新将 bbb.txt 添加到 Git 数据库。

```
# 将 bbb.txt 重新添加到 Git 数据库（生成了一个新的 Blob 对象）
git hash-object -w bbb.txt

# 查询 objects 目录下的所有文件
find .git/objects/ -type f
# bbb.txt ---> HelloWorld
.git/objects/55/7db03de997c86a4a028e1ebd3a1ceb225be238
# aaa.txt ---> 111
.git/objects/58/c9bdf9d017fcd178dc8c073cbfcbb7ff240d6c
# bbb.txt ---> Hello World Hello Git
.git/objects/93/f515c1fffa123e2dc1ad3015fd59a421afacd2
```

读取 Blob 对象。

```
git cat-file -p 557db03de997c86a4a028e1ebd3a1ceb225be238
Hello World

git cat-file -p 58c9bdf9d017fcd178dc8c073cbfcbb7ff240d6c
111

git cat-file -p 93f515c1fffa123e2dc1ad3015fd59a421afacd2
Hello World
Hello Git
```

4.2.3　Blob 的存储方式

　　Blob 对象的设计使得 Git 能够避免冗余存储，即只有当文件内容实际发生变化时，才会生成新的 Blob 对象。这种机制不仅减少了存储空间的浪费，还提高了版本控制的效率。

　　另外，Git 在存储文件内容时，并不会因为每次修改就简单地保存整个新版本的文件内容，而是采用了内容寻址存储模型和增量存储的方式来提高效率。

　　（1）内容寻址：每个 Blob 对象基于其内容计算一个唯一的哈希值，从而指向某个文件，这意味着如果两次提交中，文件的内容完全相同，Git 会指向同一个 Blob 对象，而不是创建新的备份。

```
echo "111" >> aaa.txt
git hash-object -w aaa.txt
find .git/objects/ -type f       # 查询生成的 Blob 对象
.git/objects/58/c9bdf9d017fcd178dc8c073cbfcbb7ff240d6c

echo "111" >> bbb.txt
git hash-object -w bbb.txt
find .git/objects/ -type f       # 查询生成的 Blob 对象（依旧是同一个 Blob 对象）
.git/objects/58/c9bdf9d017fcd178dc8c073cbfcbb7ff240d6c
```

　　（2）增量存储：当文件内容发生更改时，Git 并不会存储整个文件的新版本，而是通过 diff 算法找出与旧版本间的差异，并将这个差异存储为一个新的对象，而不是完整的文件内容。这样，多次修改同一文件后，Git 仓库内并不一定会存储该文件修改过的每一个版本的所有内容，而是存储了原始版本和每次修改之间的差异信息。

　　因此，即使文件被频繁修改，Git 也能高效地管理存储空间，确保版本控制系统的性能和效率。

4.3　Tree 对象

　　Git 的 Tree 对象扮演着版本库中目录结构组织者的角色，它将多个 Blob 对象和子 Tree 对象通过哈希值关联起来，构建出一个完整的、版本化的目录树模型，实现了对项目文件层次关系的高效持久化存储与历史追踪，并且为快速比对不同版本间的目录结构差异及合并操作提供了底层支持，极大地增强了版本控制系统的性能与准确性。

4.3.1　Tree 对象简介

　　Blob 对象中只会存储文本内容，但它并不记录该文本所对应的文件名称。同时，生成 Blob 对象代表是对某个文件的一次操作，然而，有时我们需要将多个操作归纳为一个版本，因为一次项目的版本可能涉及多个文件的操作。在这种情况下，我们就可以使用 Tree 对象来存储多个文件的操作了。

一个 Tree 对象包含了一个或多个操作，Tree 对象中保存了该对象所涉及的所有文件（包括文件名称）。因此，Tree 对象可用于存储多个文件的操作。

此外，一个 Tree 对象还可以包含另一个 Tree 对象。

> **Tips:** Tree 对象包含了一个或多个的操作，可以简单地看成一次项目版本记录，但 Git 并没有采用 Tree 对象来作为一次项目版本，而是我们后面要学习的 Commit 对象。

4.3.2　暂存区与 Tree 对象

一个 Tree 对象是由一个或多个 Blob 对象组成的，那么，如何让 Tree 对象包含多个 Blob 对象呢？

我们在生成 Tree 对象之前，需要将所有的记录都存储到"暂存区"，暂存区用于"暂存"一些操作，等到操作完毕时就将暂存区中所有操作生成一个 Tree 对象，这样 Tree 对象就包含了多个记录了。

将操作添加到暂存区的语法如表 4-3 所示。

表 4-3

语法	说明
git update-index --add {文件 | 目录}	将指定的文件或目录添加到暂存区

将暂存区的操作生成 Tree 对象的语法如表 4-4 所示。

表 4-4

语法	说明
git write-tree	将暂存区的内容生成 Tree 对象

> **Tips:** 当生成了 Tree 对象之后，暂存区中的 Git 对象并不会因为生成了 Tree 对象而清空。

4.3.3　生成 Tree 对象

使用 git write-tree 可以将暂存区中的内容生成 Tree 对象，一个 Tree 对象通常包含多个 Blob 对象，代表着多个文件的变更同属于一个 Tree 对象。操作示例如下。

（1）初始化 Git 仓库。

```
rm -rf ./* .git
git init
```

（2）生成第一个 Blob 对象。

```
echo "111" >> aaa.txt                    # 创建一个 aaa.txt 文件
git hash-object -w aaa.txt               # 生成 Blob 对象
58c9bdf9d017fcd178dc8c073cbfcbb7ff240d6c

find .git/objects/ -type f               # 查看所有的 Git 对象
.git/objects/58/c9bdf9d017fcd178dc8c073cbfcbb7ff240d6c

# 查看该哈希值对应的 Git 类型
git cat-file -t 58c9bdf9d017fcd178dc8c073cbfcbb7ff240d6c
blob

# 查看该 Git 对象的值
git cat-file -p 58c9bdf9d017fcd178dc8c073cbfcbb7ff240d6c
111
```

（3）生成第二个 Blob 对象。

```
echo "222" >> bbb.txt
git hash-object -w bbb.txt
c200906efd24ec5e783bee7f23b5d7c941b0c12c

find .git/objects/ -type f
.git/objects/58/c9bdf9d017fcd178dc8c073cbfcbb7ff240d6c
.git/objects/c2/00906efd24ec5e783bee7f23b5d7c941b0c12c

git cat-file -t c200906efd24ec5e783bee7f23b5d7c941b0c12c
blob

git cat-file -p c200906efd24ec5e783bee7f23b5d7c941b0c12c
222
```

（4）将两个记录添加到暂存区。

```
git update-index --add aaa.txt
git update-index --add bbb.txt
```

（5）查看暂存区。

```
git ls-files -s
100644 58c9bdf9d017fcd178dc8c073cbfcbb7ff240d6c 0        aaa.txt
100644 c200906efd24ec5e783bee7f23b5d7c941b0c12c 0        bbb.txt
```

（6）将两次操作生成 Tree 对象（一次版本）。

```
# 将暂存区的内容生成 Tree 对象
```

```
git write-tree
32dcf33783f09530a55367ae95a221b9ee1c1eba

# 查看 objects 目录中的文件
find .git/objects/ -type f
.git/objects/32/dcf33783f09530a55367ae95a221b9ee1c1eba  # Tree 对象
.git/objects/58/c9bdf9d017fcd178dc8c073cbfcbb7ff240d6c  # Blob 对象
.git/objects/c2/00906efd24ec5e783bee7f23b5d7c941b0c12c  # Blob 对象

# 查看该哈希值对应的 Git 类型
git cat-file -t 32dcf33783f09530a55367ae95a221b9ee1c1eba
tree

# 查看该哈希值的内容
git cat-file -p 32dcf33783f09530a55367ae95a221b9ee1c1eba
100644 blob 58c9bdf9d017fcd178dc8c073cbfcbb7ff240d6c    aaa.txt
100644 blob c200906efd24ec5e783bee7f23b5d7c941b0c12c    bbb.txt
```

（7）查看暂存区。

```
git ls-files -s                # 生成 Tree 对象之后暂存区的内容并不会清空
100644 58c9bdf9d017fcd178dc8c073cbfcbb7ff240d6c 0       aaa.txt
100644 c200906efd24ec5e783bee7f23b5d7c941b0c12c 0       bbb.txt
```

　　一个 Tree 对象中包含多个变更的 Blob 对象，Blob 对象对应我们实际开发中的一个个操作。当某些操作满足了一次版本的要求时，我们就会生成对应的 Tree 对象来生成版本。在 Git 中，通常是一个 Tree 对象，而非 Blob 对象，象征着一个项目的某个版本。值得注意的是，虽然 Tree 对象代表的是一次项目的版本，但由于 Tree 对象缺少一些关键信息，Git 并没有采用 Tree 对象作为一次版本信息。相反，Git 采用的是我们即将学习的 Commit 对象来作为项目的一个实际版本。

4.3.4　读取 Tree 对象

　　一个 Tree 对象代表项目目录结构的一个快照，包含了一个或多个 Blob 对象，也可能包含其他的 Tree 对象。通过 git cat-file 命令可以查询 Tree 对象的内容。

　　如果需要将其他 Tree 对象包含进某一个 Tree 对象中，我们需要使用树的读取命令，将其他 Tree 对象读取到暂存区中，然后将暂存区的内容生成一个新的 Tree 对象。这样，这个新的 Tree 对象中就包含了其他的 Tree 对象了。

　　Git 提供了 git read-tree 命令，用于读取树信息并将其读入暂存区。这个命令主要用于合并操作，可以将一个或多个树对象合并到当前的暂存区中。

　　查看 Tree 对象的语法如表 4-5 所示。

表 4-5

语法	说明
git ls-tree {tree-hash}	查看指定 Tree 所包含的内容
git cat-file -p {tree-hash}	查看指定 Tree 所包含的内容（等价于 git ls-tree）

读取 Tree 对象（将 Tree 对象中的内容读取到暂存区）的语法如表 4-6 所示。

表 4-6

语法	说明
git read-tree {tree-hash}	将 Tree 对象的内容写入暂存区
git read-tree -m {tree-hash1} {tree-hash2}	将 tree-hash1 和 tree-hash2 的内容合并到当前的暂存区中
git read-tree --prefix=prefixName {tree-hash}	将 Tree 对象的内容写入暂存区，并为其取个前缀名

下面来演示读取 Tree 对象以及一个 Tree 对象包含其他 Tree 对象。

1. 生成第一个 Tree 对象

（1）初始化 Git 仓库。

```
rm -rf ./* .git
git init
echo "111" >> aaa.txt
git hash-object -w aaa.txt          # 生成 Blob 对象
58c9bdf9d017fcd178dc8c073cbfcbb7ff240d6c

echo "222" >> bbb.txt
git hash-object -w bbb.txt          # 生成 Blob 对象
c200906efd24ec5e783bee7f23b5d7c941b0c12c

git update-index --add aaa.txt      # 添加到暂存区
git update-index --add bbb.txt      # 添加到暂存区

git ls-files -s                     # 查看暂存区的内容
100644 58c9bdf9d017fcd178dc8c073cbfcbb7ff240d6c 0    aaa.txt
100644 c200906efd24ec5e783bee7f23b5d7c941b0c12c 0    bbb.txt

git write-tree                      # 生成 Tree 对象
32dcf33783f09530a55367ae95a221b9ee1c1eba
```

```
find .git/objects/ -type f            # 查看所有 Git 对象
# Tree 对象（包含 aaa.txt 和 bbb.txt）
.git/objects/32/dcf33783f09530a55367ae95a221b9ee1c1eba
# aaa.txt
.git/objects/58/c9bdf9d017fcd178dc8c073cbfcbb7ff240d6c
# bbb.txt
.git/objects/c2/00906efd24ec5e783bee7f23b5d7c941b0c12c
```

（2）查看 Tree 对象的内容。

```
git cat-file -p 32dcf33783f09530a55367ae95a221b9ee1c1eba
100644 blob 58c9bdf9d017fcd178dc8c073cbfcbb7ff240d6c    aaa.txt
100644 blob c200906efd24ec5e783bee7f23b5d7c941b0c12c    bbb.txt
```

该 Tree 对象的结构如图 4-3 所示。

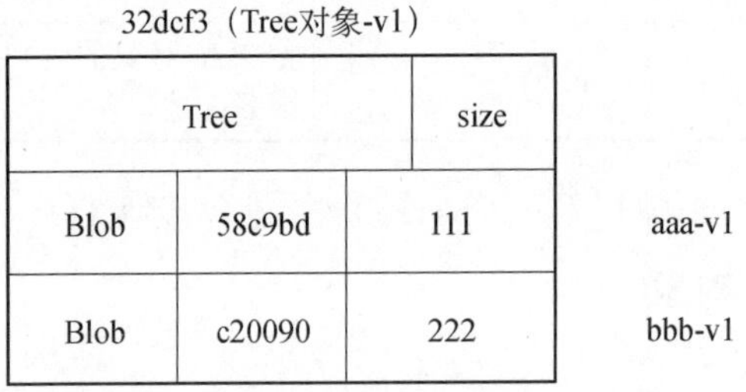

32dcf3（Tree对象-v1）

Tree		size	
Blob	58c9bd	111	aaa-v1
Blob	c20090	222	bbb-v1

图 4-3

2. 生成第二个 Tree 对象

（1）修改 aaa.txt 的内容。

```
echo "1010" >> aaa.txt
git hash-object -w aaa.txt                       # 生成 Blob 对象
7b481520925a2e75716034e3c858b7ef2a9aae75

find .git/objects/ -type f
# Tree 对象（包含 aaa.txt 和 bbb.txt）
.git/objects/32/dcf33783f09530a55367ae95a221b9ee1c1eba
.git/objects/58/c9bdf9d017fcd178dc8c073cbfcbb7ff240d6c  # aaa-v1 版本
.git/objects/7b/481520925a2e75716034e3c858b7ef2a9aae75  # aaa-v2 版本
.git/objects/c2/00906efd24ec5e783bee7f23b5d7c941b0c12c  # bbb-v1 版本
```

（2）将 aaa.txt 添加到暂存区。

```
git ls-files -s
# aaa-v1 版本
100644 58c9bdf9d017fcd178dc8c073cbfcbb7ff240d6c 0      aaa.txt
```

```
# bbb-v1 版本
100644 c200906efd24ec5e783bee7f23b5d7c941b0c12c 0          bbb.txt


git update-index aaa.txt           # 更新暂存区
git ls-files -s                    # 查看暂存区
# aaa-v2 版本
100644 7b481520925a2e75716034e3c858b7ef2a9aae75 0          aaa.txt
# bbb-v1 版本
100644 c200906efd24ec5e783bee7f23b5d7c941b0c12c 0          bbb.txt
```

Tips： aaa.txt 文件已经添加到了暂存区，因此，第二次执行 update-index 命令时不需要再指定--add 参数了。

（3）将当前暂存区的内容生成 Tree 对象。

```
git write-tree
a24447346b4470013f38a67d14d97f975e39c037          # 本次 Tree 对象的哈希值
```

查看所有 Git 对象。

```
find .git/objects/ -type f
# Tree 对象-v1 版本（包含 aaa-v1 和 bbb-v1）
.git/objects/32/dcf33783f09530a55367ae95a221b9ee1c1eba
.git/objects/58/c9bdf9d017fcd178dc8c073cbfcbb7ff240d6c          # aaa-v1 版本
.git/objects/7b/481520925a2e75716034e3c858b7ef2a9aae75          # aaa-v2 版本
# Tree 对象-v2 版本（包含 aaa-v2 和 bbb-v1）
.git/objects/a2/4447346b4470013f38a67d14d97f975e39c037
.git/objects/c2/00906efd24ec5e783bee7f23b5d7c941b0c12c          # bbb-v1 版本
```

查看第二个 Tree 对象的内容。

```
git cat-file -p 32dcf33783f09530a55367ae95a221b9ee1c1eba
# aaa-v1 版本
100644 blob 58c9bdf9d017fcd178dc8c073cbfcbb7ff240d6c    aaa.txt
100644 blob c200906efd24ec5e783bee7f23b5d7c941b0c12c    bbb.txt


git cat-file -p a24447346b4470013f38a67d14d97f975e39c037
# aaa-v2 版本
100644 blob 7b481520925a2e75716034e3c858b7ef2a9aae75    aaa.txt
100644 blob c200906efd24ec5e783bee7f23b5d7c941b0c12c    bbb.txt
```

该 Tree 对象（Tree 对象-v2 版本）的结构如图 4-4 所示。

a24447（Tree对象-v2）

	Tree	size	
Blob	7b4815	111 1010	aaa-v2
Blob	c20090	222	bbb-v1

图 4-4

（4）读取 Tree 对象-v2 版本的内容到暂存区。

```
# 先查看暂存区的内容
git ls-files -s
# aaa-v2
100644 7b481520925a2e75716034e3c858b7ef2a9aae75 0      aaa.txt
# bbb-v1
100644 c200906efd24ec5e783bee7f23b5d7c941b0c12c 0      bbb.txt

# 读取 v2 版本的 Tree 对象（包含 aaa.v2 和 bbb）到暂存区
git read-tree --prefix=testTree a24447346b4470013f38a67d14d97f975e39c037

git ls-files -s    # 再次查看暂存区的内容
# aaa-v2（原来暂存区就有的内容）
100644 7b481520925a2e75716034e3c858b7ef2a9aae75 0      aaa.txt
# bbb-v1（原来暂存区就有的内容）
100644 c200906efd24ec5e783bee7f23b5d7c941b0c12c 0      bbb.txt
# Tree 对象-v2 中的 aaa（v2）
100644 7b481520925a2e75716034e3c858b7ef2a9aae75 0      testTree/aaa.txt
# Tree 对象-v2 中的 bbb（v1）
100644 c200906efd24ec5e783bee7f23b5d7c941b0c12c 0      testTree/bbb.txt
```

（5）将暂存区中的内容生成 Tree 对象，查看所有 Git 对象。

```
git write-tree
cbaf3b0b3b46f527d3096955222de7a2cfaf6d69

find .git/objects/ -type f
# Tree 对象-v1 版本（包含 aaa.v1 和 bbb）
.git/objects/32/dcf33783f09530a55367ae95a221b9ee1c1eba
# aaa-v1 版本
.git/objects/58/c9bdf9d017fcd178dc8c073cbfcbb7ff240d6c
# aaa-v2 版本
.git/objects/7b/481520925a2e75716034e3c858b7ef2a9aae75
# Tree 对象-v2 版本（包含 aaa-v2 和 bbb-v1）
```

```
.git/objects/a2/4447346b4470013f38a67d14d97f975e39c037
# bbb.txt（版本 1）
.git/objects/c2/00906efd24ec5e783bee7f23b5d7c941b0c12c
# Tree 对象-v3（Tree 对象-v2 和 Tree 对象-v1）
.git/objects/cb/af3b0b3b46f527d3096955222de7a2cfaf6d69
```

查看 3 个 Tree 对象的内容。

```
# 查看 Tree 对象-v1 版本的内容
git cat-file -p 32dcf33783f09530a55367ae95a221b9ee1c1eba
# aaa-v1 版本
100644 blob 58c9bdf9d017fcd178dc8c073cbfcbb7ff240d6c    aaa.txt
# bbb-v1 版本
100644 blob c200906efd24ec5e783bee7f23b5d7c941b0c12c    bbb.txt

# 查看 Tree 对象-v2 版本的内容
git cat-file -p a24447346b4470013f38a67d14d97f975e39c037
# aaa-v2 版本
100644 blob 7b481520925a2e75716034e3c858b7ef2a9aae75    aaa.txt
# bbb-v1 版本
100644 blob c200906efd24ec5e783bee7f23b5d7c941b0c12c    bbb.txt

# 查看 Tree 对象-v3 版本的内容
git cat-file -p cbaf3b0b3b46f527d3096955222de7a2cfaf6d69
# aaa-v2 版本
100644 blob 7b481520925a2e75716034e3c858b7ef2a9aae75    aaa.txt
# Tree 对象-v2 版本
040000 tree a24447346b4470013f38a67d14d97f975e39c037    testTree
# bbb.txt（版本 1）
100644 blob c200906efd24ec5e783bee7f23b5d7c941b0c12c    bbb.txt
```

该 Tree 对象（Tree 对象-v3 版本）的结构如图 4-5 所示。

cbaf3b　（Tree对象-v3）

Tree		size	
Blob	7b4815	111 1010	aaa-v2
Blob	c20090	222	bbb-v1
Tree	a24447	7b4815 c20090	Tree对象-v2

图 4-5

此时，Git 数据库产生的所有 Git 对象结构如图 4-6 所示。

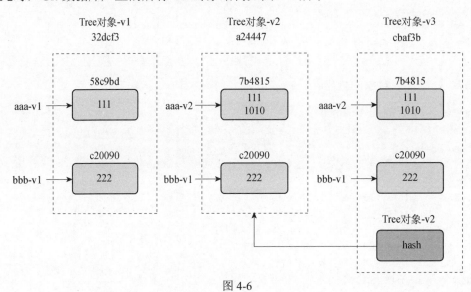

图 4-6

4.4　Commit 对象

每个 Commit 对象都代表了对版本库的一次更改记录，它包含了多个关键信息：一个唯一的哈希值作为标识符、指向 Tree 对象的指针（这个 Tree 对象描述了提交时的目录结构和文件内容）、提交者的身份（通常是用户名和邮箱地址）、提交的时间戳（记录了提交的确切时间），以及一个包含提交信息的消息（通常是简短的描述，解释了这次提交做了哪些更改）。

Commit 对象之间通过哈希值相互链接，形成了一个线性的提交历史，使得我们可以追踪和回溯项目的每一次变化。此外，Commit 对象还支持分支和合并操作，从而实现复杂的版本控制功能。在 Git 中，Commit 对象不仅是版本控制的基础，也是协同开发、代码审查和版本回滚等操作的关键。

4.4.1　Commit 对象简介

Tree 对象代表了项目中的一次版本快照，然而 Git 并没有真正采用 Tree 对象作为一次版本快照的记录。这是由于 Tree 对象中的信息缺失导致的。例如，本次版本快照是由谁（哪个开发人员）产生的、本次版本快照的主要内容（日志信息）是什么、本次版本快照生成的时间是什么等。

> **Tips**：虽然 Tree 对象可以代表项目的一次版本，但是 Commit 对象才是 Git 中一次项目版本的版本，而非 Tree 对象。

一个 Commit 对象包含 Tree 对象和一些版本信息，如图 4-7 所示。

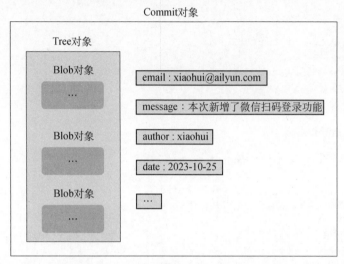

图 4-7

4.4.2　生成 Commit 对象

生成 Commit 对象的语法如表 4-7 所示。

表 4-7

语法	说明
echo '提交注释' | git commit-tree {treeHash}	将指定的 Tree 对象包裹为 Commit 对象

下面来演示 Commit 对象的生成步骤。

（1）重新初始化仓库，先生成一个 Tree 对象。

```
rm -rf ./* .git/
git init
echo "111" >> aaa.txt

# 生成 Blob 对象
git hash-object -w aaa.txt
58c9bdf9d017fcd178dc8c073cbfcbb7ff240d6c

# 添加到暂存区
```

```
git update-index --add aaa.txt

# 将暂存区中的内容生成 Tree 对象
git write-tree
8f96f2f60c766a6a6b78591e06e6c1529c0ad9af

# 查看所有 Git 对象
find .git/objects/ -type f
# Blob 对象（aaa.txt）
.git/objects/58/c9bdf9d017fcd178dc8c073cbfcbb7ff240d6c
# Tree 对象（包含了 aaa.txt）
.git/objects/8f/96f2f60c766a6a6b78591e06e6c1529c0ad9af
```

（2）生成 Commit 对象。

```
# 指定 Tree 对象来生成 Commit 对象
echo '提交 tree.v1' | git commit-tree
8f96f2f60c766a6a6b78591e06e6c1529c0ad9af
62de97d34e19234c28d47a9b5e009d300b1d1fb6

# 查看所有 Git 对象
find .git/objects/ -type f
.git/objects/62/de97d34e19234c28d47a9b5e009d300b1d1fb6    # Commit 对象
.git/objects/58/c9bdf9d017fcd178dc8c073cbfcbb7ff240d6c    # Blob 对象
.git/objects/8f/96f2f60c766a6a6b78591e06e6c1529c0ad9af    # Tree 对象

# 查看 Git 类型的类型
git cat-file -t 62de97d34e19234c28d47a9b5e009d300b1d1fb6
commit

# 查看 Commit 对象的内容
git cat-file -p 62de97d34e19234c28d47a9b5e009d300b1d1fb6
tree 8f96f2f60c766a6a6b78591e06e6c1529c0ad9af
# 该 Commit 对象所包裹的 Tree 对象
author xiaohui <xiaohui@aliyun.com> 1708599814 +0800       # 作者信息
committer xiaohui <xiaohui@aliyun.com> 1708599814 +0800

提交 tree.v1                          # 提交日志信息

# 查看暂存区（生成 Commit 对象不会对暂存区有影响）
git ls-files -s
100644 58c9bdf9d017fcd178dc8c073cbfcbb7ff240d6c 0        aaa.txt
```

> **Tips：** 生成 Blob 对象和 Tree 对象时，只要多次操作的内容一致，那么这些操作生成的 Blob 对象和 Tree 对象的哈希值就是一样的。但是，Commit 对象即使多次操作时的内容一致，哈希值也会不一样，这是因为 Commit 对象中包含时间戳。

4.4.3　指定父级 Commit 对象提交

在生成 Commit 对象时，我们可以设置该 Commit 对象的父级 Commit 对象，代表本次的 Commit 对象是基于上一次 Commit 的版本更新，这样就形成了一个版本更新链路，根据这个链路就可以进行版本穿梭。下面，继续使用 4.4.2 节的案例来演示指定父级 Commit 对象来产生 Commit 对象。

（1）首先查看一下当前 Git 数据库中所有的 Git 对象。

```
find .git/objects/ -type f
.git/objects/62/de97d34e19234c28d47a9b5e009d300b1d1fb6      # Commit 对象
.git/objects/58/c9bdf9d017fcd178dc8c073cbfcbb7ff240d6c      # Blob 对象
.git/objects/8f/96f2f60c766a6a6b78591e06e6c1529c0ad9af      # Tree 对象
```

（2）重新生成一个新的 Tree 对象。

```
echo "222" >> aaa.txt                # 编辑文件
git hash-object -w aaa.txt           # 生成一个新的 Blob 对象
a30a52a3be2c12cbc448a5c9be960577d13f4755

git update-index aaa.txt             # 添加到暂存区
git write-tree                       # 将暂存区中的内容生成 Tree 对象
703a3923a3f4d516543ba3e6e9182467f31b328c
```

（3）将指定的 Tree 对象生成 Commit 对象，并指定父级 Commit 对象，形成版本链路。

```
# 将指定的 Tree 对象生成 Commit 对象，并指定父级 Commit 对象，形成版本链路
echo "提交 tree.v2" | git commit-tree
703a3923a3f4d516543ba3e6e9182467f31b328c -p
62de97d34e19234c28d47a9b5e009d300b1d1fb6
5b60cbb9c12044b1641dd37644e909e7b0186ac9

# 查看所有的 Git 对象
find .git/objects/ -type f
.git/objects/58/c9bdf9d017fcd178dc8c073cbfcbb7ff240d6c      # aaa-v1
.git/objects/5b/60cbb9c12044b1641dd37644e909e7b0186ac9      # Commit-v2
.git/objects/62/de97d34e19234c28d47a9b5e009d300b1d1fb6      # Commit-v1
.git/objects/70/3a3923a3f4d516543ba3e6e9182467f31b328c      # Tree-v2
.git/objects/8f/96f2f60c766a6a6b78591e06e6c1529c0ad9af      # Tree-v1
.git/objects/a3/0a52a3be2c12cbc448a5c9be960577d13f4755      # aaa-v2
```

（4）查看 Commit 对象信息。

```
# 查看类型
git cat-file -t 5b60cbb9c12044b1641dd37644e909e7b0186ac9
```

```
commit

# 查看内容
git cat-file -p 5b60cbb9c12044b1641dd37644e909e7b0186ac9
tree 703a3923a3f4d516543ba3e6e9182467f31b328c        # 该 Commit 对象所包裹的 Tree 对象
parent 62de97d34e19234c28d47a9b5e009d300b1d1fb6    # 父级 Commit 对象
author xiaohui <xiaohui@aliyun.com> 1708600618 +0800

committer xiaohui <xiaohui@aliyun.com> 1708600618 +0800        # 作者信息
提交 tree.v2          # 日志信息
```

4.5　Tag 对象

在项目开发、迭代升级的过程中，有时候会出现重大升级的版本。此时，该版本具有里程碑意义，对于这样的版本，我们往往需要重点标记。在 Git 中使用 Tag 对象来标记项目中的某个重要版本，如正式发布版、里程碑版本、稳定版本等。这样，开发者和团队成员可以迅速定位到已验证的稳定状态或具有重要意义的软件迭代点，进而简化了版本回溯、分发与协同工作流程，提高了项目管理及部署时的准确性和一致性。

4.5.1　Tag 对象简介

Git 的 Tag 对象是一种特殊的引用类型，用于给特定的 Commit 对象打上标记，从而提供一种命名和标识机制。它允许开发者在版本控制过程中为重要的版本创建一个易于理解和引用的标签。

Git 支持两种标签：轻量（lightweight）标签与附注（annotated）标签。

☑ 轻量标签：指向某个版本的 Commit 对象的哈希值；对于轻量标签，Git 底层不会创建一个真正意义上的 Tag 对象，而是直接指向一个 Commit 对象。此时，如果使用 git cat-file -t tagName 命令会返回一个 Commit。

☑ 附注标签：会在 Git 数据库中创建一个全新的 Git 对象——Tag 对象，该 Tag 对象保存了这个版本的 Commit 对象的哈希值，同时存储了一些有关于 Tag 本身的日志信息。

4.5.2　Tag 对象的使用

Tag 对象的使用的语法如表 4-8 所示。

表 4-8

语法	说明
git tag {tagName}	以当前状态创建标签（轻量标签）
git tag {tagName} {commitHash}	以指定的 Commit 对象来创建标签（轻量标签）
git tag {tagName} -m '注释'	以当前状态创建标签（附注标签）
git tag {tagName} {commitHash} -m '注释'	以指定的 Commit 对象来创建标签（附注标签）
git tag	查看所有标签
git show {tagName}	根据标签名查看特定标签
git tag -d {tagName}	删除指定标签

下面来演示一下 Tag 对象的使用步骤。

（1）初始化版本库。

```
rm -rf ./* .git
git init
echo "111" >> aaa.txt
git add ./
git commit -m '111' ./

# 查看暂存区
git ls-files -s
100644 58c9bdf9d017fcd178dc8c073cbfcbb7ff240d6c 0        aaa.txt

# 查看生成的 Git 对象
find .git/objects/ -type f
.git/objects/58/c9bdf9d017fcd178dc8c073cbfcbb7ff240d6c    # Blob 对象
.git/objects/8f/96f2f60c766a6a6b78591e06e6c1529c0ad9af    # Tree 对象
.git/objects/60/9aaf180ebaf44810e5edd1d412fe79d343aae2    # Commit 对象

git log --oneline                   # 查看简略的日志信息
609aaf1（HEAD -> master）111         # 显示 Commit 对象的哈希值和提交日志
```

> **Tips：**HEAD 是 Git 内部的一个指针，指向的是正在活跃的分支，通过观察 HEAD 指针，我们可以知道当前本地仓库的版本具体是哪个版本。master 分支是每个 Git 仓库的默认分支，关于这部分知识我们暂且略过，在本书第 6 章和第 7 章有关于 Git 分支的详细介绍与使用。

（2）创建轻量标签。

```
# 在当前 HEAD 指针指向的版本位置上创建一个轻量标签
git tag v1.0
```

```
# 查看日志
git log -oneline
# 在 f44a7d0 这个版本位置上创建了一个轻量标签
f44a7d0（HEAD -> master，tag: v1.0）111

git tag                         # 查看全部标签
v1.0

git cat-file -t v1.0        # 查看标签的类型，发现是一个 Commit 对象
commit

git cat-file -p v1.0        # 查看这个标签的内容
tree 8f96f2f60c766a6a6b78591e06e6c1529c0ad9af
author xiaohui <xiaohui@aliyun.com> 1708604740 +0800
committer xiaohui <xiaohui@aliyun.com> 1708604740 +0800

111

# 查看所有 Git 对象，发现没有 Tag 对象
find .git/objects/ -type f
.git/objects/58/c9bdf9d017fcd178dc8c073cbfcbb7ff240d6c
.git/objects/60/9aaf180ebaf44810e5edd1d412fe79d343aae2
.git/objects/8f/96f2f60c766a6a6b78591e06e6c1529c0ad9af
```

创建轻量标签时，Git 底层并不会创建一个真正意义上的 Tag 对象，而是直接指向一个 Commit 对象。打开.git 文件夹，发现并没有创建一个 tags 文件夹。

（3）创建附注标签。

```
# 在当前 HEAD 指针指向的版本位置上创建一个附注标签
git tag v1.8 -m '这是一个历史性版本，非常稳定'

# 查看日志
git log -oneline
# 在这个版本上有两个标签，一个是 v1.8，一个是 v1.0
609aaf1（HEAD -> master，tag: v1.8，tag: v1.0）111

# 查看全部标签
git tag
v1.0
v1.8

# 查看 Git 对象类型
git cat-file -t 31bcd8836a2107f2b4e154872760886238ba511e
tag                             # 是一个 Tag 对象
```

```
# 查看 Tag 对象的内容
git cat-file -p 31bcd8836a2107f2b4e154872760886238ba511e
# 所标记的 Commit 对象的哈希值
object 609aaf180ebaf44810e5edd1d412fe79d343aae2
type commit                    # 是个 Tag 对象类型
tag v1.8                       # 标签名称
tagger xiaohui <xiaohui@aliyun.com> 1708605385 +0800    # 哪个用户创建的标签

这是一个历史性版本，非常稳定    # 标签注释

# 查看所有 Git 对象
find .git/objects/ -type f
.git/objects/31/bcd8836a2107f2b4e154872760886238ba511e        # Tag
.git/objects/58/c9bdf9d017fcd178dc8c073cbfcbb7ff240d6c        # Blob
.git/objects/60/9aaf180ebaf44810e5edd1d412fe79d343aae2        # Commit
.git/objects/8f/96f2f60c766a6a6b78591e06e6c1529c0ad9af        # Tree
```

（4）删除标签。

```
# 查看日志
git log --oneline
609aaf1(HEAD -> master,tag:v1.8,tag:v1.0)111

# 删除 v1.0 标签
git tag -d v1.0

# 查看日志
git log --oneline
609aaf1(HEAD -> master,tag:v1.8)111

# 删除 v1.8 标签
git tag -d v1.8

# 查看日志
git log --oneline
609aaf1(HEAD -> master)111
```

第 5 章
Git 命令原理

在本章我们将深入探讨之前学过的 Git 命令背后的原理。通过这种深入理解，我们能够更加熟练地运用 Git 进行版本控制、团队协作和项目管理。掌握 Git 命令的原理，可以帮助我们更好地理解 Git 的内部机制，从而让我们更加高效地使用 Git 命令，避免常见错误，并能够更好地解决版本控制中的复杂问题。

5.1 add 命令原理

git add 命令用于将工作空间中修改或新增的文件内容暂存起来，以准备后续通过 git commit 命令进行版本提交的核心操作步骤。它会把指定的文件从工作空间移动到暂存区，可以指定单个文件、一组文件或整个工作目录（使用.或./表示）。例如 git add.会一次性暂存所有改动与新文件（包括子目录中的变化）。

git add 命令的原理是更新 Git 的索引（也称为暂存区），包括工作目录中新的或已修改的文件。这些更改会被存储在一个名为 Blob 的对象中，Git 将这个新的内容对象存储在.git/objects 目录下。

在执行 git add 命令时，Git 实际上是做了如下 4 个操作。

（1）创建 Blob 对象：当执行 git add 某个文件时，Git 会首先读取该文件的当前内容，并对其进行一系列的过滤（如忽略空白字符变化、转换换行符等），然后生成一个新的对象。这个对象是一个二进制文件，其中包含了文件内容的压缩版本以及对应的哈希值。

（2）存储 Blob 对象：新的内容对象存储在.git/objects 目录下，每个对象都有一个唯一的标识符，即 SHA-1 哈希值（在 Git 2.0 后逐步转向 SHA-256）。

（3）更新暂存区：当使用 git add 添加文件时，Git 会在索引中创建或更新对应的文件条目，记录新版本的对象引用和文件模式信息。

（4）追踪状态变更：执行 git add 后，被添加的文件在 Git 内部的状态就会从"未跟踪"或"已修改"变为"已暂存"。这意味着，Git 已经知道下次 git commit 提交时要包含这些更改。

　　在 Git 中执行 add 命令后，文件就已经存储到了版本库（生成了 Blob 对象），不过，此时还没有生成 Tree 对象和 Commit 对象。

　　示例代码如下。

```
rm -rf ./* .git
git init
echo "111" >> aaa.txt
git add ./                      # 添加到暂存区并生成 Blob 对象
git ls-files -s                 # 查看暂存区
100644 58c9bdf9d017fcd178dc8c073cbfcbb7ff240d6c 0        aaa.txt

# 查看 Git 对象的类型
git cat-file -t 58c9bdf9d017fcd178dc8c073cbfcbb7ff240d6c
blob

# 查看该 Git 对象的内容
git cat-file -p 58c9bdf9d017fcd178dc8c073cbfcbb7ff240d6c
111

# 查看生成的 Git 对象
find .git/objects/ -type f
.git/objects/58/c9bdf9d017fcd178dc8c073cbfcbb7ff240d6c
```

5.2　commit 命令原理

　　git commit 是 Git 版本控制系统中用于将暂存区中的所有更改提交到本地仓库的命令，创建一个新的提交对象并更新 HEAD 指针指向它。

　　在执行 git commit 命令时，Git 实际上是做了如下 4 个操作。

　　（1）创建 Commit 对象：当执行 git commit 时，Git 会根据暂存区的内容构建一个新的 Commit 对象。每个 Commit 对象都有一个唯一的哈希值，代表一个唯一的 Commit 对象，这个 Commit 对象包含以下信息。

　　　☑　父提交指针：默认指向当前提交之前最新的提交，形成一个版本历史的链条。

　　　☑　Tree 对象引用：指向暂存区内容所对应的 Tree 对象，该 Tree 对象包含了项目文件和目录结构在本次提交时刻的状态。

　　　☑　提交者信息：包括作者的名字、邮箱和时间戳。

　　　☑　提交消息：用户通过 -m "message" 参数提供此次提交内容的简短说明。

　　（2）更新 HEAD 指针：HEAD 是一个指向当前分支最新提交的指针。当 git commit 完成后，HEAD 会被更新指向新的 Commit 对象。

（3）存储 Commit 对象：新生成的 Commit 对象被写入.git/objects 目录下，并且更新相应的引用日志文件来记录提交历史。

（4）追踪状态变更：执行 git commit 后，文件在 Git 内部的状态从"未提交"变为"已提交"。

综上所述，git commit 命令的作用是将暂存区的改动打包成为一个新的 Commit 对象，并将其链接到现有的提交历史之中，从而实现对项目历史版本的管理和记录。

示例代码如下。

（1）产生一个 Commit 对象。

```
find .git/objects/ -type f          # 查看 Git 中的所有 Git 对象
.git/objects/58/c9bdf9d017fcd178dc8c073cbfcbb7ff240d6c

git commit -m "第一次提交" ./          # 执行 commit 命令

find .git/objects/ -type f
.git/objects/58/c9bdf9d017fcd178dc8c073cbfcbb7ff240d6c          # Blob 对象
.git/objects/8f/96f2f60c766a6a6b78591e06e6c1529c0ad9af          # Tree 对象
.git/objects/eb/2795ce498f69376e382d037997d8bef83d8aab          # Commit 对象

# 查看 Tree 对象
git cat-file -t 8f96f2f60c766a6a6b78591e06e6c1529c0ad9af
tree

git cat-file -p 8f96f2f60c766a6a6b78591e06e6c1529c0ad9af
100644 blob 58c9bdf9d017fcd178dc8c073cbfcbb7ff240d6c    aaa.txt

# 查看 Commit 对象
git cat-file -t eb2795ce498f69376e382d037997d8bef83d8aab
commit

git cat-file -p eb2795ce498f69376e382d037997d8bef83d8aab
tree 8f96f2f60c766a6a6b78591e06e6c1529c0ad9af
author xiaohui <xiaohui@aliyun.com> 1697007804 +0800
committer xiaohui <xiaohui@aliyun.com> 1697007804 +0800

第一次提交
```

（2）查看暂存区，发现内容依旧没变。

```
git ls-files -s
100644 58c9bdf9d017fcd178dc8c073cbfcbb7ff240d6c 0        aaa.txt
```

（3）再生成一个 Commit 对象，观察 Git 对象的变化。

```
echo "1010" >> aaa.txt
```

```
# 再次提交
git commit -m "追加 1010" ./

# 暂存区的内容更新了（因为 commit 之前默认执行了一次 add 操作）
git ls-files -s
100644 7b481520925a2e75716034e3c858b7ef2a9aae75 0        aaa.txt

# 暂存区的内容已经更新
git cat-file -p 7b481520925a2e75716034e3c858b7ef2a9aae75
111
1010


find .git/objects/ -type f
.git/objects/58/c9bdf9d017fcd178dc8c073cbfcbb7ff240d6c       # Blob 对象.v1
.git/objects/5d/07f11a75f93e032f126f0f091f739f5a54e987       # Commit 对象.v2
.git/objects/7b/481520925a2e75716034e3c858b7ef2a9aae75       # Blob 对象.v2
.git/objects/8f/96f2f60c766a6a6b78591e06e6c1529c0ad9af       # Tree 对象.v1
.git/objects/e0/87e4c17c795f24ed88a92d89db9a9154867eca       # Tree 对象.v2
.git/objects/eb/2795ce498f69376e382d037997d8bef83d8aab       # Commit 对象.v1
```

（4）查看新 Commit 对象的内容，发现自动指向上一个 Commit 对象。

```
git cat-file -p 7b481520925a2e75716034e3c858b7ef2a9aae75   # Blob 对象.v2
111
1010


git cat-file -p e087e4c17c795f24ed88a92d89db9a9154867eca   # Tree 对象.v2
100644 blob 7b481520925a2e75716034e3c858b7ef2a9aae75    aaa.txt


git cat-file -p 5d07f11a75f93e032f126f0f091f739f5a54e987
tree e087e4c17c795f24ed88a92d89db9a9154867eca                # Tree 对象.v2
# 父 Commit 对象为上一次的 Commit 对象（Commit 对象.v1）
parent eb2795ce498f69376e382d037997d8bef83d8aab
author xiaohui <xiaohui@aliyun.com> 1697008519 +0800
committer xiaohui <xiaohui@aliyun.com> 1697008519 +0800

追加 1010
```

5.3　文件删除原理

在 Git 中删除文件主要涉及 3 个操作：从工作空间中删除文件、将该删除操作添加到暂存区、提交到版本库。

从工作空间中删除文件后，需要使用 git add 命令将这个删除操作添到暂存区。此时，暂存区中的该文件也会被删除（在暂存区为空的情况下，Git 不会生成 Blob 对象来表示该行为）。

接下来需要执行 git commit 命令来将这个操作提交到版本库中，在此期间会生成 Tree 对象和 Commit 对象。首先将暂存区的内容（被删除了这个文件）生成 Tree 对象，然后包裹一些提交信息生成 Commit 对象，这个 Commit 对象中就包含了我们的删除操作。需要注意的是，当前 Commit 对象的父 Commit 对象引用的是上一个版本的 Commit 对象，即没有执行删除操作时的版本。这样，就形成了一个完整的版本控制链。

尽管文件在工作目录中不再可见，但 Git 仍然保留了对该文件的历史记录。这意味着，我们可以使用 Git 的日志和恢复功能来查看文件之前的版本，甚至在必要时恢复该文件。

总的来说，Git 中删除文件的原理是通过标记文件为"已删除"状态，将其添加到暂存区，并在提交时将其历史记录保存在 Git 仓库中。这样，Git 便可以跟踪文件的变化历史，并提供回滚和恢复功能。

5.3.1　普通方式删除

在 Git 中，可以手动地从工作空间删除文件，然后添加到暂存区、提交等。我们也可以使用 Git 提供的 git rm 命令来删除文件。接下来，使用普通的删除方式来演示 Git 文件的删除原理。

（1）初始化版本库。

```
rm -rf .git ./*
git init
echo "111" >> aaa.txt
git add ./
git commit -m '111' ./

find .git/objects/ -type f
.git/objects/58/c9bdf9d017fcd178dc8c073cbfcbb7ff240d6c     # Blob 对象
.git/objects/8f/96f2f60c766a6a6b78591e06e6c1529c0ad9af     # Tree 对象
.git/objects/69/9e20efe4e6a87a098701a2e2357b9dc2802d9c     # Commit 对象

git ls-files -s                   # 查看暂存区
100644 58c9bdf9d017fcd178dc8c073cbfcbb7ff240d6c 0       aaa.txt

git status                        # 查看工作空间状态
On branch master
nothing to commit, working tree clean
```

（2）删除磁盘文件，查看工作空间状态。

```
rm -rf aaa.txt    # 从工作空间删除该文件

# 表示有文件被修改了，但是还未被 Git 追踪到（需要执行 add 操作）
git status
On branch master
Changes not staged for commit:
  (use "git add/rm <file>..." to update what will be committed)
  (use "git restore <file>..." to discard changes in working directory)
        deleted:    aaa.txt

no changes added to commit（use "git add" and/or "git commit -a"）
```

（3）将操作添加到暂存区，查看暂存区，并且查看当前工作状态。

```
git add ./                      # 将操作添加到暂存区
git ls-files -s                 # 查看暂存区，发现是空的内容

git status
On branch master
Changes to be committed:         # 表示操作已经被 Git 追踪，但是还未提交
  (use "git restore --staged <file>..." to unstage)
        deleted:    aaa.txt
```

（4）删除之后再查看 Git 对象。

```
find .git/objects/ -type f                      # 执行删除前的 Git 对象
.git/objects/58/c9bdf9d017fcd178dc8c073cbfcbb7ff240d6c     # Blob 对象
.git/objects/8f/96f2f60c766a6a6b78591e06e6c1529c0ad9af     # Tree 对象
.git/objects/69/9e20efe4e6a87a098701a2e2357b9dc2802d9c     # Commit 对象

git commit -m 'del aaa.txt' ./
find .git/objects/ -type f
.git/objects/4b/825dc642cb6eb9a060e54bf8d69288fbee4904     # Tree 对象.v2
.git/objects/58/c9bdf9d017fcd178dc8c073cbfcbb7ff240d6c     # Blob 对象.v1
.git/objects/5e/2f7f40d3bd474899677d23623dfd24b4c2f68b     # Commit 对象.v2
.git/objects/8f/96f2f60c766a6a6b78591e06e6c1529c0ad9af     # Tree 对象.v1
.git/objects/69/9e20efe4e6a87a098701a2e2357b9dc2802d9c     # Commit 对象.v1

# 查看该 Commit 对象的内容
git cat-file -p 5e2f7f40d3bd474899677d23623dfd24b4c2f68b
# 本次 Commit 对象所包裹的 Tree 对象
tree 4b825dc642cb6eb9a060e54bf8d69288fbee4904
# 上一次版本的 Commit 对象
```

```
parent 699e20efe4e6a87a098701a2e2357b9dc2802d9c
author xiaohui <xiaohui@aliyun.com> 1697010258 +0800
committer xiaohui <xiaohui@aliyun.com> 1697010258 +0800

del aaa.txt        # 日志信息

# 查看 Tree.v2 版本内容（空的）
git cat-file -p 4b825dc642cb6eb9a060e54bf8d69288fbee4904

# 查看 Blob.v1 版本内容
git cat-file -p 58c9bdf9d017fcd178dc8c073cbfcbb7ff240d6c
111
```

通过示例我们可以发现，Git 中删除文件其实也是对版本进行迭代更新，并不是连版本（Blob 对象）都删除了。凭借之前的 Blob 对象，我们依旧可以找回被删除的数据。

5.3.2　git rm 命令原理

在使用 git rm 命令时，Git 实际上是做了如下 4 个操作。

（1）工作区删除：当运行 git rm 时，首先会在本地工作目录中实际删除指定的文件或目录。

（2）暂存区更新：删除操作会将该文件从暂存区中移除，这意味着下一次提交时，此文件的删除操作会被包含在内。

（3）追踪状态变更：文件在 Git 内部的状态会变为"已删除"，当前 Git 的工作空间状态为"删除操作已暂存，但未提交"。

（4）对象库清理：如果被删除的文件曾存在于历史提交中，Git 不会立即删除文件对象，而是等到适当的垃圾回收操作时才会真正地清理存储空间。这是因为 Git 保存的是文件的历史版本，即使文件在当前分支上被删除，其历史版本信息仍然可以追溯。

综上，git rm 不仅在物理层面删除了工作区中的文件，而且在版本控制层面取消了对该文件的跟踪，并将此删除操作加入了待提交的更改列表中，等待被正式记录进 Git 仓库的历史日志。若只想从暂存区移除而不删除工作区文件，可使用 git rm --cached 参数。

接下来使用 git rm 命令来演示 Git 文件的删除原理。

（1）初始化工作空间。

```
rm -rf .git ./*
git init
echo "111" >> aaa.txt
git add ./
git commit -m '111' ./
```

```
find .git/objects/ -type f                # 查看所有 Git 对象
.git/objects/17/e79179b52799a8365876a3514c71ce08fdf530    # Commit
.git/objects/58/c9bdf9d017fcd178dc8c073cbfcbb7ff240d6c    # Blob
.git/objects/8f/96f2f60c766a6a6b78591e06e6c1529c0ad9af    # Tree
```

（2）执行 git rm 命令。

```
# 执行 git rm 命令
git rm aaa.txt

# 查看暂存区
git ls-files -s

# 工作空间状态
git status
On branch master
Changes to be committed:         # 删除的操作已被暂存，但是操作未提交
  (use "git restore --staged <file>..." to unstage)
        deleted:   aaa.txt
```

（3）执行 commit 命令，查看 Git 对象。

```
find .git/objects/ -type f
.git/objects/17/e79179b52799a8365876a3514c71ce08fdf530
# Commit.v1
.git/objects/58/c9bdf9d017fcd178dc8c073cbfcbb7ff240d6c
# Blob.v1
.git/objects/8f/96f2f60c766a6a6b78591e06e6c1529c0ad9af
# Tree.v1

git commit -m "del 111" ./

find .git/objects/ -type f
.git/objects/00/2a6449bcdeefd8bb7c557710abeae119af3410    # Commit.v2
.git/objects/17/e79179b52799a8365876a3514c71ce08fdf530    # Commit.v1
.git/objects/4b/825dc642cb6eb9a060e54bf8d69288fbee4904    # Tree.v2
.git/objects/58/c9bdf9d017fcd178dc8c073cbfcbb7ff240d6c    # Blob.v1
.git/objects/8f/96f2f60c766a6a6b78591e06e6c1529c0ad9af    # Tree.v1

# 查看 Git 对象类型
git cat-file -t 4b825dc642cb6eb9a060e54bf8d69288fbee4904
tree

# 查看 Git 对象内容
git cat-file -p 4b825dc642cb6eb9a060e54bf8d69288fbee4904
```

```
# 查看这个 Commit 对象的内容
git cat-file -p 002a6449bcdeefd8bb7c557710abeae119af3410
tree 4b825dc642cb6eb9a060e54bf8d69288fbee4904        # 包裹的是 Tree.v2
parent 17e79179b52799a8365876a3514c71ce08fdf530    # 父 Commit 对象是 Commit.v1
author xiaohui <xiaohui@aliyun.com> 1697012325 +0800
committer xiaohui <xiaohui@aliyun.com> 1697012325 +0800

del 111
```

（4）我们仍然可以通过查询 Blob 对象来找到之前删除的数据。

```
git cat-file -p 58c9bdf9d017fcd178dc8c073cbfcbb7ff240d6c
111
```

5.4 文件改名原理

如果在本地直接重命名文件而没有使用 git mv 命令，Git 可能会认为我们已经删除了旧文件并添加了一个新文件。在这种情况下，您可以使用 git add 命令将新文件添加到索引中，并使用 git commit 命令来提交这次更改。但这并不是一种高效的选择。

在 Git 内部包含一种优化机制，可以检测到通过 git mv 进行的文件内容未变而仅仅是名称改变的情况，在生成差异时能够更高效地表示这次变更。另外，使用 git mv 命令一步到位，简化了工作流程。因此，在 Git 中重命名文件时，推荐使用 git mv 命令。

5.4.1 普通方式改名

使用 mv 命令对磁盘中的文件改名时，本质上是先删除之前的文件，然后再添加一个新的文件（新名称）。

☑ 当删除的文件状态为 Changes not staged for commit：表示有操作还未被 Git 追踪到，需要先执行 add，再执行 commit。对于 git commit -m 'xx' ./这样的命令，可以不用执行 add，因为文件之前已经被追踪过。

☑ 当新增的文件状态为 Untracked files：必须先使用 add 让 Git 追踪到该文件，然后再执行 commit 操作。

下面演示通过普通方式改名的步骤。

（1）初始化 Git 仓库。

```
rm -rf .git ./*
git init
echo "111" >> aaa.txt
```

```
git add ./
git commit -m '111' ./

find .git/objects/ -type f                # 查看所有 Git 对象
.git/objects/58/c9bdf9d017fcd178dc8c073cbfcbb7ff240d6c    # Blob
.git/objects/8f/96f2f60c766a6a6b78591e06e6c1529c0ad9af    # Tree
.git/objects/ca/9505b5d8597fa88f5ca8ab2c38d07986d4283f    # Commit
```

（2）将 aaa.txt 改为 bbb.txt，并查看工作空间状态。

```
mv aaa.txt bbb.txt

git status
On branch master
Changes not staged for commit:     # 删除了 aaa.txt；已修改，但还未被追踪
  (use "git add/rm <file>..." to update what will be committed)
  (use "git restore <file>..." to discard changes in working directory)
        deleted:    aaa.txt

Untracked files:                          # 新增了一个 bbb.txt，还未被 Git 追踪
  (use "git add <file>..." to include in what will be committed)
        bbb.txt

no changes added to commit(use "git add" and/or "git commit -a")
```

（3）添加到暂存区。

```
# 相当于把两个文件都执行了 add 操作
git add ./

git ls-files -s                           # 查看暂存区
100644 58c9bdf9d017fcd178dc8c073cbfcbb7ff240d6c 0      bbb.txt
# 暂存区的文件名已改

git status
On branch master
Changes to be committed:                  # 操作已经被追踪到，但是还未提交
  (use "git restore --staged <file>..." to unstage)
        renamed:    aaa.txt -> bbb.txt

git commit -m "aaa.txt -> bbb.txt" ./

git status
On branch master
nothing to commit,working tree clean
```

（4）查看 Git 对象。

```
find .git/objects/ -type f
.git/objects/28/2f20536f6a6a28cb2106e53b68427330526432    # Tree.v2
.git/objects/58/c9bdf9d017fcd178dc8c073cbfcbb7ff240d6c    # Blob.v1
.git/objects/8f/96f2f60c766a6a6b78591e06e6c1529c0ad9af    # Tree.v1
.git/objects/b4/903a47bde3ca7bde004b0940f57f1700e1de2b    # Commit.v2
.git/objects/ca/9505b5d8597fa88f5ca8ab2c38d07986d4283f    # Commit.v1


# 查看 Tree 对象的内容，发现新的 Tree 对象的内容已经变为 bbb.txt
git cat-file -p 282f20536f6a6a28cb2106e53b68427330526432
100644 blob 58c9bdf9d017fcd178dc8c073cbfcbb7ff240d6c    bbb.txt


git cat-file -p b4903a47bde3ca7bde004b0940f57f1700e1de2b
# 该 Commit 对象包裹的是 Tree.v2
tree 282f20536f6a6a28cb2106e53b68427330526432
# 父 Commit 对象
parent ca9505b5d8597fa88f5ca8ab2c38d07986d4283f
author xiaohui <xiaohui@aliyun.com> 1697014704 +0800
committer xiaohui <xiaohui@aliyun.com> 1697014704 +0800

aaa.txt -> bbb.txt          # 提交日志信息
```

5.4.2　git mv 命令原理

在使用 git mv 命令时，Git 实际上是做了如下 3 个操作。

（1）物理重命名/移动：当运行 git mv 时，首先会在本地工作空间中实际执行文件或目录的重命名操作。这意味着旧文件名被新文件名替换。从磁盘上的位置来说，文件内容并没有改变，仅仅是名称和（或）路径发生了变化。

（2）暂存区更新：Git 会自动跟踪这次重命名或移动操作，并将更改更新到暂存区。在暂存区中，Git 记录的是新的文件名和关联的内容哈希值。

（3）智能检测：当比较前后两个提交之间的差异时，Git 会通过其高效的差分算法识别出文件内容是否保持一致，从而推断出这可能是一次文件重命名或移动操作，而非简单地添加新文件和删除旧文件。

总结：git mv 通过高效的差分算法识别前后两次提交的文件内容是否一致来判断重命名操作。另外，git mv 命令将操作添加到暂存区了，用户只需要使用 git commit 提交到版本库即可。

下面通过示例演示 git mv 命令的使用。

（1）初始化 Git 仓库。

```
rm -rf .git ./*
```

```
git init
echo "111" >> aaa.txt
git add ./
git commit -m '111' ./

find .git/objects/ -type f                    # 查看所有 Git 对象
.git/objects/53/8bfdec586c5daa93f8b0a6d3d5a297ef93306b  # Commit
.git/objects/58/c9bdf9d017fcd178dc8c073cbfcbb7ff240d6c  # Blob
.git/objects/8f/96f2f60c766a6a6b78591e06e6c1529c0ad9af  # Tree
```

（2）使用 git mv 修改文件名称。

```
git mv aaa.txt bbb.txt

git ls-files -s
100644 58c9bdf9d017fcd178dc8c073cbfcbb7ff240d6c 0       bbb.txt
# 暂存区的内容已经变为 bbb.txt

git status
On branch master
Changes to be committed:        # 有修改的操作已经被追踪，但未提交
  (use "git restore --staged <file>..." to unstage)
        renamed:  aaa.txt -> bbb.txt
```

（3）查看所有 Git 对象。

```
git commit -m "aaa.txt -> bbb.txt" ./               # 执行提交操作

find .git/objects/ -type f
.git/objects/28/2f20536f6a6a28cb2106e53b68427330526432       # Tree.v2
.git/objects/53/8bfdec586c5daa93f8b0a6d3d5a297ef93306b       # Commit.v1
.git/objects/58/c9bdf9d017fcd178dc8c073cbfcbb7ff240d6c       # Blob.v1
.git/objects/81/fd8d781506d7de8e534c3f54efa1bbd1e7b28f       # Commit.v2
.git/objects/8f/96f2f60c766a6a6b78591e06e6c1529c0ad9af       # Tree.v1

# 查看 Tree.v2 的内容
git cat-file -p 282f20536f6a6a28cb2106e53b68427330526432
# 文件名已经修改
100644 blob 58c9bdf9d017fcd178dc8c073cbfcbb7ff240d6c    bbb.txt

# 查看 Commit.v2 的内容
git cat-file -p 81fd8d781506d7de8e534c3f54efa1bbd1e7b28f
# 该 Commit 对象是对 Tree.v2 的包裹
tree 282f20536f6a6a28cb2106e53b68427330526432
# 父 Commit 对象是 Commit.v1
```

```
parent 538bfdec586c5daa93f8b0a6d3d5a297ef93306b
author xiaohui <xiaohui@aliyun.com> 1697018131 +0800
committer xiaohui <xiaohui@aliyun.com> 1697018131 +0800

aaa.txt -> bbb.txt        # 提交日志信息
```

第 6 章
Git 分支的使用

Git 分支允许开发者在独立的代码开发路线上工作,每个分支代表了项目的一个不同开发阶段或功能特性。创建分支意味着复制并脱离主线,形成一个可以自由修改而不影响其他分支的空间。这一机制促进了并行开发、风险管理以及灵活的工作流程。团队成员可以在各自的分支上进行实验性开发、修复 bug 或添加新功能,完成后再通过合并(merge)操作将这些变更整合到主分支或其他目标分支,从而确保代码的完整性与稳定性。

分支是 Git 的精髓之一。在本章中,我们将详细介绍如何创建、切换和管理 Git 分支,并介绍分支在团队协作和项目管理中的重要性和优势。通过掌握分支的基本概念和操作技巧,您将能够有效地利用 Git 进行版本控制,从而提高开发效率并优化代码质量。

6.1　Git 分支概述

6.1.1　Git 分支简介

如果您使用过 SVN,则会发现 Git 的分支概念与 SVN 的分支概念完全不同。在 SVN 中,分支更倾向于是一个文件夹,建立分支也只是建立一个新的文件夹。文件夹的好处是方便管理文件。其实,SVN 利用分支管理项目的本质是使项目的结构更加清晰。当然,在这种概念下也没有违背分支的核心——多条开发线路进行开发。虽然 SVN 的分支也提供了合并、回退等功能,但与 Git 相比,其流程过于笨重。

在 Git 中使用分支的主要目的是为了合并分支,基于新分支来开发项目并不会影响主线开发。当其他分支的代码确认无误需要集成到主线(master)分支时,我们需要进行分支的合并,即将主线分支合并到其他分支中。这样,一个完整的功能就集成到主线代码中了。

Git 分支如图 6-1 所示。

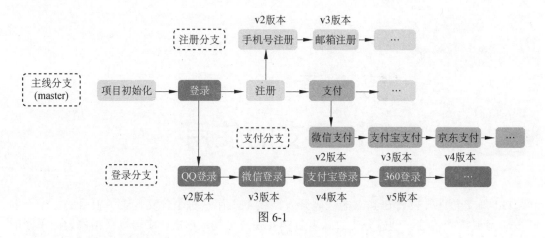

图 6-1

6.1.2 Git 分支原理

在众多版本控制系统中，创建分支的操作往往显得效率不高——常常需要完全创建一个源代码目录的副本。对于大项目而言，这种操作会消耗大量时间，SVN 便是采用此种方式。与此不同，Git 并未采用这种繁重的方式来管理分支。

在 Git 中，分支实质上仅仅是一个指向 Commit 对象的可变指针。默认情况下，每个 Git 仓库都会有一个名为 master 的默认分支。在 .git/refs/heads 目录存储着当前仓库的所有分支。每一个分支都有一个以分支名命名的文件，该文件存储着当前分支指向的 Commit 对象的哈希值。

下面通过一个案例分析 Git 的分支原理。

（1）初始化仓库。

```
rm -rf .git ./*
git init
echo '111' > aaa.txt
git add ./
git commit -m '111' ./
```

执行完上述命令后，查看 Git 仓库中 .git/refs/heads 目录的 master 分支，如图 6-2 所示。

图 6-2

（2）查看分支。

```
git log --oneline
ceca35b(HEAD -> master)111

# 查看 master 文件
cat .git/refs/heads/master
# 文件中保存着当前分支指向的 Commit 对象的哈希值
ceca35b10c0495e852cbf26205fb5a5af409b70e

git cat-file -p ceca35b
tree 8f96f2f60c766a6a6b78591e06e6c1529c0ad9af
author xiaohui <xiaohui@aliyun.com> 1697097246 +0800
committer xiaohui <xiaohui@aliyun.com> 1697097246 +0800

111
```

（3）继续开发，观察 master 分支的变化。

```
echo '222' > aaa.txt
git commit -m '222' ./
git log --oneline
69372ca（HEAD -> master）222
ceca35b 111

# 再次查看 master 文件
cat .git/refs/heads/master
# 文件内容变为了最新的 Commit 对象的哈希值
69372ca265e6a98c8a7f839b8760f98b80bbf4fe
```

　　我们可以看到，在 Git 中，分支仅仅是一个指向 Commit 对象的可变指针。当执行 commit 提交后，当前分支会指向最新的 Commit 对象的哈希值。这样，通过 Commit 对象的哈希值即可找到对应版本的内容，无须像其他版本控制工具那样将整个文件夹进行复制。因此，Git 的分支机制在轻量级方面远超其他版本控制系统，其操作速度也是其他版本控制工具难以匹敌的。

　　在 Git 中，每个分支都会保存一个 Commit 对象的哈希值，如图 6-3 所示。

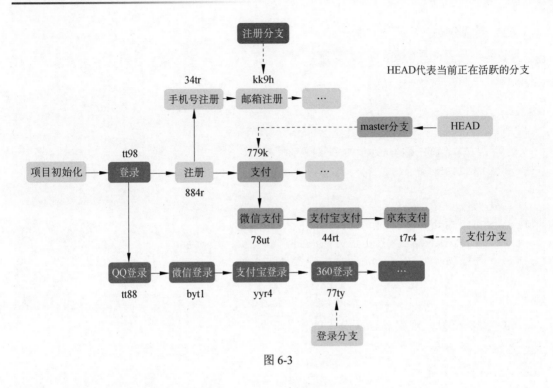

图 6-3

6.2 分支的使用

在默认配置下，Git 会为每个仓库创建一个分支，该分支是当前项目的主线，分支名为 master。当团队要进行开发功能时，通常不会使用 master 分支进行开发，而是创建其他分支进行项目开发。待功能开发成熟后，再将这些功能集成（合并）到 master 分支。在实际开发过程中，分支的使用极为普遍，几乎是每位工程师必备的技能之一。

分支的使用语法如表 6-1 所示。

表 6-1

语法	说明
git branch	查看所有本地分支
git branch -v	查看所有本地分支+最近一次的提交信息
git branch {branch-name}	创建分支，默认执行当前 Commit 对象
git branch {branch-name} {commit-hash}	根据指定的 Commit 对象来创建分支
git branch -d {branch-name}	根据分支名删除本地分支

6.2.1　创建分支

创建一个分支，默认情况下指向最新的 Commit 对象，创建分支的步骤如下。

（1）初始化项目。

```
rm -rf .git ./*
git init
echo '111' > aaa.txt
git add ./
git commit -m '111' ./
echo '222' > aaa.txt
git commit -m '222' ./

git log --oneline
dd3841e (HEAD -> master)222
93a35ee 111
```

> **Tips:** HEAD 是一个活动指针，指向的是正在活跃的分支。

（2）在当前 HEAD 指针指向的位置创建分支。

```
# 在当前 HEAD 指针指向的位置创建 b1 分支
git branch b1

git log --oneline
dd3841e(HEAD -> master,b1)222      # b1 分支也指向 dd3841e 这个 Commit 对象
93a35ee 111

# 查看 heads 目录，可以看到有两个分支文件，分别存储这两个分支指向的 Commit 对象哈希值
ll .git/refs/heads/
total 2
-rw-r--r-- 1 Adminstrator 197609 41 Feb 23 15:13 b1
-rw-r--r-- 1 Adminstrator 197609 41 Feb 23 15:13 master

# 查看 b1 分支文件的内容
cat .git/refs/heads/b1
dd3841ef1d505d769ef9b9daa2ab2636700a126f  # 指向这个提交对象
```

（3）继续使用 master 分支开发。

```
echo '333' > aaa.txt
git commit -m '333' ./

git log -oneline
# HEAD 指针指向的是 master 分支，因此 master 分支随着 HEAD 指针指向了新的 Commit 对象
```

```
b6955b2(HEAD -> master)333
dd3841e(b1)222                      # b1 还是停留在这个 Commit 对象
93a35ee 111
```

默认情况下，创建的分支指向的是 HEAD 指针当前所指向的 Commit 对象。有时候需要创建一个分支，但是需要基于之前的版本，Git 也允许我们根据指定的 Commit 对象的哈希值的方式来创建分支。

根据指定的 Commit 对象来创建分支。

```
git branch b2 93a35ee               # 根据指定的 Commit 对象来创建分支

git log --oneline
b6955b2(HEAD -> master)333          # master 以及 HEAD 指针指向的位置
dd3841e(b1)222                      # b1 分支的位置
93a35ee(b2)111                      # b2 分支的位置

# 查看 b2 指针保存的 Commit 对象哈希值
cat .git/refs/heads/b2
93a35eee6c3e72a69176ad984c65e78fce19585b
```

6.2.2　查看分支

通过 git log 能够查询到分支的一些信息，我们也可以通过分支的相关命令来查看。

```
# 查看日志
git log --oneline
b6955b2(HEAD -> master)333
dd3841e(b1)222
93a35ee(b2)111

# 查看当前所有的本地分支
git branch
  b1
  b2
* master

git branch -v
  b1     dd3841e 222
  b2     93a35ee 111
* master b6955b2 333
```

6.2.3　删除分支

分支是某个功能开发的线路，当某个分支的功能开发完毕时，我们需要将该分支的功能合并到主线分支上，对于不需要的分支，我们也可以将其删除。

　　对于删除了的分支，就再也找不回来了。当我们掌握了分支的原理以及 Git 底层对象时，就会发现，这样并不会有任何影响。在 Git 中，分支仅仅是指向某个 Commit 对象哈希值的指针而已。如果想要找回以前的分支，只需要获取以前版本的 Commit 对象，在此 Commit 对象的基础上再创建一个新的分支即可。下面演示分支的删除步骤。

　　（1）删除分支。

```
git branch -d b2    # 删除 b2 分支
git branch -d b1    # 删除 b1 分支
git log -oneline    # 查看日志
b6955b2(HEAD -> master)333
dd3841e 222
93a35ee 111
```

　　（2）找回之前的分支。

```
git branch b1 dd3841e      # 指定之前的某个 Commit 对象来创建分支
git log -oneline           # 查看日志
b6955b2(HEAD -> master)333
dd3841e(b1)222
93a35ee 111
```

6.3　切　换　分　支

　　Git 允许开发者在不同的工作路线之间轻松切换，从而实现并行开发和任务隔离。这种机制的好处在于，它提高了开发效率，多个开发者可以同时在不同分支上工作，互不干扰。同时，切换分支也保持了代码的清晰和整洁，每个分支通常代表一个特定的功能或修复任务，这使得代码的组织更加有序。

6.3.1　checkout 切换分支

　　创建好分支后，我们可以使用 git checkout 切换到其他分支进行开发。

　　git checkout 命令的语法如表 6-2 所示。

表 6-2

语法	说明
git checkout {branch-name}	将 HEAD 指针指向指定分支（切换到指定分支）
git checkout -b {branch-name}	创建并切换到新的分支

语法	说明
git checkout -	切换到刚刚使用的分支
git checkout -f {branch-name}	强制切换分支
git checkout {commit-hash}	将 HEAD 指针切换到指定的 Commit 对象（会出现"分离头指针"）
git checkout {tag-name}	将 HEAD 指针切换到指定的 Tag 对象（会出现"分离头指针"）

分支的切换使用的步骤如下。

（1）准备环境。

```
rm -rf .git ./*
git init
echo '111' >> aaa.txt
git add ./
git commit -m '111' ./
echo '222' >> aaa.txt
git commit -m '222' ./
echo '333' >> aaa.txt
git commit -m '333' ./

git log --oneline
2130f83(HEAD -> master)333
86cbe2b 222
dad9d1a 111
```

（2）创建分支。

```
git branch b1                    # 在当前位置创建 b1 分支
git branch b2 86cbe2b            # 指定 Commit 对象来创建分支
git log --oneline                # 查看日志
2130f83（HEAD -> master，b1）333          # b1 分支的位置
86cbe2b（b2）222                          # b2 分支的位置
dad9d1a 111
```

（3）切换到 b1 分支进行开发。

```
git checkout b1                          # 切换到 b1 分支
git log --oneline
2130f83(HEAD -> b1,master)333            # HEAD 指针指向了 b1 分支
86cbe2b(b2)222
dad9d1a 111

echo "444" >> aaa.txt                    # 编辑文件
```

```
git commit -m "b1 444" ./                    # 提交
cat aaa.txt                                   # 查看文件内容
111
222
333
444

git log --oneline                             # 查看日志
51b41c0(HEAD -> b1)b1 444                      # b1 分支正在开发
2130f83(master)333                            # master 和 b2 分支留在原地
86cbe2b(b2)222
dad9d1a 111

git checkout master                           # 切换到 master 分支
git log --oneline                             # 查看日志
2130f83(HEAD -> master)333                     # HEAD 指针指向了 master 分支
86cbe2b(b2)222
dad9d1a 111

# 查看 master 分支工作状态的文件内容(文件内容是旧版本的)
cat aaa.txt
111
222
333
```

（4）查看所有版本情况。

默认情况下使用 git log 查询日志只能查询到之前版本的日志，无法查询到比自身分支版本还要新的版本。通过--all 则可以查询所有版本的提交日志。

```
git log --oneline                             # 只能查询到 master 分支之前版本的日志信息
2130f83(HEAD -> master)333
86cbe2b(b2)222
dad9d1a 111

git log --oneline --all                       # 查询所有日志信息
51b41c0(b1)b1 444
2130f83(HEAD -> master)333
86cbe2b(b2)222
dad9d1a 111
```

6.3.2　switch 切换分支

git checkout 命令可用作分支切换和文件恢复。在 Git 2.23 版本后引入了 git switch 和

git restore 命令。其中，git switch 命令专门用于分支切换，git restore 命令专门用于文件恢复，以提供更清晰的语义和错误检查。如果使用较新的 Git 版本，可以考虑使用这些命令来代替 git checkout。

git switch 命令的语法如表 6-3 所示。

表 6-3

语法	说明
git switch {branch-name}	切换到指定分支
git switch {-c 或 --create} {branch-name}	创建并切换到新的分支

下面演示使用 git switch 命令来切换分支。

（1）初始化仓库。

```
rm -rf ./* .git
git init
echo '111' >> aaa.txt
git add ./
git commit -m '111' ./
git log --oneline
* 66baca7(HEAD -> master)111
```

（2）使用 git switch 命令切换分支。

```
git branch b1                      # 创建分支
git log --oneline                  # 查看日志
66baca7(HEAD -> master,b1)111      # HEAD 指针并未指向 b1 分支

git switch b1                      # 使用 switch 命令切换分支
git log --oneline                  # 查看分支（切换成功）
66baca7(HEAD -> b1,master)111

git switch -c b2                   # 创建并切换到 b2 分支
git log --oneline
66baca7(HEAD -> b2,master,b1)111
```

6.4　切换分支原理

在切换分支（使用 checkout 或 switch 命令）时，其原理主要涉及 Git 的 3 个关键区域：工作空间、暂存区和 HEAD 指针。

当执行 git checkout {branch-name} 命令时，Git 会更新 HEAD 指针和暂存区，使其指向指定分支的最新提交。然后，Git 会从该提交中恢复工作空间的文件，使得工作区的文件内容与指定分支的最新提交保持一致。

总的来说，git checkout 的原理在于更新 HEAD 指针和索引，以及恢复工作空间文件，从而实现分支切换和文件恢复的功能。这一命令是 Git 中非常核心且常用的命令之一，对于理解和掌握 Git 的使用至关重要。

通常情况下，如果当前分支存在未提交的操作，则无法切换到其他分支。因此，当我们切换分支时，最好保证当前工作空间的状态为 nothing to commit，即所有操作均已提交。

在切换分支时，Git 会对以下地方进行修改。

☑　HEAD 指针：将 HEAD 指针指向最新的分支。

☑　暂存区：将最新分支的文件内容更新到暂存区。

☑　工作空间：将当前工作空间的内容更新为最新分支的内容。

checkout 切换分支的步骤如下。

（1）初始化版本库。

```
rm -rf .git ./*
git init
echo '111' >> aaa.txt
git add ./
git commit -m '111' ./
git branch b1
echo '222' >> aaa.txt
git add ./
git commit -m '222' ./
git log --oneline --all
464d580(HEAD -> master)222              # HEAD 指针指向 master
cc3429a(b1)111                          # b1 分支的位置
```

（2）操作 master 分支的文件但不提交，切换到 b1 分支时发现切换失败。

```
echo "333" >> aaa.txt                   # 编辑文件

git status
On branch master
Changes not staged for commit:          # 有修改的操作但还未追踪
  (use "git add <file>..." to update what will be committed)
  (use "git restore <file>..." to discard changes in working directory)
        modified: aaa.txt

no changes added to commit(use "git add" and/or "git commit -a")
```

```
# 此时切换分支发现失败，必须保证当前工作空间中的所有操作均已提交
git checkout b1
error:Your local changes to the following files would be overwritten by
checkout:
       aaa.txt
Please commit your changes or stash them before you switch branches.
Aborting
```

可以看出，如果当前分支存在未提交的操作，Git 不允许切换分支。

以下两种情况是例外的。

（1）新分支的情况：当该分支是一个新创建的分支时，当前分支存在未提交的操作依旧可以切换到其他分支，并且会将未提交的操作影响到其他分支。

（2）新文件的情况：当操作的文件是一个新的文件时，当前分支未提交依旧可以切换到其他分支，并将操作影响到其他分支。

如果存在以上两种行为，切换到其他分支时则会给其他分支带来影响。

（1）工作空间的状态：将当前分支的工作空间状态更新为之前分支。

（2）暂存区的内容：将当前暂存区内容更新为之前的分支。

> **Tips：** 当我们在切换分支时，要保证当前分支是提交的状态，否则，会对其他分支造成不必要的影响。

6.4.1　影响工作空间

新分支、新文件的操作都会影响工作空间和暂存区，下面演示新分支影响工作空间。

（1）初始化仓库。

```
rm -rf ./* .git
git init
echo '111' >> aaa.txt
git add ./
git commit -m '111' ./
git branch b1

# b1 分支创建后整个工作空间还没有提交过任何一次文件，属于新分支
git log --oneline --all
4b3c6bc(HEAD -> master,b1)111          # 指针还是指向 master 分支的
```

（2）在 master 分支编辑文件，然后切换到 b1 分支，查看工作空间的内容，发现已发生变更（影响了 b1 分支的工作空间内容）。

```
echo "222" >> aaa.txt                  # 编辑 master 分支的文件内容
git status                             # master 分支的状态
On branch master
```

```
Changes not staged for commit:
  (use "git add <file>..." to update what will be committed)
  (use "git restore <file>..." to discard changes in working directory)
        modified: aaa.txt

no changes added to commit(use "git add" and/or "git commit -a")
```

```
git checkout b1                         # 切换到 b1 分支，发现能够切换成功
cat aaa.txt                             # b1 分支的文件内容（影响到了 b1 分支）
111
222

git status                              # b1 分支的状态
On branch b1
Changes not staged for commit:          # 有修改被追踪到了，但是还未提交
  (use "git add <file>..." to update what will be committed)
  (use "git restore <file>..." to discard changes in working directory)
        modified: aaa.txt

no changes added to commit(use "git add" and/or "git commit -a")
```

可以看到，在遇到新分支时，即使当前工作空间的操作未提交，也可以切换到其他分支，而且会影响其他分支的工作空间状态及工作空间内容。

（3）切换到 b1 分支后，会发现 master 未提交的数据也影响到了 b1 分支。将分支切换到 master，然后提交 master 分支。这样，b1 分支被影响的内容就消失了。

```
git checkout master                     # 切换到 master 分支
git commit -m "222" ./                  # 提交操作
git checkout b1                         # 切换到 b1 分支
cat aaa.txt                             # 查看内容，发现影响消失了
111

git status                              # 查看 b1 工作空间的状态
On branch b1
nothing to commit,working tree clean
```

（4）重新切换到 master 分支，编辑文件但不提交，发现切换到 b1 分支失败（此时 b1 分支不属于新分支了）。

```
git checkout master                     # 切换到 master 分支
echo "333" >> aaa.txt                   # 编辑文件
git checkout b1                         # 切换到 b1 分支失败，此时 b1 分支不属于新分支了
error: Your local changes to the following files would be overwritten by
checkout:
```

```
        aaa.txt
Please commit your changes or stash them before you switch branches.
Aborting
```

不仅是新分支的切换会影响其他分支的工作空间，当编辑一个新的文件且未被 Git 追踪，之后再切换分支时，这个新文件也会影响到其他分支的工作空间。接下来演示新文件切换时影响到其他工作空间。

（1）初始化仓库。

```
rm -rf ./* .git
git init
echo '111' >> aaa.txt
git add ./
git commit -m '111' ./
git branch b1
echo '222' >> aaa.txt
git add ./
git commit -m '222' ./

git log -oneline
# HEAD 指针以及 master 的位置(此时 b1 分支已经不是新的分支了)
371a40f(HEAD -> master)222
832481e(b1)111              # b1 分支的位置
```

（2）使用 master 创建一个新的文件，然后切换到 b1 分支，查看 b1 分支的工作空间内容发现，也多了一个 bbb.txt 文件（影响了 b1 分支的工作空间）。

```
echo "333" >> bbb.txt              # 编辑一个新的文件(此时创建了一个新的文件 bbb.txt)

git status
On branch master
Untracked files:
  (use "git add <file>..." to include in what will be committed)
      bbb.txt

nothing added to commit but untracked files present(use "git add" to track)

git checkout b1                    # 切换到 b1 分支，发现切换成功
ll                                 # 查看当前工作空间的文件
total 2
-rw-r--r-- 1 Adminstrator 197121 5 Oct 23 09:23 aaa.txt
-rw-r--r-- 1 Adminstrator 197121 4 Oct 23 09:23 bbb.txt  # 多了一个 bbb.txt

git status                         # 查看 b1 分支工作空间的状态
```

```
On branch b1
Untracked files:                      # 有未被追踪的文件
  (use "git add <file>..." to include in what will be committed)
        bbb.txt

nothing added to commit but untracked files present(use "git add" to track)
```

（3）切换到 master 分支并提交操作，然后切换到 b1 分支，发现 b1 工作空间的 bbb.txt 文件被清除了。

```
git checkout master           # 切换到 master 分支
git add ./
git commit -m "333-bbb" ./     # 提交操作
git checkout b1               # 切换到 b1 分支

git status
On branch b1
nothing to commit,working tree clean

ll                               # b1 工作空间的 bbb.txt 文件被清除了
total 1
-rw-r--r-- 1 Adminstrator 197121 5 Oct 23 09:26 aaa.txt
```

6.4.2　影响暂存区

在 "新分支" "新文件" 切换这两个问题上，不仅会影响工作空间，也会影响暂存区。接下来演示影响暂存区的具体情况。

（1）初始化仓库。

```
rm -rf ./* .git
git init
echo '111' >> aaa.txt
git add ./
git commit -m '111' ./
git branch b1

# b1 分支创建后整个工作空间还没有提交过任何一次文件，属于新分支
git log --oneline --all
19fd84b（HEAD -> master,b1）111      # 指针还是指向 master 分支的
```

（2）在 master 分支编辑文件，然后添加到暂存区，切换到 b1 分支后查看 b1 分支的暂存区内容，发现已发生变更（影响了 b1 分支的暂存区）。

```
echo "222" >> aaa.txt                    # 编辑文件
```

```
git add ./                          # 添加到暂存区
git checkout b1                     # 切换到 b1 分支

git ls-files -s                     # 查看暂存区
100644 a30a52a3be2c12cbc448a5c9be960577d13f4755 0        aaa.txt

git cat-file -p a30a52a3            # 查看内容发现，影响了 b1 分支的 aaa.txt 文件
111
222
```

（3）重新切换到 master 分支，提交之前的操作，然后再切换到 b1 分支。查看暂存区的内容，发现影响消除了（此时 b1 不再属于新分支了）。

```
git checkout master                 # 切换到 master 分支
git commit -m "222" ./              # 提交
git checkout b1                     # 切换到 b1 分支

git ls-files -s                     # 查看暂存区
100644 58c9bdf9d017fcd178dc8c073cbfcbb7ff240d6c 0        aaa.txt

git cat-file -p 58c9bdf9            # 查看暂存区的内容，发现影响消除了
111
```

（4）切换到 master 分支，编辑文件但不提交。发现切换到 b1 分支时会报错（此时 b1 分支不属于新分支了）。

```
echo "333" >> aaa.txt
git add ./
git checkout b1                # 切换到 b1 分支报错，此时 b1 分支不属于新分支了
error: Your local changes to the following files would be overwritten by
checkout:
        aaa.txt
Please commit your changes or stash them before you switch branches.
Aborting
```

上述示例演示了"新分支的切换"给暂存区带来的影响。接下来演示"新文件的切换"给暂存区带来的影响。

（1）初始化项目仓库。

```
rm -rf ./* .git
git init
echo '111' >> aaa.txt
git add ./
git commit -m '111' ./
```

```
git branch b1
echo '222' >> aaa.txt
git commit -m '222' ./

git log --oneline
502d6e2(HEAD -> master)222        # HEAD 指针和 master 的位置，此时 b1 分支不属于新分支
faeb6d0(b1)111                    # b1 分支的位置
```

（2）创建一个新文件，添加到暂存区，然后切换到 b1 分支，发现 b1 分支的暂存区也多了一个文件（影响了 b1 分支的暂存区）。

```
echo "333" >> bbb.txt
git add ./
git checkout b1              # 切换到 b1 分支
git ls-files -s             # b1 分支的暂存区也多了一个文件
100644 58c9bdf9d017fcd178dc8c073cbfcbb7ff240d6c 0      aaa.txt
100644 55bd0ac4c42e46cd751eb7405e12a35e61425550 0      bbb.txt
```

（3）切换到 master 分支，提交之前的操作，然后再切换到 b1 分支，查询 b1 分支的暂存区内容发现影响被消除了（消除影响）。

```
git checkout master         # 切换到 master 分支
git ls-files -s             # 查看暂存区（文件又回到 master 分支的暂存区了）
100644 a30a52a3be2c12cbc448a5c9be960577d13f4755 0      aaa.txt
100644 55bd0ac4c42e46cd751eb7405e12a35e61425550 0      bbb.txt

git commit -m "333" ./      # 提交操作
git checkout b1             # 切换到 b1 分支
git ls-files -s             # 影响消除了
100644 58c9bdf9d017fcd178dc8c073cbfcbb7ff240d6c 0      aaa.txt
```

（4）此时 bbb.txt 文件已经不属于新文件了，切换到 master 分支，编辑 bbb.txt 文件但不提交，然后切换到 b1 分支，发现切换失败。

```
git checkout master         # 切换到 master 分支
echo "444" >> bbb.txt       # 编辑文件
git add ./                  # 添加到暂存区
git checkout b1             # 切换到 b1 分支，发现切换失败，此时 bbb.txt 不属于新文件了
error: Your local changes to the following files would be overwritten by
checkout:
      bbb.txt
Please commit your changes or stash them before you switch branches.
Aborting
```

6.4.3　分离头指针

通常情况下，在分支切换时，我们应该切换到某一个其他分支，而不是切换到其他 Commit 对象或 Tag 对象。尽管 Git 支持这样的操作，但这会造成"分离头指针"的情况。下面通过示例来演示"分离头指针"的情况。

1. 切换到 Commit 对象时的"分离头指针"情况

（1）初始化仓库。

```
rm -rf ./* .git
git init
echo '111' >> aaa.txt
git add ./
git commit -m '111' ./
echo '222' >> aaa.txt
git commit -m '222' ./

git log --oneline
3b3108b(HEAD -> master)222
6bd6570 111
```

（2）切换到指定 Commit 对象。

```
git checkout 6bd6570          # 切换到指定 Commit 对象，而不是某个分支
git log --oneline --all
3b3108b(master)222
# HEAD 指针指向该 Commit 对象，但没有指向任何分支，出现了"分离头指针"情况
6bd6570(HEAD)111
```

（3）继续开发，出现不同的开发路线。

```
echo "test-01" >> aaa.txt
git commit -m 'test-01' ./

git log --oneline --all
3820095(HEAD)test-01          # HEAD 指针继续向前推进，但是该功能不属于任何分支
3b3108b(master)222
6bd6570 111

git log --oneline --all --graph
* 3820095(HEAD)test-01              # 使用 ASCII 图形来表示提交历史中的分支关系
| * 3b3108b(master)222
|/
* 6bd6570 111
```

（4）建立分支来存储本次的开发功能。

```
git branch test-01                       # 在当前位置创建分支
git log --oneline --all --graph          # --graph 参数可以查看到分支的分叉路线
* 3820095(HEAD,test-01)test-01           # 在这个位置创建了一个 test-01 分支，但
HEAD 指针并没有指向该分支
| * 3b3108b(master)222
|/
* 6bd6570 111

# 切换到 test-01 分支
git checkout test-01
Switched to branch 'test-01'

git log --oneline --all --graph
* 3820095(HEAD -> test-01)test-01        # HEAD 指针指向该分支
| * 3b3108b(master)222
|/
* 6bd6570 111
```

2. 切换到 Tag 对象时的"分离头指针"情况

（1）初始化仓库。

```
rm -rf ./* .git
git init
echo '111' >> aaa.txt
git add ./
git commit -m '111' ./
git tag v1.0
echo '222' >> aaa.txt
git commit -m '222' ./

git log --oneline
c3b0742(HEAD -> master)222
3b8a930(tag:v1.0)111                      # 在这个位置上建立了一个标签
```

（2）切换到指定 Tag 对象。

```
git checkout v1.0                        # 切换到指定 Tag 对象，而不是某个分支
git log --oneline --all
c3b0742(master)222
3b8a930(HEAD,tag:v1.0)111                # HEAD 指针指向该 Tag 对象，但没有指向任何分支，出现
了"分离头指针"情况
```

当我们在切换分支时，应该切换到一个具体的分支，尽量不要切换到某一个 Commit

对象或者 Tag 对象。否则，将会出现"分离头指针"的情况。如果出现该情况，我们也应该在当前位置建立一个新的分支，然后将 HEAD 指针指向该分支。

6.5　checkout 命令的其他功能

git checkout 命令在 Git 中具有多种功能，尽管在较新版本的 Git（2.23 版本后）中，部分功能已被 git switch 和 git restore 所取代，但 git checkout 仍可执行操作。

6.5.1　撤销修改

git checkout 命令有两大功能，一是用于分支的切换，二是进行文件的撤销修改。
可以通过 Git 的帮助文档查看 git checkout 的使用语法。

```
git checkout -h
usage: git checkout [<options>] <branch>                    # 用于分支切换
   or: git checkout [<options>] [<branch>] -- <file>...     # 用于撤销修改
```

git checkout 命令的语法如表 6-4 所示。

表 6-4

语法	说明
git checkout　{-- fileName}	撤销工作空间指定文件的修改
git checkout .	撤销工作空间全部文件的修改

下面测试 git checkout 命令的撤销功能。

（1）初始化仓库。

```
rm -rf ./* .git
git init
echo '111' >> aaa.txt
git add ./
git commit -m '111' ./
```

（2）使用 git checkout 命令撤销工作空间的修改。

```
echo "222" >> aaa.txt                    # 编辑文件
git status                               # 查看工作空间状态
On branch master
Changes not staged for commit:           # 有修改还未被追踪
  (use "git add <file>..." to update what will be committed)
```

```
  (use "git restore <file>..." to discard changes in working directory)
        modified: aaa.txt

no changes added to commit(use "git add" and/or "git commit -a")

git checkout -- aaa.txt                    # 撤销工作空间的文件修改
Updated 1 path from the index

git status                                 # 再次查看工作空间状态
On branch master
nothing to commit,working tree clean
```

> **Tips:** 需要注意的是，git checkout 撤销的是没有产生任何版本的内容，该命令撤销修改后，撤销的数据将无法找回且永久丢失。另外，该命令的撤销仅限于未暂存的操作，如果该文件添加到暂存区了，那么，git checkout 命令将无法撤销。

6.5.2　强制切换

我们已经掌握了在切换分支时，checkout 对于新文件和新分支所带来的影响。然而这一认识仅限于新文件和新分支的情况。通常情况下，如果不是新文件或新分支在进行修改操作后，未提交这些操作则不能切换分支。但 Git 提供了一种强制切换分支的方式，即丢弃当前工作空间和暂存区中的修改操作，从而实现分支的强制切换。下面演示强制切换分支的步骤。

（1）初始化项目库。

```
rm -rf ./* .git
git init
echo '111' >> aaa.txt
git add ./
git commit -m '111' ./
git branch b1
echo '222' >> aaa.txt
git commit -m '222' ./

git log --oneline
21b4069(HEAD -> master)222
7a15a7d(b1)111
```

（2）强制切换分支。

```
echo "333" >> aaa.txt                      # 编辑文件
git add ./                                 # 添加到暂存区
git ls-files -s                            # 查看暂存区
```

```
100644 641d57406d212612a9e89e00db302ce758e558d2 0        aaa.txt

git show 641d57406d212612a9e89e00db302ce758e558d2
111
222
333


git checkout b1                         # 切换分支（失败）
error: Your local changes to the following files would be overwritten by
checkout:
       aaa.txt
Please commit your changes or stash them before you switch branches.
Aborting

git checkout -f b1                      # 使用强制切换（成功）
git log --oneline --all
21b4069(master)222
7a15a7d(HEAD -> b1)111                   # 当前 HEAD 指针指向 b1 分支

# 工作空间的内容也回到了 b1 分支指向的 Commit 对象
cat aaa.txt
111

# 查看暂存区，修改的内容也撤销了
git ls-files -s
100644 58c9bdf9d017fcd178dc8c073cbfcbb7ff240d6c 0        aaa.txt

git show 58c9bdf9d017fcd178dc8c073cbfcbb7ff240d6c
111
```

6.6　Git 的分支状态存储

有时，当我们在项目的一部分工作了一段时间后，可能会发现所有东西都进入了混乱的状态。而在此时，如果想要切换到另一个分支去处理其他事务，就必须将当前工作空间所做的操作提交到版本库。否则，Git 将不允许我们切换分支。

当当前的操作还不足以生成一次版本快照时，git stash 命令便派上用场了。我们可以使用这个命令将当前工作状态存储起来，然后再切换到其他分支进行工作。待工作完毕后，再次切回当前分支时，我们可以从 Git 存储中取出之前保存的工作内容。

6.6.1　git stash 命令

git stash 命令能够将当前工作目录中尚未提交的所有更改（包括暂存区和未暂存的修

改）临时存储到 stash 堆栈中，从而让用户在不影响当前工作进度的前提下，轻松切换到其他分支处理问题、合并代码或恢复到干净的工作状态。

git stash 命令的语法如表 6-5 所示。

表 6-5

命令	说明
git stash	将当前工作空间的状态保存
git stash list	查看当前 Git 中存储的所有状态
git stash apply {stashName}	根据存储名称读取 Git 存储
git stash drop {stashName}	根据存储名称删除 Git 存储
git stash save "日志信息"	将当前工作空间的状态保存并指定一个日志信息
git stash pop	读取 stash 堆栈中的第一个存储，并将该存储从 stash 堆栈中移除
git stash show [-p] {stashName}	查看指定存储与未建立存储时的差异。 -p：显示详细差异
git stash branch {branchName} [stashName]	创建并切换到一个新分支来读取指定的存储。 stashName：存储的名称，默认读取 stash 堆栈中栈顶的存储

6.6.2　Git 存储的基本使用

接下来通过示例演示 git stash 命令的应用场景和使用方法。

1. 搭建测试环境

（1）初始化项目环境。

```
rm -rf ./* .git
git init
echo '111-master' >> aaa.txt
git add ./
git commit -m '111-master' ./

git checkout -b b1
echo '111-b1' >> aaa.txt
git commit -m '111-b1' ./

echo '222-b1' >> aaa.txt
git commit -m '222-b1' ./
git log --oneline --graph --all
* 01ca592(HEAD -> b1)222-b1          # b1 的位置
* 1337456 111-b1
* f828bbd(master)111-master          # master 的位置
```

（2）在编辑文件过程中，若已完成编辑但尚未打算提交，此时突然接到了一项新的"临时任务"。当想要切换到其他分支继续操作时，会发现切换分支失败。

```
echo '333-b1' >> aaa.txt                    # 编辑文件

git status                                  # 查看工作空间的状态
On branch b1
Changes not staged for commit:              # 有修改操作，但还未追踪
  (use "git add <file>..." to update what will be committed)
  (use "git restore <file>..." to discard changes in working directory)
        modified: aaa.txt

no changes added to commit(use "git add" and/or "git commit -a")

git checkout master                         # 切换到master 失败
error:Your local changes to the following files would be overwritten by
checkout:
        aaa.txt
Please commit your changes or stash them before you switch branches.
Aborting
```

2. 使用存储状态

（1）使用 Git 存储将当前状态存储起来。

```
git stash list     # 查看当前 Git 存储列表，发现列表为空

git stash          # 使用 Git 存储，将当前状态存储起来
warning: LF will be replaced by CRLF in aaa.txt.
The file will have its original line endings in your working directory
Saved working directory and index state WIP on b1: 01ca592 222-b1

git stash list     # 查看当前 Git 存储列表
stash@{0}: WIP on b1: 01ca592 222-b1

cat aaa.txt        # 使用 Git 将当前状态存储起来后，发现文件内容变成未更改前的内容
111-master
111-b1
222-b1

git status         # 再次查看 Git 的状态，发现工作空间正常
On branch b1
nothing to commit, working tree clean

git log --oneline --graph --all        # 查看日志，发现使用 Git 存储也会产生日志
```

```
*    082f406(refs/stash)WIP on b1:01ca592 222-b1
|\
| * c613227 index on b1:01ca592 222-b1
|/
* 01ca592(HEAD -> b1)222-b1
* 1337456 111-b1
* f828bbd(master)111-master
```

（2）当前状态已被 Git 存储了，当前的工作空间也是正常的，因此，我们可以切换到其他分支继续操作。

```
git checkout master                     # 切换分支到 master
Switched to branch 'master'

cat aaa.txt                             # 查看 master 分支的内容
111-master

echo "222-master" >> aaa.txt
git commit -m '222-master' ./

git log --oneline --graph --all
* 4974e13(HEAD -> master)222-master
| *    082f406(refs/stash)WIP on b1:01ca592 222-b1
| |\
| | * c613227 index on b1:01ca592 222-b1
| |/
| * 01ca592(b1)222-b1
| * 1337456 111-b1
|/
* f828bbd 111-master
```

3. 读取存储状态

等到"临时任务"处理完后，我们可以切换到 b1 分支，并将上一次使用 Git 存储的状态读取出来，示例代码如下。

```
git checkout b1                 # 切换到 b1 分支
cat aaa.txt                     # 查看文件内容，依旧是没有编辑前的状态
111-master
111-b1
222-b1

git stash list                  # 查看 Git 存储的状态
stash@{0}: WIP on b1: 01ca592 222-b1
```

```
git stash apply stash@{0}          # 读取状态
On branch b1
# 读取成功后回到我们当初的状态（有修改操作还未追踪）
Changes not staged for commit:
  (use "git add <file>..." to update what will be committed)
  (use "git restore <file>..." to discard changes in working directory)
        modified: aaa.txt

no changes added to commit(use "git add" and/or "git commit -a")

cat aaa.txt                        # 查看文件内容，将文件内容还原回来了
111-master
111-b1
222-b1
333-b1

git commit -m "333-b1" ./
git log --oneline --graph --all
* 1f0ebea(HEAD -> b1)333-b1
| * 4974e13(master)222-master
| | * 082f406(refs/stash)WIP on b1:01ca592 222-b1
| |/|
|/| |
| | * c613227 index on b1:01ca592 222-b1
| |/
|/|
* | 01ca592 222-b1
* | 1337456 111-b1
|/
* f828bbd 111-master
```

4. 存储状态的删除

　　Git 存储的状态被读取之后，该状态并不会被删除。若需要删除，我们可以通过手动操作来完成，示例代码如下。

```
git stash list                     # 查看 Git 存储状态，发现依旧存在
stash@{0}: WIP on b1: 01ca592 222-b1

git stash drop stash@{0}           # 手动删除状态
Dropped stash@{0}(082f40626ab35cf6b1bd413e634e0a1a946824aa)

git stash list                     # 查看 Git 存储的状态，发现没有了
```

6.6.3　Git 存储的其他用法

stash 堆栈是一个典型的"栈"数据结构，栈的特点是先进后出。因此，当 stash 堆栈中存储了多个状态时，那么，最先存进去的状态在最底部，最后存储的状态在最顶部，如图 6-4 所示。

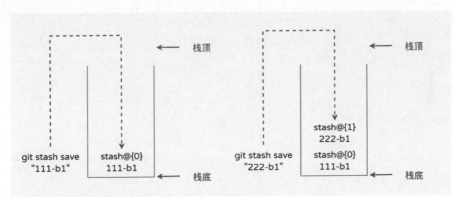

图 6-4

接下来，我们将学习 Git 存储关于查看存储状态、弹栈存储状态、基于存储创建分支等用法。为了方便测试，我们建立一个新的测试仓库。

1. 搭建测试环境

（1）建立测试仓库。

```
rm -rf ./* .git
git init
echo '111-master' >> aaa.txt
git add ./
git commit -m '111-master' ./

git checkout -b b1
echo '111-b1' >> aaa.txt
git commit -m '111-b1' ./
```

（2）使用状态存储来存储两个状态。

```
echo "222-b1" >> aaa.txt          # 编辑文件
git stash save "222-b1"           # 使用存储状态
git stash list                    # 查看所有的存储状态
stash@{0}: On b1: 222-b1

git stash apply stash@{0}         # 应用存储状态
```

```
git stash list                    # 应用了存储状态之后，存储状态依然存在于 stash 堆栈中
stash@{0}: On b1: 222-b1

cat aaa.txt                       # 工作空间的内容也变回原来的内容
111-master
111-b1
222-b1

git commit -m '222-b1' ./         # 提交
git log --oneline --graph --all
* 8fd2fee (HEAD -> b1) 222-b1
| * 5af855e (refs/stash) On b1: 222-b1
|/|
| * a30270e index on b1: 627154a 111-b1
|/
* 627154a 111-b1
* 0398907 (master) 111-master

echo "333-b1" >> aaa.txt          # 编辑文件
git stash save "333-b1"           # 使用存储状态
git stash list                    # 查看 stash 堆栈中所有的存储状态
stash@{0}: On b1: 333-b1
stash@{1}: On b1: 222-b1
```

2. 搭建测试环境

stash 是一个栈的数据结构，因此我们先存储进来的状态在最底部，最顶部为最近一次存储进来的状态。

```
git stash show stash@{0}          # 查看 stash@{0} 存储状态
 aaa.txt | 1 +
 1 file changed, 1 insertion(+)   # 做了插入一行的操作

git stash show stash@{1}          # 查看 stash@{1} 存储状态
 aaa.txt | 1 +
 1 file changed, 1 insertion(+)   # 做了插入一行的操作

git stash show -p stash@{0}       # 查看 stash@{0} 存储状态的详细信息
diff --git a/aaa.txt b/aaa.txt
index 0dd56f7..b1f5002 100644
--- a/aaa.txt
+++ b/aaa.txt
@@ -1,3 +1,4 @@
 111-master
```

```
 111-b1
 222-b1
+333-b1                      # 相较于未使用存储状态之前，此处新增了这一行

git stash show -p stash@{1}              # 查看 stash@{1} 存储状态的详细信息
diff --git a/aaa.txt b/aaa.txt
index cd728b7..0dd56f7 100644
--- a/aaa.txt
+++ b/aaa.txt
@@ -1,2 +1,3 @@
 111-master
 111-b1
+222-b1                      # 相较于未使用存储状态之前，此处新增了这一行
```

3. 弹栈 stash

　　使用 git stash apply 命令只能读取指定的状态，该状态并没有从 stash 堆栈中删除。如果想要在使用状态后将其删除，可以使用 git stash pop 命令。git stash pop 命令总是读取 stash 堆栈顶部的状态，然后将其移除，示例代码如下。

```
git status           # 查看当前存储状态
On branch b1
nothing to commit, working tree clean

cat aaa.txt          # 当前工作空间的内容
111-master
111-b1
222-b1

git stash pop        # 使用弹栈 stash，读取栈顶的存储状态并移除
On branch b1
Changes not staged for commit:     # 工作空间的状态变为使用存储状态前的
  (use "git add <file>..." to update what will be committed)
  (use "git restore <file>..." to discard changes in working directory)
      modified:  aaa.txt

no changes added to commit (use "git add" and/or "git commit -a")
Dropped refs/stash@{0} (33a16b3dce96cff4456ca0bd593d425572ecb19c)

cat aaa.txt          # 工作空间恢复了
111-master
111-b1
222-b1
333-b1
```

```
git stash list # 查看存储状态，只剩一个了
stash@{0}: On b1: 222-b1

git commit -m '333-b1' ./
[b1 d202b34] 333-b1
 1 file changed, 1 insertion(+)
```

4. 基于存储状态创建分支

示例代码：

```
git log --oneline --all --graph
* d202b34 (HEAD -> b1) 333-b1
* 8fd2fee 222-b1
| * 5af855e (refs/stash) On b1: 222-b1
|/|
| * a30270e index on b1: 627154a 111-b1
|/
* 627154a 111-b1
* 0398907 (master) 111-master

git stash list           # 只有一个分支状态
stash@{0}: On b1: 222-b1

# 将stash顶部的状态弹出，基于该状态创建一个分支，并切换到该分支
git stash branch test stash@{0}
Switched to a new branch 'test'
On branch test
Changes not staged for commit:        # test 分支
  (use "git add <file>..." to update what will be committed)
  (use "git restore <file>..." to discard changes in working directory)
        modified:   aaa.txt

cat aaa.txt
111-master
111-b1
222-b1

git stash list           # 已经没有了任何的状态

git log --oneline --all --graph
* d202b34 (b1) 333-b1
* 8fd2fee 222-b1
* 627154a (HEAD -> test) 111-b1        # 已经切换 test 分支了
* 0398907 (master) 111-master
```

6.6.4　Git 存储与暂存区

我们之前测试的操作都是未添加到暂存区的操作，通过执行 git stash 命令将其存储起来。实际上，即便某个操作已经添加到暂存区，我们同样可以使用 Git 存储将其存储起来，从而使工作空间进入"nothing to commit"状态。

需要注意的是，尽管使用 git stash 命令将当前状态存储起来后，当前工作空间的暂存区变为"nothing to commit"状态，但当后续将该存储读取出来时，暂存区并不会回到之前存储时的状态。

下面通过一个实际案例来进行说明。

（1）创建一个新的测试仓库。

```
git log --oneline --all
38124a1(HEAD -> master,b1)111
```

（2）编辑操作，将操作添加到暂存区，然后使用 git stash 命令将当前状态存储起来。

```
echo "222" >> aaa.txt          # 编辑文件
git add ./                     # 添加到暂存区
git status                     # 查看当前工作空间的状态
On branch master
Changes to be committed:
  (use "git restore --staged <file>..." to unstage)
        modified: aaa.txt

git ls-files -s                # 查看暂存区的内容
100644 a30a52a3be2c12cbc448a5c9be960577d13f4755 0      aaa.txt

# 查看该 Blob 对象的内容
git cat-file -p a30a52a3be2c12cbc448a5c9be960577d13f4755
111
222

git stash save 'master-222'    # 使用 Git 存储，将当前状态存储起来
git status                     # 查看当前工作空间的状态
On branch master
nothing to commit,working tree clean

git ls-files -s
100644 58c9bdf9d017fcd178dc8c073cbfcbb7ff240d6c 0      aaa.txt

# 查看暂存区的内容，发现暂存区的内容回到了没有编辑前的状态
git cat-file -p 58c9bdf9d017fcd178dc8c073cbfcbb7ff240d6c
111
```

（3）读取状态，查看暂存区的内容，发现并没有回到使用 git stash 命令前的状态。

```
git stash pop        # 获取顶部的存储状态
# 工作空间变为了 Changes not staged for commit 而不是 Changes to be committed
# 意味着该操作没有添加到暂存区
On branch master
Changes not staged for commit:
  (use "git add <file>..." to update what will be committed)
  (use "git restore <file>..." to discard changes in working directory)
        modified:  aaa.txt

cat aaa.txt          # 查看工作空间的状态（已经回到了使用 git stash 命令之前的状态）
111
222

git ls-files -s      # 查看暂存区的内容
100644 58c9bdf9d017fcd178dc8c073cbfcbb7ff240d6c 0        aaa.txt

# 查看该文件的内容，发现并没有回到使用 git stash 命令前的状态
git cat-file -p 58c9bdf9d017fcd178dc8c073cbfcbb7ff240d6c
111
```

6.6.5　Git 存储的原理

1. 使用 Git 存储

在使用 git stash 命令后，Git 直接将当前工作空间的更改添加到暂存区，然后提交。中途生成了 Blob 对象、Tree 对象、Commit 对象等 3 类对象，用于存储在执行 stash 命令之前对工作空间的修改。

其中，Commit 对象会生成 2 次，第 1 次指向原来的 Tree 对象，即没有执行 stash 之前的 Tree 对象。第 2 次指向新的 Tree 对象，即执行了 stash 命令之后的 Tree 对象。之后再将暂存区改回原来的样子（执行 git stash 命令之前的样子）。在这个过程中，Blob 对象生成了 1 个，Tree 对象生成了 1 个，Commit 对象生成了 2 个。

由于当前工作空间的操作均已提交，因此当前工作空间的状态自然为 nothing to commit 状态，然后就可以切换到其他分支了。

当使用 git stash 命令以后，会产生两个 Commit 对象，其还会在.git/refs/目录创建一个名为 stash 的文件，该文件保存着最新 Commit 对象的 hash 值（执行 git stash 命令后生成的那个新 Commit 对象），如图 6-5 所示。

2. 读取 Git 存储状态的原理

当使用 git stash apply {stashName}或 git stash pop 命令读取 Git 存储状态时，其底层其实就是读取到 stash 文件中的 Commit 对象，通过该 Commit 对象找到执行 git stash 命令后生

成的 Blob 对象，读取该 Blob 对象的内容写入当前工作空间，达到还原工作空间的目的。

图 6-5

3. 删除 Git 存储状态的原理

在 Git 日志中查询不到了，然后将 git/refs/stash 文件删除。下面通过代码演示 git stash 命令的工作原理。

（1）创建一个初始仓库。

```
rm -rf ./* .git
git init
echo '111' >> aaa.txt
git add ./
git commit -m "111" ./
git checkout -b b1

find .git/objects/ -type f                  # 查看所有的 Git 对象
.git/objects/58/c9bdf9d017fcd178dc8c073cbfcbb7ff240d6c    # Blob 对象
.git/objects/7d/811c6d8fa7794fc7a0a2371a4cf197e8cfb47d    # Commit 对象
.git/objects/8f/96f2f60c766a6a6b78591e06e6c1529c0ad9af    # Tree 对象

git ls-files -s                                # 查看当前暂存区
100644 58c9bdf9d017fcd178dc8c073cbfcbb7ff240d6c 0      aaa.txt

git log --oneline --all --graph                # 查看提交日志
* 7d811c6(HEAD -> b1,master)111
```

（2）使用存储状态的原理。

编辑文件，使用 stash 命令观察效果，示例代码如下。

```
echo "222" >> aaa.txt
git status
On branch b1
Changes not staged for commit:
  (use "git add <file>..." to update what will be committed)
```

```
        (use "git restore <file>..." to discard changes in working directory)
            modified:  aaa.txt

no changes added to commit(use "git add" and/or "git commit -a")

git stash                              # 使用 Git 存储
git ls-files -s
100644 58c9bdf9d017fcd178dc8c073cbfcbb7ff240d6c 0       aaa.txt

git cat-file -p 58c9bdf9            # 暂存区没有变化
111

find .git/objects/ -type f
.git/objects/58/c9bdf9d017fcd178dc8c073cbfcbb7ff240d6c       # Blob 对象.v1
.git/objects/70/3a3923a3f4d516543ba3e6e9182467f31b328c       # Tree 对象.v2
.git/objects/7d/811c6d8fa7794fc7a0a2371a4cf197e8cfb47d       # Commit 对象.v1
.git/objects/8f/96f2f60c766a6a6b78591e06e6c1529c0ad9af       # Tree 对象.v1
.git/objects/99/11efb0f75f3280b2e8581bd83724e9a7a10528       # Commit 对象.v2
.git/objects/a3/0a52a3be2c12cbc448a5c9be960577d13f4755       # Blob 对象.v2
.git/objects/b3/e1f5cd5d92a906cff3dfc4816d6e22c72afffe       # Commit 对象.v3

# 查看 stash 文件, 保存的是最新 Commit 对象(v3)的哈希值
cat .git/refs/stash
b3e1f5cd5d92a906cff3dfc4816d6e22c72afffe

git cat-file -p a30a52a                # 查看 Blob 对象.v2
111
222

# 查看 Tree 对象.v2
git cat-file -p 703a3923a3f4d516543ba3e6e9182467f31b328c
100644 blob a30a52a3be2c12cbc448a5c9be960577d13f4755    aaa.txt

# 查看 Commit 对象.v2
git cat-file -p 9911efb0f75f3280b2e8581bd83724e9a7a10528
# 包裹的是原来的 Tree 对象(v1 版本)
tree 8f96f2f60c766a6a6b78591e06e6c1529c0ad9af
# 父提交对象是 Commit 对象.v1
parent 7d811c6d8fa7794fc7a0a2371a4cf197e8cfb47d
author xiaohui <xiaohui@aliyun.com> 1697278938 +0800
committer xiaohui <xiaohui@aliyun.com> 1697278938 +0800

index on b1:7d811c6 111
```

```
# 查看 Commit 对象.v3
git cat-file -p b3e1f5cd5d92a906cff3dfc4816d6e22c72afffe
# 包裹的是新的 Tree 对象(v2)
tree 703a3923a3f4d516543ba3e6e9182467f31b328c
parent 7d811c6d8fa7794fc7a0a2371a4cf197e8cfb47d          # 指向 Commit 对象.v1
parent 9911efb0f75f3280b2e8581bd83724e9a7a10528          # 指向 Commit 对象.v2
author xiaohui <xiaohui@aliyun.com> 1697278938 +0800
committer xiaohui <xiaohui@aliyun.com> 1697278938 +0800

WIP on b1:7d811c6 111

git log --oneline --all --graph          # 查看日志，发现生成了两个 Commit 对象
*   b3e1f5c(refs/stash)WIP on b1:7d811c6 111          # Commit 对象.v3
|\
| * 9911efb index on b1:7d811c6 111                   # Commit 对象.v2
|/
* 7d811c6(HEAD -> b1,master)111                       # HEAD 指针还是指向 b1
```

（3）读取存储状态的原理。

执行如下代码并观察效果。

```
# 由于当前是 Git 的工作空间状态为"所有操作均已提交"，因此可以切换到 master 分支
git checkout master
git checkout b1               # 重新切换到 b1 分支

git stash apply stash@{0}  # 读取 Git 存储
On branch b1

cat aaa.txt                   # 实质上就是把 Blob.v2 的内容读取到工作空间中来
111
222

git status                    # 工作空间状态恢复成原来的状态了
Changes not staged for commit:
  (use "git add <file>..." to update what will be committed)
  (use "git restore <file>..." to discard changes in working directory)
        modified: aaa.txt

no changes added to commit(use "git add" and/or "git commit -a")
```

（4）删除存储状态的原理。

执行如下代码并观察效果。

```
git stash list                # 查看所有 Git 存储
```

```
stash@{0}:WIP on b1:7d811c6 111

git stash drop stash@{0}        # 删除 Git 存储状态
Dropped stash@{0}(b3e1f5cd5d92a906cff3dfc4816d6e22c72afffe)

ll .git/refs/                   # 发现 stash 文件已经被删除
total 0
drwxr-xr-x 1 Adminstrator 197121 0 Oct 14 18:22 heads/
drwxr-xr-x 1 Adminstrator 197121 0 Oct 14 18:20 tags/

# 查看提交日志
git log --oneline --all --graph
* 7d811c6(HEAD -> b1,master)111

find .git/objects/ -type f                         # 查看所有 Git 对象
.git/objects/58/c9bdf9d017fcd178dc8c073cbfcbb7ff240d6c      # Blob 对象.v1
.git/objects/70/3a3923a3f4d516543ba3e6e9182467f31b328c      # Tree 对象.v2
.git/objects/7d/811c6d8fa7794fc7a0a2371a4cf197e8cfb47d      # Commit 对象.v1
.git/objects/8f/96f2f60c766a6a6b78591e06e6c1529c0ad9af      # Tree 对象.v1
.git/objects/99/11efb0f75f3280b2e8581bd83724e9a7a10528      # Commit 对象.v2
.git/objects/a3/0a52a3be2c12cbc448a5c9be960577d13f4755      # Blob 对象.v2
.git/objects/b3/e1f5cd5d92a906cff3dfc4816d6e22c72afffe      # Commit 对象.v3
```

6.7　工作树的使用

　　使用 git stash 命令，我们可以将当前的分支状态存储起来，从而抽身处理一些相对紧急的任务。然而，git stash 存在一个天然的弊端——串行化开发。试想一下，如果我们希望能够在保持当前工作空间继续开发的同时，还能并行处理紧急任务，这种基于并行的工作模式显然是 git stash 所无法直接支持的。在这种情况下，我们通常需要切换到另一个分支来完成紧急任务，然后再切回原分支继续之前的工作。而工作树（worktree）的概念允许我们实现真正的并行开发，使得多个任务可以同时进行而互不干扰。

6.7.1　工作树简介

　　工作树，即用来存储工作的树，这个树也可以被称为新的工作副本。当正常开发临时出现了紧急任务时，我们可以使用工作树来创建一个新的工作副本，该工作副本是基于原来的工作副本而创建出来的，这个新的工作副本就被称为工作树。这样，就存在了两个工作副本，让两个任务得以并行开发。有了工作树，我们就可以在多个工作副本之间并行开发。

当在工作树中提交了版本时，原来的工作副本会即时感知这些变化。同样地，若原来的工作副本提交了版本，这一变动也会在工作树中即时显现。

工作树的使用语法如表 6-6 所示。

表 6-6

命令	说明
git worktree add {path} {commit-hash/branch-name}	指定提交哈希值或分支名来创建工作树
path	工作树的路径
commit-hash	提交对象的哈希值
branch-name	分支名
git worktree list	查询所有工作树
git worktree lock {path}	锁定工作树，让其不能被 remove/move
git worktree unlock {path}	解锁工作树
git worktree move {path} {new-path}	移动工作树
git worktree remove {path}	移除（删除）工作树
git worktree prune	修剪工作树对工作空间进行整理，清除删除工作树后剩余的残留文件

6.7.2　git worktree 的使用

下面通过示例来演示 git worktree 的使用。

（1）创建一个工作副本。

```
rm -rf ./* .git
git init
echo '111' >> aaa.txt
git add ./
git commit -m '111' ./
echo "222" >> aaa.txt
git commit -m "222" ./

git log --oneline --all
e55adf3(HEAD -> master)222
b6ebfd3 111
```

（2）创建工作树。

```
# 创建一个分支
git branch test
```

```
# 创建工作树
git worktree add ../temp-work-demo01 test
Preparing worktree (checking out 'test')
HEAD is now at e55adf3 222

# 查看工作树
git worktree list
.../workspace/xiaohui/demo01                e55adf3 [master]
.../workspace/xiaohui/temp-work-demo01      e55adf3 [test]
```

执行完上述命令后，查看 xiaohui 目录时发现多了一个工作空间，如图 6-6 所示。

图 6-6

创建工作树成功后，在工作副本的.git/worktree 目录中会存储关于工作树的信息。

（3）使用工作副本开发，然后查看工作树中的日志，发现也能查询到工作副本的开发日志。

```
echo "333-master" >> aaa.txt
git commit -m '333-master' ./
git log --oneline
bc45a65(HEAD -> master)333-master
e55adf3(test)222
b6ebfd3 111
```

在工作树目录中打开 Git Base Here 窗口，查看日志。

```
git log --oneline --all
* bc45a65(master)333-master              # 发现能查询到工作副本的开发记录
* e55adf3(HEAD -> test)222
* b6ebfd3 111
```

（4）使用工作树开发，然后查看工作副本的日志，发现也能查询到工作树的开发日志。

```
echo "444-test" >> aaa.txt
git commit -m '444-test' ./
```

```
git log --oneline --all --graph
* 7a7f353(HEAD -> test)444-test
| * bc45a65(master)333-master
|/
* e55adf3 222
* b6ebfd3 111
```

打开工作副本的 Git Base Here 窗口，查看日志。

```
git log --oneline --all --graph
* 7a7f353(test)444-test
| * bc45a65(HEAD -> master)333-master      # 能查询到工作树的开发记录
|/
* e55adf3 222
* b6ebfd3 111
```

6.7.3　git worktree 详细用法

创建好工作树后，我们可以对工作树进行查看、锁定、解锁、删除、修剪等操作。下面分别演示这些操作。

（1）锁定和查看工作树。

在工作副本中执行如下命令。

```
# 锁定工作树
git worktree lock temp-work-demo01

# 查看工作树
git worktree list
.../workspace/xiaohui/demo01              bc45a65 [master]
# 该工作树被锁定
.../workspace/xiaohui/temp-work-demo01    7a7f353 [test] locked
```

（2）删除和解锁工作树。

在工作副本中执行命令，删除 temp-work-demo01 工作副本时，发现删除失败。这是因为该工作副本已经被锁定。

```
# 删除工作树（该工作树已被锁定，删除失败）
git worktree remove ../temp-work-demo01
fatal: cannot remove a locked working tree;
use 'remove -f -f' to override or unlock first

# 解锁工作树
```

```
git worktree unlock ../temp-work-demo01

# 删除工作树
git worktree remove ../temp-work-demo01
```

（3）修剪工作树。

当工作树直接被计算机物理删除后，残留的工作树信息还会被记录在工作副本中。此时，我们可以对工作树的残留内容进行清除。

```
# 创建一个新的工作树
git worktree add ../temp-work-test test
Preparing worktree(checking out 'test')
HEAD is now at 7a7f353 444-test

# 查看所有工作树
git worktree list
C:/Users/Admin/Desktop/workspace/xiaohui/demo01           bc45a65 [master]
C:/Users/Admin/Desktop/workspace/xiaohui/temp-work-test  7a7f353 [test]

# 查看.git 文件夹中的所有文件和文件夹
ll .git/
...
drwxr-xr-x 1 Adminstrator 197609   0 Mar 24 18:37 worktrees/
...

# 删除计算机中的这个文件夹
rm -rf ../temp-work-test/

# 查看.git 文件夹，发现工作树的残留文件依旧存在
ll .git/
...
drwxr-xr-x 1 Adminstrator 197609   0 Mar 24 18:37 worktrees/
...

# 清空工作树的残留文件
git worktree prune
```

第 7 章
分支合并

分支合并是版本控制系统中的核心概念之一，它指的是将不同分支上的修改合并到一起，以便整合各自独立的开发工作。在软件开发中，分支常被用来支持并行开发、功能隔离、bug 修复等活动。当一个特定的开发任务（如一个新功能或 bug 修复）在单独的分支上完成之后，就需要将这个分支的变更合并到主线或其他目标分支，以使所有团队成员共享最新的成果。

建立好分支后，我们可以使用分支进行开发功能，待开发功能趋于成熟且稳定后，我们可以将其他分支上的功能合并到 master 分支。这样，其他分支的功能就集成到主分支上了。分支的工作流程示意图如图 7-1 所示。

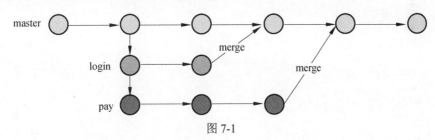

图 7-1

7.1 分支开发路线

分支的好处在于可以定制不同的开发路线，但项目的主线一般只有一个，即 master 分支。当其他分支的功能趋于完善后，我们会将功能合并到 master 分支。有了多个分支，即拥有了多条开发路线。在 Git 中，开发路线分为同轴开发路线和分叉开发路线。在学习分支合并之前我们必须对此概念有所了解。

7.1.1 同轴开发路线

同轴开发，即创建一个新分支，在使用新分支开发时，master 分支并没有任何操作。

待开发功能趋于成熟且稳定后，我们可以将新分支与 master 分支进行合并。这样，其他分支的功能就集成到主分支上了。同轴开发工作的示意图如图 7-2 所示。

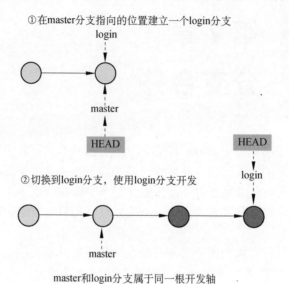

①在master分支指向的位置建立一个login分支

②切换到login分支，使用login分支开发

master和login分支属于同一根开发轴

图 7-2

下面演示同轴开发。

（1）初始化项目。

```
rm -rf .git ./*
git init
echo '项目初始化' >> aaa.txt
git add ./
git commit -m '项目初始化' ./
echo '新增界面优化' >> aaa.txt
git commit -m '新增界面优化' ./

git log --oneline --all --graph
* 102e64b(HEAD -> master)新增界面优化
* e433c00 项目初始化
```

（2）创建 login 分支，并切换到 login 分支开发功能。

```
git checkout -b login
echo "新增 QQ 登录" >> aaa.txt
git commit -m '新增 QQ 登录' ./
echo "新增微信登录" >> aaa.txt
git commit -m '新增微信登录' ./
```

```
git log --oneline --all --graph       # master 分支与 login 分支属于同一根开发轴
* acd180c(HEAD -> login)新增微信登录
* d61027c 新增 QQ 登录
* 102e64b(master)新增界面优化
* e433c00 项目初始化
```

7.1.2　分叉开发路线

　　分叉开发，即创建一个新分支，使用新分支开发，与此同时，master 分支也在进行开发。新分支与 master 分支属于不同的开发路线，这是我们在实际开发中经常遇到的情况。分叉开发工作的示意图如图 7-3 所示。

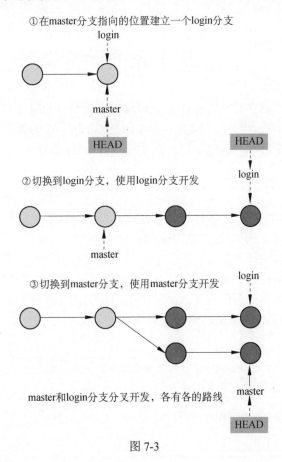

①在master分支指向的位置建立一个login分支

②切换到login分支，使用login分支开发

③切换到master分支，使用master分支开发

master和login分支分叉开发，各有各的路线

图 7-3

　　下面演示分叉开发。

　　切换到 master 分支，使用 master 分支开发项目。

```
git checkout master
echo "新增注册功能" >> aaa.txt
git commit -m '新增注册功能' ./
echo "新增退出登录功能" >> aaa.txt
git commit -m '新增退出登录功能' ./

git log --oneline --all --graph            # 出现了分叉开发路线
* 48884e0(HEAD -> master)新增退出登录功能
* e9c954c 新增注册功能
| * acd180c(login)新增微信登录                 # 微信登录和 QQ 登录是一根开发轴
| * d61027c 新增 QQ 登录
|/
* 102e64b 新增界面优化
* e433c00 项目初始化
```

7.2 分支合并的分类

每个分支都是一个独立的开发路线。有时候一个项目甚至某个单独的功能都会拆分成多个分支进行开发。因此，分支之间的合并操作是 Git 使用中的常态。分支合并涉及的知识点较多，我们只有深入学习这些知识点，才能更好地使用 Git 进行版本控制。

7.2.1 快进式合并分支

快进式合并是 Git 在分支合并时的一种方式，指的是前面的版本（旧版本）合并后面的版本（新版本），只存在于同轴开发路线的合并。

结合我们学习的同轴开发与分叉开发来分析，在同轴开发时，后面的版本必定包含了前面版本的内容。如果前面版本需要后面版本的内容，只需要使用快进式合并即可。而在分叉开发时，后面的版本未必包含了前面版本的内容。因此，在分叉开发时，有时会出现后面的版本合并前面版本的情况，这种合并方式被称为典型式合并（7.2.2 节将会进行详细介绍）。

> **Tips：** 同轴开发时只存在快进式合并，因为多个分支处于同一根开发轴上，后面的版本必定包含前面版本的内容。因此，后面的版本无须合并前面版本的内容。

分支合并语法如表 7-1 所示。

表 7-1

语法	说明
git merge {branchName}	将指定分支的内容合并到当前分支

我们观察图 7-4 来体会快进式合并的工作流程。

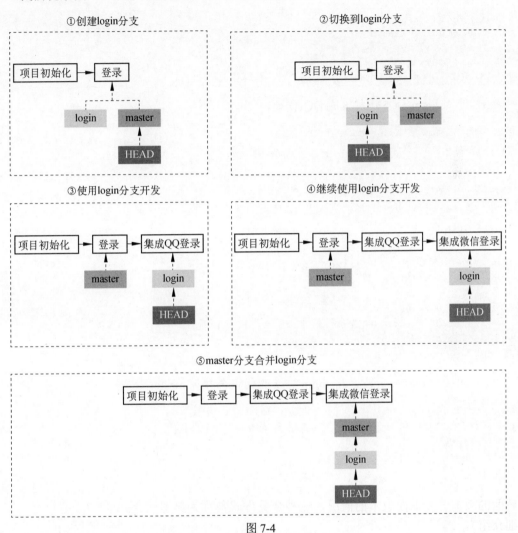

图 7-4

下面通过代码来体会快进式合并。

（1）初始化项目。

```
rm -rf .git ./*
git init
echo '用户名+密码登录' >> project.txt
git add ./
git commit -m '用户名+密码登录功能完成' ./
```

（2）创建 login 分支，并切换到 login 分支。

```
# 创建并切换到 login 分支
git checkout -b login

git log --oneline --all
2f5d87a(HEAD -> login,master) 用户名+密码登录功能完成
```

（3）使用 login 分支开发集成 QQ 登录。

```
echo "集成 QQ 登录" >> project.txt
git commit -m "集成 QQ 登录" ./

git log --oneline --all
a879a6c(HEAD -> login) 集成 QQ 登录
2f5d87a(master) 用户名+密码登录功能完成
```

（4）使用 login 分支开发集成微信登录。

```
echo "集成微信登录" >> project.txt
git commit -m "集成微信登录" ./

git log --oneline --all
c5a2584(HEAD -> login) 集成微信登录
a879a6c 集成 QQ 登录
2f5d87a(master) 用户名+密码登录功能完成
```

（5）切换到 master 分支，将 login 分支的代码合并到 master 分支。

```
git checkout master                # 切换到 master 分支
cat project.txt                    # 查看 master 分支的代码
用户名+密码登录

git merge login                    # 合并 login 分支的代码

cat project.txt                    # 查看合并之后的代码
用户名+密码登录
集成 QQ 登录
集成微信登录
```

　　将 login 分支的代码合并到 master 分支，其实本质上是让 master 也指向与 login 一样的 Commit 对象。我们可以查看分支文件，并观察该文件所保存的提交哈希值。

```
cat .git/refs/heads/login     # master 与 login 分支指向的是同一个 Commit 对象
c5a258428f0bec398017159126f0b87b0d05a1e4

cat .git/refs/heads/master
c5a258428f0bec398017159126f0b87b0d05a1e4
```

7.2.2 典型式合并分支

典型式合并分支是后面的版本要合并前面的版本的情况。需要注意的是，典型式合并分支只存在于分叉开发路线中，因为，在同轴开发路线时，后面的版本必定包含前面版本的内容。所以，同轴开发是不需要后面的版本来合并前面的版本的，即同轴开发只存在快进式合并。

在分叉开发路线中，后面的版本（新版本）不一定包含前面的版本（旧版本）的内容，前面的版本（旧版本）也不一定包含后面的版本（新版本）的内容。因此，在分叉开发路线中，既存在快进式合并，也存在典型式合并。

我们观察图 7-5 来体会典型式合并的工作流程。

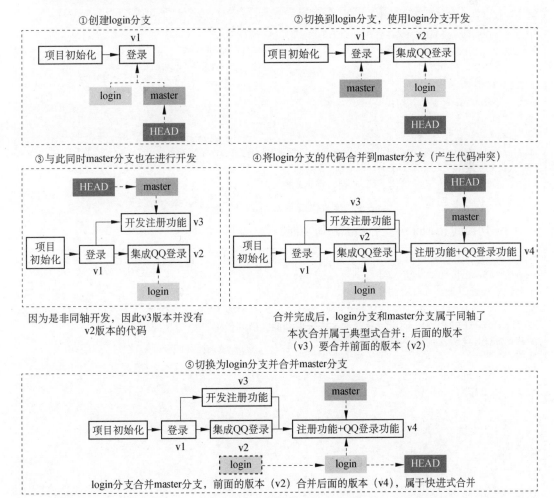

图 7-5

下面通过代码来体会典型式合并。

（1）初始化项目。

```
rm -rf .git ./*
git init
echo '项目初始化' >> project.txt
git add ./
git commit -m '项目初始化' ./
echo '开发了一个基础的登录功能' >> project.txt
git commit -m '开发了一个基础的登录功能' ./
```

（2）创建并切换到 login 分支，使用 login 分支开发。

```
git checkout -b login                    # 创建并切换到 login 分支
git log --oneline --all --graph          # 查看日志
* 29a3e82(HEAD -> login,master)开发了一个基础的登录功能
* 1e42fd8 项目初始化

echo "集成 QQ 登录" >> project.txt
git commit -m "集成 QQ 登录" ./

git log --oneline --all --graph          # 当前 login 分支与 master 分支属于同轴状态
* 1afbbef(HEAD -> login)集成 QQ 登录
* 29a3e82(master)开发了一个基础的登录功能
* 1e42fd8 项目初始化
```

（3）切换到 master 分支并添加注册功能。

```
git checkout master                              # 切换到 master 分支开发
echo "添加上传头像功能" >> project.txt
git commit -m "添加上传头像功能" ./
git log --oneline --all --graph                  # 查看日志，发现处于分叉开发路线
* 7552bf3(HEAD -> master)添加上传头像功能
| * 1afbbef(login)集成 QQ 登录
|/
* 29a3e82 开发了一个基础的登录功能
* 1e42fd8 项目初始化

# 查看 master 分支的 project.txt 文件，发现并没有包含 login 分支的代码
cat project.txt
项目初始化
开发了一个基础的登录功能
添加上传头像功能
```

（4）将 login 分支的代码合并到 master 分支。

```
git merge login                    # 合并 login 分支（出现代码冲突）
Auto-merging project.txt
CONFLICT(content):Merge conflict in project.txt
Automatic merge failed; fix conflicts and then commit the result.

cat project.txt                    # 查看 project 文件，包含了代码冲突的文本
项目初始化
开发了一个基础的登录功能
<<<<<<< HEAD
添加上传头像功能
=======
集成 QQ 登录
>>>>>>> login

vi project.txt                     # 编辑文件（手动解决冲突）
cat project.txt                    # 查看文件（手动解决了冲突）
项目初始化
开发了一个基础的登录功能
添加上传头像功能
集成 QQ 登录

# 提交解决冲突的操作（注意加上-a 参数，并且不用加. /）
git commit -a -m "合并 login 分支，并解决代码冲突"
git log --oneline --all --graph
*   f32f81c(HEAD -> master)合并 login 分支，并解决代码冲突        # 合并成
功后，产生一个新的版本
|\
| * 1afbbef(login)集成 QQ 登录
* | 7552bf3 添加上传头像功能
|/
* 29a3e82 开发了一个基础的登录功能
* 1e42fd8 项目初始化
```

（5）master 合并了 login 分支的代码，此时 master 和 login 处于同轴，login 分支可以直接合并 master 分支的代码（快进式合并）。

```
# 切换到 login 分支
git checkout login
git log --oneline --all --graph
*   f32f81c(master)合并 login 分支，并解决代码冲突
|\
| * 1afbbef(HEAD -> login)集成 QQ 登录
```

```
*  |  7552bf3 添加上传头像功能
| /
*  29a3e82 开发了一个基础的登录功能
*  1e42fd8 项目初始化

# 合并 master 分支
git merge master

git log --oneline --all --graph
*    f32f81c(HEAD -> login,master) 合并 login 分支，并解决代码冲突
| \
|  *  1afbbef 集成 QQ 登录
*  |  7552bf3 添加上传头像功能
| /
*  29a3e82 开发了一个基础的登录功能
*  1e42fd8 项目初始化
```

7.3　Git 的代码冲突

　　项目进度的推进是团队配合的结果，这意味着团队中的每一位开发者都可以随时随地对文件进行任何的修改，这时候代码冲突难以避免。代码冲突是每一个版本控制工具都要解决的核心问题。接下来将探究 Git 的代码冲突是如何产生的、有何特点，以及 Git 提供了哪些方法来帮助我们解决冲突。

7.3.1　代码冲突的分类与特点

　　Git 存在代码冲突的情况分为协同开发代码冲突与分支合并代码冲突。其中，分支合并代码冲突又分为快进式合并代码冲突与典型式合并代码冲突。本章我们主要讨论的是分支合并代码冲突的情况。

> **Tips:** 协同开发内容请参考本书第 9 章，这一章讲述了如何进行协同开发，以及协同开发代码冲突的体现和解决方式。

　　分支合并代码冲突指的是多个分支编辑的同一文件的同一内容不一致。此时如果合并，就会出现代码冲突。这一机制的背后，是基于 Git 的三路合并算法。
　　Git 代码冲突的分类如图 7-6 所示。
　　在 Git 中，分支合并产生的代码冲突主要存在于分叉开发路线中。分叉开发路线指的是多个分支在同时进行修改，此时，若各个分支修改同一文件的同一内容不同，则合并时会产生冲突。但在同轴开发路线时，分支的合并并不会产生代码冲突，因为同轴开发不存

在多个分支同时修改同一文件而内容不同的情况。

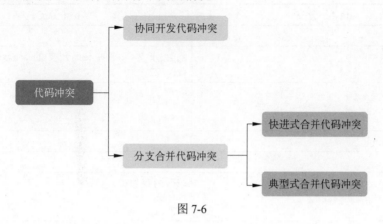

图 7-6

总结如下：

（1）只要是分叉开发路线对同一文件的同一行进行修改且内容不一致，不管是快进式还是典型式合并，必定会产生冲突。

（2）同轴开发路线只存在快进式合并，且合并时不会产生代码冲突。同轴开发意味着其他分支在开发时，当前分支并没有进行开发。

> **Tips:** 分支合并代码冲突只存在于分叉开发路线中，同轴开发路线则不会产生代码合并冲突。

7.3.2　快进式合并代码冲突

快进式合并是指前面的版本（旧版本）合并后面的版本（新版本）。需要注意的是，后面的版本并非一定包含前面版本的内容，这主要取决于分支开发的路线。对于同轴开发路线而言，其后面的版本肯定包含前面版本的内容。但对于分叉开发路线而言，后面的版本是不包含前面版本的内容的。

在同轴开发情况下，快进式合并不会产生代码冲突，如果在非同轴开发情况下，快进式合并则可能会产生代码冲突。

表 7-2 描述了一个快进式合并代码冲突示例。

表 7-2

master 分支	test 分支
创建 aaa.txt，内容为： 111 222	
执行 add	

续表

master 分支	test 分支
执行 commit	
	创建分支，此时 test 分支的 aaa.txt 的内容也是 111、222
修改内容为： 111aaa 222	
执行 add、commit	
	切换到 test 分支
	修改内容为： 111bbb 222
	执行 commit，此时 test 分支和 master 分支已经不同轴了
切换到 master 分支，合并 test 分支，属于快进式合并，但会出现冲突	

冲突内容如下。

```
<<<<<<< HEAD
111aaa
=======
111bbb
>>>>>>> test
222
```

快进式合并的分析图如图 7-7 所示。

下面使用 Git 来演示快进式合并代码冲突。

（1）初始化项目。

```
rm -rf .git ./*
git init
echo "111" >> aaa.txt
echo "222" >> aaa.txt
git add ./
git commit -m "111 222" ./
```

（2）创建 test 分支。

```
git branch test
git log --oneline --all --graph
* d40d605(HEAD -> master,test)111 222
```

分叉开发路线的快进式合并

①初始化项目　　　　　　　　　　　　　②创建test分支

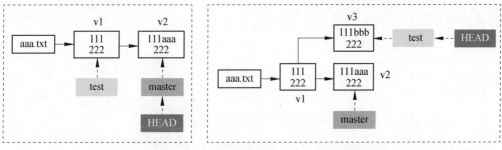

③继续使用master分支开发　　　　　　　④切换到test分支开发

⑤切换到master分支，然后合并test分支（快进式合并）

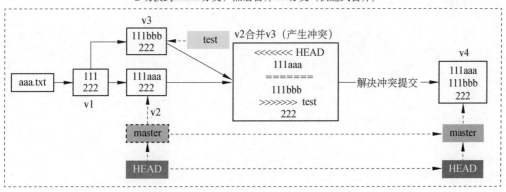

虽然是快进式合并，但是会出现代码冲突

图 7-7

（3）使用 master 分支开发。

```
vi aaa.txt                    # 编辑文件
cat aaa.txt                   # 查看文件内容
111aaa
222
```

```
git commit -m "aaa" ./
git log --oneline --all --graph
* 09fe9cb(HEAD -> master)aaa
* d40d605(test)111 222
```

（4）切换到 test 分支开发。

```
git checkout test                       # 切换到 test 分支
vi aaa.txt                              # 编辑文件
cat aaa.txt
111bbb
222

git commit -m "bbb" ./
git log --oneline --all --graph         # 查看日志
* dfe1b42(HEAD -> test)bbb              # 产生分叉开发路线
| * 09fe9cb(master)aaa
|/
* d40d605 111 222
```

（5）切换到 master 分支并合并 test 分支，发现出现冲突。

```
git checkout master                     # 切换到 master 分支
git merge test                          # 合并 test 分支属于快进式合并，但是会产生冲突
Auto-merging aaa.txt
CONFLICT(content):Merge conflict in aaa.txt
Automatic merge failed; fix conflicts and then commit the result.

cat aaa.txt                             # 查看冲突文件
<<<<<<< HEAD
111aaa
=======
111bbb
>>>>>>> test
222

vi aaa.txt                              # 编辑文件（解决冲突）
cat aaa.txt                             # 查看编辑后的文件内容
111aaa
111bbb
222

git commit -a -m "master 合并 test 分支"           # 提交
git log --oneline --all --graph                   # 查看日志
*   adaec78(HEAD -> master)master 合并 test 分支
```

```
|\
| *  7b14536（test）bbb              # test 分支和 master 分支属于同轴了
* |  eeca4c9 aaa
|/
*  5f41035 111 222
```

　　master 合并 test 分支后，两个分支属于同轴开发路线。若此时切换到 test 分支，合并
master 分支内容时不会出现冲突，示意图如图 7-8 所示。

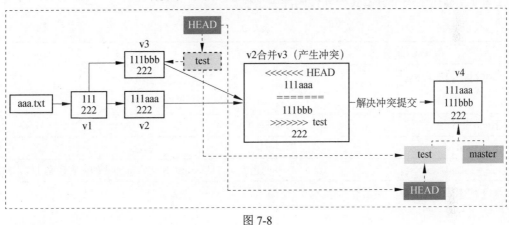

⑤切换到test分支，然后合并master分支（快进式合并）

图 7-8

　　代码演示如下。

```
# 切换到 test 分支
git checkout test
cat aaa.txt
111bbb
222

# 合并 master 分支（不会出现冲突）
git merge master
cat aaa.txt
111aaa
111bbb
222

git log --oneline --all --graph
*   adaec78(HEAD -> test,master)master 合并 test 分支
|\
| * 7b14536()bbb
* | eeca4c9 aaa
```

```
|/
* 5f41035 111 222
```

7.3.3　典型式合并代码冲突

典型式合并是指后面的版本（新版本）合并前面的版本（旧版本），只存在于分叉开发路线。在同轴开发路线中，后面的版本必定包含前面版本的内容，因此同轴开发路线不存在典型式合并，只存在快进式合并。

表 7-3 描述了一个典型式合并代码冲突示例。

表 7-3

master 分支	test 分支
创建 abc.txt，内容为： 111 222	
执行 add	
执行 commit	
	创建分支，此时 test 分支的 abc.txt 的内容也是 111、222
修改内容为： 111aaa 222	
执行 add、commit	
	切换到 test 分支
	修改内容为： 111bbb 222
	执行 commit，此时 test 分支和 master 分支已经不同轴了
	合并 master 分支的代码，属于典型式合并，出现代码冲突

冲突内容如下。

```
<<<<<<< HEAD
111bbb
=======
111aaa
>>>>>>> master
222
```

典型式合并的分析图如图 7-9 所示。

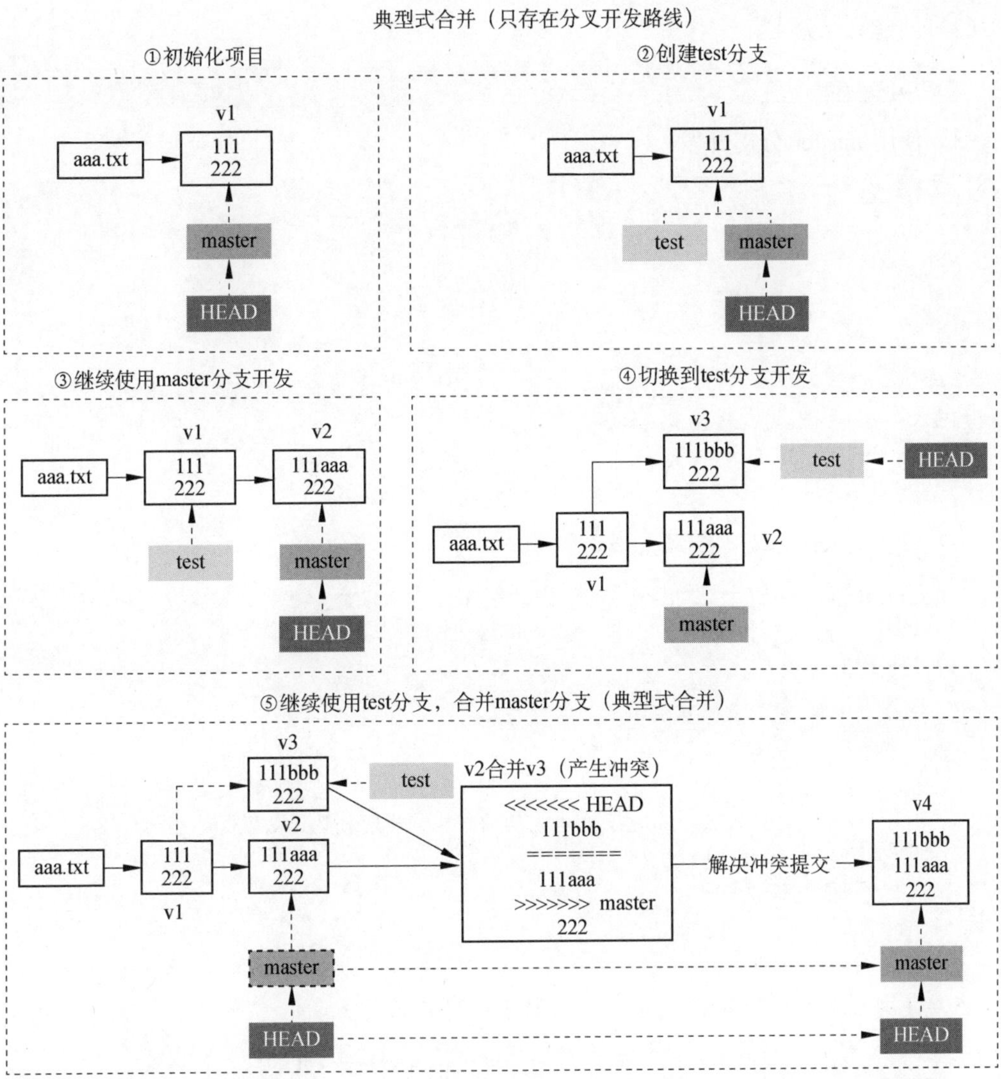

典型式合并（只存在分叉开发路线）

图 7-9

下面使用 Git 来演示典型式合并代码冲突。

（1）初始化项目。

```
rm -rf .git ./*
git init
echo "111" >> aaa.txt
echo "222" >> aaa.txt
git add ./
git commit -m "111 222" ./
```

（2）创建 test 分支。

```
git branch test
```

（3）使用 master 分支开发。

```
git checkout master                    # 切换到 master 分支
vi aaa.txt                             # 编辑文件
cat aaa.txt
111aaa
222

git commit -m "aaa" ./
git log --oneline --all --graph
* c86283b(HEAD -> master)aaa
* 45fa06b(test)111 222
```

（4）切换到 test 分支，继续开发。

```
git checkout test                      # 切换到 test 分支
vi aaa.txt                             # 编辑文件
cat aaa.txt
111
222bbb

git commit -m "bbb" ./
git log --oneline --all --graph    # 查看日志（出现分叉开发路线）
* e61df5a(HEAD -> test)bbb
| * c86283b(master)aaa
|/
* 45fa06b 111 222
```

（5）使用 test 分支合并 master 分支（属于典型式合并）。

```
git merge master                       # 合并 master 分支（出现冲突）
Auto-merging aaa.txt
CONFLICT(content):Merge conflict in aaa.txt
Automatic merge failed; fix conflicts and then commit the result.

cat aaa.txt                            # 查看冲突文件
<<<<<<< HEAD
111bbb
=======
111aaa
>>>>>>> master
```

```
222

vi aaa.txt                                    # 解决冲突
cat aaa.txt
111bbb
111aaa
222

git commit -a -m "合并 master 分支，并解决冲突"
git log --oneline --all --graph
*   448d619(HEAD -> test)合并 master 分支，并解决冲突
|\
| * c86283b(master)aaa
* | e61df5a bbb
|/
* 45fa06b 111 222
```

test 合并了 master 分支的代码，此时 test 分支和 master 分支处于同轴了。如果此时切换到 master 分支，合并 test 分支时并不会出现冲突，属于快进式合并，如图 7-10 所示。

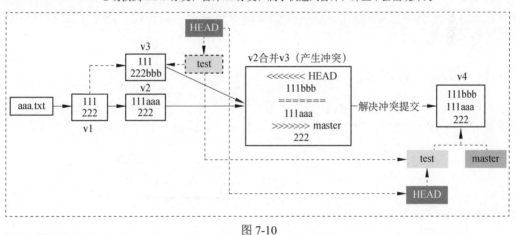

⑥切换到master分支，合并test分支，属于快进式合并，并且不会出现冲突

图 7-10

代码演示如下。

```
git checkout master                    # 切换到 master 分支
cat aaa.txt                            # 查看 master 分支的文件内容
111aaa
222

git merge test                         # 合并 test 分支（合并成功，不会产生冲突）
```

```
cat aaa.txt
111bbb
111aaa
222

git log --oneline --all --graph
*   448d619(HEAD -> master,test)合并master 分支，并解决冲突
|\
| * c86283b aaa
* | e61df5a bbb
|/
* 45fa06b 111 222
```

7.4 Git 的代码冲突原理

Git 合并文件时，是以行为单位逐行进行的。然而，并非只要两行内容不同，Git 就会报告冲突。这是因为 Git 会帮助我们进行分析，试图推断出我们期望的最终结果。这个分析的核心就是三路合并算法。当然，三路合并算法并不能完全避免冲突的发生。当三路合并算法无法确定合并结果时，Git 会将冲突暴露给开发者，由开发者进行人工干预并得出最终的合并结果。

7.4.1 两路合并算法

在学习三路合并前，我们有必要先了解一下"两路合并"。两路合并算法是指将两个文件进行逐行对比，如果行的内容不同，就报告冲突。两路合并示意图如图 7-11 所示。

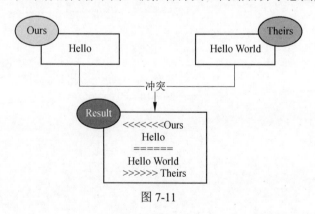

图 7-11

两路合并的局限性非常显著，其效用几乎微乎其微。因为在两路合并中缺少了一个比

较基准，在两个分支进行合并时，只要两个文件有某一行不一样，那么合并时必定出现冲突，这显然是不友好的。

假设对于同一文件，其中有一个人在分支上修改了内容，但是我们并没有修改文件内容。此时，我们想要合并其他人刚刚修改的内容，我们当前版本的内容（Ours）和其他人当前版本的（Theirs）Git 都认为正确的，最终 Git 只能让我们自己来处理这种冲突了。这种情况非常多且没有必要出现冲突。这种情况产生的原因是缺少比较基准，即不知道 Ours 和 Theirs 上一个版本是什么，无法得出 Ours 和 Theirs 有没有对上一个版本进行改动。

很显然，我们在表述的其实是一个快进式合并，这样的合并并不会导致代码冲突，这也可以得出 Git 底层并不是采用两路合并算法的结论。

7.4.2　三路合并算法

三路合并是 Git 中用于解决分支间差异和冲突的核心算法。在 Git 进行分支合并时，它会寻找 3 个提交点：两个分支的 HEAD（当前提交）以及它们共同的最近祖先提交，这被称为"三路"。

（1）共同祖先（Common Ancestor）：这是两个分支合并前的最近共享提交。

（2）当前分支（Ours）：即将合并到的分支，通常是我们正在操作并想要合并其他分支到的分支。

（3）待合并分支（Theirs）：我们想要合并到当前分支的那个分支。

三路合并算法的工作原理如下。

（1）对于每个文件，Git 会对比这 3 个提交点（三路）中的内容。

（2）如果在共同祖先之后，两个分支对同一文件做出了不同的修改。那么，就会出现冲突。Git 会在合并过程中标记出这些冲突，并暂停合并，等待用户手动解决。

（3）如果双方对某个文件的修改不冲突（修改的内容是一致的），Git 则自动将这些更改合并在一起。

如图 7-12 所示，当我们的代码（Ours）需要合并其他人的代码（Theirs）时，Git 会尝试找到这两次提交的共同祖先（Base），以共同祖先作为比较基准。如果一方相对于 Base 进行了修改，另一方相对于 Base 没有修改。那么，此时合并将会成功；如果双方都相对于 Base 进行了修改。那么，此时合并就会出现冲突。三路合并算法就是典型式合并与快进式合并的底层依据。

图 7-12 演示的是一个快进式合并。

代码演示如下。

```
rm -rf ./* .git              # 重新初始化仓库
git init
echo "Hello" >> aaa.txt
git add ./
```

```
git commit -m 'Hello' ./

git checkout -b test                  # 创建并切换到一个新分支
vi aaa.txt                            # 编辑为 Hello World
cat aaa.txt
Hello World

git commit -m 'Hello World' ./        # 提交
git log --oneline                     # 此时还是同轴开发路线
* 594456e(HEAD -> test)Hello World
* 2bd777a(master)Hello

git checkout master
git merge test                        # 属于快进式合并（不会出现代码冲突）
cat aaa.txt
Hello World
```

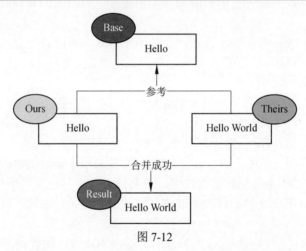

图 7-12

如图 7-13 所示，在 Ours 合并 Theirs 时，双方都相对于比较基准 Base 进行了修改。那么，此时合并就会出现冲突。我们不难发现，图 7-13 描述的其实是一个典型式合并的场景。

代码演示如下。

```
rm -rf ./* .git                       # 重新初始化仓库
git init
echo "Hello" >> aaa.txt
git add ./
git commit -m 'Hello' ./
git branch test
```

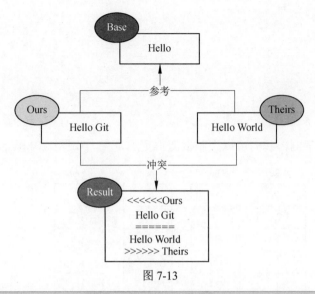

图 7-13

```
vi aaa.txt
cat aaa.txt
Hello Git

git commit -m 'Hello Git' ./
git log --oneline --all --graph
* 1317c49(HEAD -> master)Hello Git
* 75b8528(test)Hello

git checkout test                       # 切换到 test 分支开发
vi aaa.txt
cat aaa.txt
Hello World

git commit -m 'Hello World' ./
git log --oneline --all --graph
* c7aefff(HEAD -> test)Hello World      # 产生分叉开发路线
| * 1317c49(master)Hello Git
|/
* 75b8528 Hello

git checkout master                     # 切换到 master 分支
git merge test                          # 合并 test 分支（出现代码冲突）
Auto-merging aaa.txt
CONFLICT(content):Merge conflict in aaa.txt
Automatic merge failed;fix conflicts and then commit the result.
```

```
cat aaa.txt                                    # 查看冲突内容
<<<<<<< HEAD
Hello Git
=======
Hello World
>>>>>>> test
```

了解完上面的案例，我们可以把测试变得更加复杂，如图 7-14 所示。

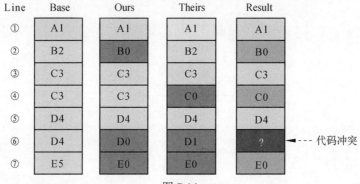

图 7-14

通过图 7-14 可以得出如下规则。

（1）只有一方修改了同一文件的同一行内容，最终合并结果为修改过的内容。

（2）双方都修改了同一文件的同一行内容。

☑　如果双方修改的内容一致，则最终合并结果为修改过的内容。

☑　如果双方修改的内容不一致，则出现冲突。

代码演示如下。

```
rm -rf ./* .git
git init
echo "A1" >> aaa.txt
echo "B2" >> aaa.txt
echo "C3" >> aaa.txt
echo "C3" >> aaa.txt
echo "D4" >> aaa.txt
echo "D4" >> aaa.txt
echo "E5" >> aaa.txt
git add ./
git commit -m 'a' ./

git checkout -b test
```

```
echo "A1" > aaa.txt                      # 注意，">" 会清空文件
echo "B2" >> aaa.txt
echo "C3" >> aaa.txt
echo "C0" >> aaa.txt
echo "D4" >> aaa.txt
echo "D1" >> aaa.txt
echo "E0" >> aaa.txt
git commit -m 'b' ./

git checkout master
echo "A1" > aaa.txt                      # 注意，">" 会清空文件
echo "B0" >> aaa.txt
echo "C3" >> aaa.txt
echo "C0" >> aaa.txt
echo "D4" >> aaa.txt
echo "D0" >> aaa.txt
echo "E0" >> aaa.txt
git commit -m 'c' ./

# 合并 test 分支（产生冲突）
git merge test
Auto-merging aaa.txt
CONFLICT(content):Merge conflict in aaa.txt
Automatic merge failed;fix conflicts and then commit the result.

# 查看冲突文件
cat aaa.txt
A1
B0
C3
C0
D4
<<<<<<< HEAD                             # 只有这一行出现了冲突
D0
=======
D1
>>>>>>> test
E0
```

通过这种三路合并策略，Git 能够高效地处理大部分情况下的代码合并，同时确保开发者可以准确无误地解决出现的合并冲突，以维护项目历史的一致性和可追溯性。

通过三路合并算法，Git 能够灵活地帮助我们在一些情况下进行自动的代码合并，以及识别出代码是否冲突、冲突的部分在哪里等。但是 Git 底层判断文件差异的变更却依赖

于 diff 文件差异算法。即只有通过 diff 算法得出文件差异之后，才能够根据三路合并来进行下一步操作，例如是应该进行代码合并，还是提示代码冲突。这在某些情况下可能会出现一些细小的问题。接下来我们分析图 7-15 所示的案例。

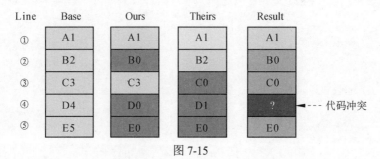

图 7-15

通过分析可以得出，冲突的只有第四行。

代码演示如下。

```
rm -rf ./* .git
git init
echo "A1" >> aaa.txt
echo "B2" >> aaa.txt
echo "C3" >> aaa.txt
echo "D4" >> aaa.txt
echo "E5" >> aaa.txt
git add ./
git commit -m 'a' ./

git checkout -b test
echo "A1" > aaa.txt              # 注意，">" 会清空文件
echo "B2" >> aaa.txt
echo "C0" >> aaa.txt
echo "D1" >> aaa.txt
echo "E0" >> aaa.txt
git commit -m 'b' ./

git checkout master
echo "A1" > aaa.txt              # 注意，">" 会清空文件
echo "B0" >> aaa.txt
echo "C3" >> aaa.txt
echo "D0" >> aaa.txt
echo "E0" >> aaa.txt
git commit -m 'c' ./
```

```
# 合并 test 分支（产生冲突）
git merge test
Auto-merging aaa.txt
CONFLICT(content):Merge conflict in aaa.txt
Automatic merge failed;fix conflicts and then commit the result.

cat aaa.txt
A1
<<<<<<< HEAD
B0
C3
D0
=======
B2
C0
D1
>>>>>>> test
E0
```

但是实际测试得出，出现冲突的不仅仅是第四行，而是如图 7-16 所示。

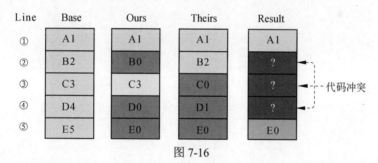

图 7-16

为什么②和③也会出现冲突呢？这中间就存在了 diff 算法的影响，diff 算法计算从①之后的代码大部分都发生了变更，并没有逐行去对比内容，而是抛出了一整块的代码冲突。这可能是 Git 出于性能的考虑。虽然这样的做法在某些情况下并不明智，但这并不会对我们的开发造成很大的影响。在绝大多数情况下，我们对代码中哪几行出现冲突并不那么敏感。只要灵活地掌握处理代码冲突的方法，我们就能应对实际开发过程中遇到的各类问题。

7.4.3　递归三路合并

三路合并为我们在合并分支时提供了基准（Base），这个基准就是要合并分支的共同祖先。但有时候两个分支之间存在多个共同祖先时，Git 就会将这两个分支的共同祖先做一次虚拟合并，当成这两个分支的共同祖先。这种情况常见于交叉合并，如图 7-17 所示。

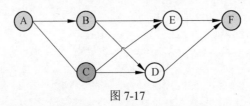

图 7-17

B、C 先合并一次成为 D，然后 B、C 再合并一次成为 E。此时 E、D 存在多个共同祖先，即 B 和 C。此时，如果 E 和 D 要进行合并，需要找到一个唯一的共同祖先。Git 的做法是，先将 B 和 C 这两个共同祖先做一次虚拟合并为 X，以 X 节点作为 E 和 D 合并时的唯一共同祖先。然而，在合并 B 和 C 时又需要找到 B 和 C 的共同祖先（A），如果此时 B 和 C 也存在多个共同祖先，那么，同样先把 B 和 C 的共同祖先做一次虚拟合并成为一个唯一的共同祖先。这个过程就是递归三路合并。

下面我们通过代码来实现图 7-17 所展示的内容。

（1）初始化仓库。

```
rm -rf .git ./*
git init
echo 'A' >> aaa.txt
git add ./
git commit -m 'A' ./
```

（2）开发 B 版本。

```
echo 'B' >> aaa.txt
git commit -m 'B' ./

git log --oneline --all --graph
* 4bdf139(HEAD -> master)B
* 18e222f A
```

（3）在 A 版本处建立分支，开发 C 版本。

```
git checkout -b test 18e222f          # 在 A 版本处建立分支
echo "C" >> aaa.txt
git commit -m 'C' ./
git log --oneline --all --graph
* 940e119(HEAD -> test)C
| * 4bdf139(master)B
|/
* 18e222f A
```

（4）切换到 master 分支，合并 test 分支。相当于 B 合并 C。

```
git checkout master              # 切换到 master 分支
git merge test                   # 合并 test 分支，相当于 B 合并 C，此时会出现冲突
cat aaa.txt                      # 查看冲突内容
A
<<<<<<< HEAD
B
=======
C
>>>>>>> test

vi aaa.txt                       # 编辑文件（解决冲突）
cat aaa.txt
A
B
C

git add ./
git commit -m 'D'
git log --oneline --all --graph
*   1262b32(HEAD -> master)D
|\
| * 940e119(test)C
* | 4bdf139 B
|/
* 18e222f A
```

（5）在 B 版本处建立一个新的分支，然后切换到该分支合并 test 分支。相当于 B 再次合并 C。

```
git checkout -b test-B 4bdf139        # 在 B 版本处建立一个新的分支
git log --oneline --all --graph
*   1262b32(master)D
|\
| * 940e119(test)C                    # test 分支的位置
* | 4bdf139(HEAD -> test-B)B          # 新分支的位置
|/
* 18e222f A

git merge test                        # 合并 test 分支，相当于 B 合并 C，出现冲突
cat aaa.txt                           # 查看冲突内容
A
<<<<<<< HEAD
```

```
B
=======
C
>>>>>>> test

vi aaa.txt                              # 编辑文件（解决冲突）
cat aaa.txt                             # 查看内容
A
C
B

git add./
git commit -m 'E'
git log --oneline --all --graph
*   9e610d9(HEAD -> test-B)E            # E 的祖先有 B 和 C
|\
| | * 1262b32(master)D                  # D 的祖先有 B 和 C
| |/|
|/|/
| * 940e119(test)C
* | 4bdf139 B
|/
* 18e222f A
```

（6）切换到 master 分支，合并 test-B 分支。相当于 D 合并 E。

```
git checkout master            # 切换到 master 分支
git merge test-B               # 合并 test-B 分支，相当于 D 合并 E，出现冲突
cat aaa.txt                    # 查看冲突内容
A
<<<<<<< HEAD
B
C
=======
C
B
>>>>>>> test-B
```

我们结合代码和文件内容等一起来分析 Git 递归三路合并算法，如图 7-18 所示。

可以发现，E 和 D 合并时寻找共同祖先，找到了 B 和 C，接着 B 和 C 做一次虚拟合并为 X，其结果如下：

```
A
<<<<< B
```

```
B
=====
C
>>>>> C
```

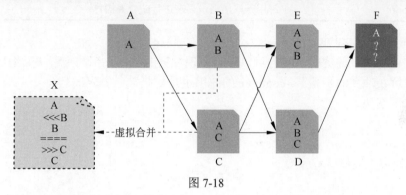

图 7-18

　　X 节点就是 E 和 D 合并时的共同祖先；Git 将 X 节点冲突部分忽略，将剩余部分作为共同祖先的基准内容。因此，在 D 合并 E 时，会出现如下内容：

```
A
<<<<<<< D
B
C
=======
C
B
>>>>>>> E
```

7.5　git merge 命令详解

　　在使用 git merge 命令时，可以携带一些参数来添加一些额外的功能。我们可以通过以下命令查看 Git 的帮助手册。

```
$ git merge -h
usage: git merge [<options>] [<commit>...]
   or: git merge --abort
   or: git merge --continue
```

7.5.1　git merge 其他用法

　　git merge 的其他用法如表 7-4 所示。

表 7-4

语法	说明
git merge --continue	用于解决冲突后继续合并操作，生成一个提交节点
git merge --abort	用于取消当前正在进行的合并操作

1. git merge --continue

当分支合并产生冲突时，我们可以编辑出现冲突的文件，待冲突解决后继续提交。这是我们之前解决冲突的步骤。--continue 的作用也是如此。

观察以下案例。

```
rm -rf ./* .git
git init
echo "111" >> aaa.txt
git add ./
git commit -m 'a' ./

git checkout -b test
echo "222" >> aaa.txt
git commit -m 'b' ./

git checkout master
echo "333" >> aaa.txt
git commit -m 'c' ./                    # 产生分叉开发路线

git merge test                          # 合并 test 分支产生冲突

cat aaa.txt                             # 查看冲突内容
111
<<<<<<< HEAD
333
=======
222
>>>>>>> test

vi aaa.txt                              # 编辑文件(解决冲突)
git add ./                              # 添加到暂存区

git log --oneline --all --graph
* 57ec2f7(HEAD -> master)c
| * bfae413(test)b
|/
* 2c6c8a8 a
```

```
git merge --continue # 继续操作，弹出日志输入窗口，输入合并日志（产生一次新的 Commit
对象）

git log --oneline --all --graph
*   21beb86(HEAD -> master)merge test
|\
| * bfae413(test)b
* | 57ec2f7 c
|/
* 2c6c8a8 a
```

2. git merge --abort

当分支合并后出现冲突时，我们可以利用该命令让当前分支回退到没有合并之前的状态。该命令同样适用于当解决完冲突后不满意时，需要回退到没有合并之前的状态的场景。

观察以下案例。

```
# 继续使用上面的案例，让 master 合并 test 分支出现冲突
git merge test

cat aaa.txt                    # 查看冲突内容
111
<<<<<<< HEAD
333
=======
222
>>>>>>> test

git merge --abort              # 回退到没有合并之前的状态

cat aaa.txt                    # 查看文件内容
111
333
```

7.5.2　git merge 的可选参数

git merge 命令的常用其他可选参数如表 7-5 所示，其他更详细的说明可参考 git merge -h 来查询 Git 官方对 merge 命令的介绍。

表 7-5

语法	说明
git merge --ff	git merge 命令的默认值，分支合并时不会生成一个新的 Commit 对象来记录本次分支合并

续表

语法	说明
git merge --no-ff	禁用 fast-forward 模式，将合并记录保留在历史中，使得分支合并更加明确
git merge -m 或--message	合并操作生成的提交信息
git merge --squash	将多个提交合并为一个提交，适用于在合并时希望只有一个提交记录的场景
git merge -s 或--strategy	指定合并的策略，默认为 recursive 策略

1. git merge --no-ff

默认情况下，只要是在分叉开发路线的合并，最终都会产生一个提交节点来记录本次合并。如果是同轴开发路线的合并，并不会产生一个合并提交节点。这种情况也被称为快速合并（fast-forward）。--no-ff 参数将禁用快速合并，只要进行了分支合并操作，必定会产生一个新的 Commit 对象来记录本次合并。

观察下面案例。

```
rm -rf ./* .git
git init
echo "111" >> aaa.txt
git add ./
git commit -m 'a' ./

git checkout -b test
echo "222" >> aaa.txt
git commit -m 'b' ./

git log --oneline --all --graph
* 499ed9f(HEAD -> test)b
* 5c31f2a(master)a

git checkout master
git merge test                    # 默认使用 fast-forward（不会产生一个新的提交节点）

git log --oneline --all --graph
* 499ed9f(HEAD -> master,test)b                    # 只是将 test 分支的代码合并到 master
分支中，并不会有新的 Commit 对象产生
* 5c31f2a a
```

重新执行上述案例，并使用 git merge --no-ff 改造案例。

```
# 禁用 fast-forward 模式，master 合并 test 分支时将会产生一个新的 Commit 对象来记录本
```

```
次合并
git merge --no-ff -m 'merge test' test

git log --oneline --all --graph
*   3428bea(HEAD -> master)merge test        # 产生了一个新的 Commit 对象来记录
本次合并操作
|\
| * fbf9c80(test)b
|/
* 416a3de a
```

2. git merge --squash

使用--squash 参数可以将某个提交对象的内容合并到当前分支。使用当前分支提交一次时，只会产生一个 Commit 对象，该提交含有之前多次的提交内容。

观察以下案例。

```
rm -rf ./* .git
git init
echo "init" >> aaa.txt
git add ./
git commit -m 'init' ./

git checkout -b test
echo "One" >> aaa.txt
git commit -m 'a' ./
echo "Two" >> aaa.txt
git commit -m 'b' ./
echo "Three" >> aaa.txt
git commit -m 'c' ./

git checkout master
git merge --squash test                     # 将 test 分支当前的内容合并到 master 分支

git log --oneline --all --graph
* 9356a50(test)c
* 301644c b
* 82c8cff a
* 4be2b0f(HEAD -> master)init                # HEAD 指针依旧在这个位置

# 查看文件内容
cat aaa.txt
init
One
```

```
Two
Three
```

7.5.3　分支合并的策略

　　Git 提供了多种合并策略，允许用户根据实际情况选择最合适的合并方法。git merge 命令通过-s 或--strategy 可以指定分支的合并策略。以下是 Git 中一些主要的合并策略。

1. recursive

　　这是最常用的合并策略，也是 Git 在合并单个分支时默认使用的合并策略，底层采用递归三路合并算法。当两个分支有共同的祖先时，它会先尝试找出最近的共同祖先，然后分别应用每个分支上的变更。如果在合并过程中出现冲突，它会尝试自动解决一些简单的冲突。对于无法自动解决的冲突，会暂停合并，并要求用户介入。recursive 策略允许通过-X 参数传递额外的合并策略选项来控制在特定情况下如何处理冲突，如表 7-6 所示。

表 7-6

参数	说明
-X ours	在有冲突时，优先采用当前分支（HEAD）的版本
-X theirs	在有冲突时，优先采用合并进来的分支的版本

　　建立项目测试工程。

```
rm -rf ./* .git
git init
echo "111" >> aaa.txt
git add ./
git commit -m 'a' ./

git checkout -b test
echo "222" >> aaa.txt
git commit -m 'b' ./

git checkout master
echo "333" >> aaa.txt
git commit -m 'c' ./

git log --oneline --all --graph
* cfc6e9f(HEAD -> master)c
| * c52b99e(test)b
|/
* 2200534 a
```

默认情况下的合并。

```
git merge test
cat aaa.txt
111
<<<<<<< HEAD
333
=======
222
>>>>>>> test
```

使用-X ours 参数的合并。

```
# 合并 test 分支，如果遇到冲突，则优先使用 HEAD 版本（master）
git merge -s recursive -X ours test
cat aaa.txt
111
333
```

使用-X theirs 参数的合并。

```
# 合并 test 分支，如果遇到了冲突优先使用合并进来的分支版本（test）
git merge -s recursive -X theirs test
cat aaa.txt
111
222
```

2. ours

这是一种特殊的策略，不是真正意义上的合并，而是简单地将当前分支的版本作为最终结果，完全忽略合并进来的分支的所有更改。

观察以下案例。

```
# 合并 test 分支，如果遇到了冲突，优先使用 HEAD 版本（master），和-s  recursive  -X
ours test 的效果一致
git merge -s ours test

cat aaa.txt
111
333
```

3. octopus

这种策略是 Git 在合并多个分支时的默认策略，主要用途是将多个分支捆绑在一起。octopus 策略的实现方式是在内部多次调用 recursive 策略，对要合并进来的每个分支都调用一次，但只产生一个唯一的合并提交。总的来说，recursive 策略更适用于合并两个有分叉的分支，并擅长处理复杂的冲突；而 octopus 策略则更适用于将多个分支合并在一起。
虽然 octopus 策略内部也使用了 recursive 策略，但 octopus 策略更注重于一次性合并多个
分支，并产生一个唯一的合并提交。

重新初始化工程，观察以下案例。

```
rm -rf ./* .git
git init
echo "111" >> aaa.txt
git add ./
git commit -m 'a' ./

git branch test-01
git branch test-02
git checkout test-01
echo "222" >> aaa.txt
git commit -m 'b' ./

git checkout test-02
echo "333" >> aaa.txt
git commit -m 'c' ./

git checkout master

git log --oneline --all --graph
* 2c4b621(test-02)c
| * 78a2580(test-01)b
|/
* e1de9ee(HEAD -> master)a

# 合并失败，合并多个分支时不能使用 recursive 策略
git merge -s recursive test-01 test-02
error:Not handling anything other than two heads merge.
Merge with strategy recursive failed.

# 使用 octopus 策略合并
# Git 在合并多个分支时，会自动使用 octopus 策略，因此下面的代码也可以简写成 git merge
test-01 test-02
git merge -s octopus test-01 test-02
Fast-forwarding to:test-01
Trying simple merge with test-02
Simple merge did not work,trying automatic merge.
Auto-merging aaa.txt
ERROR:content conflict in aaa.txt
```

```
fatal:merge program failed
Automatic merge failed;fix conflicts and then commit the result.

# 查看文件内容，出现冲突，后续我们可以编辑文件（解决冲突），然后提交
cat aaa.txt
111
<<<<<<< .merge_file_a15660
222
=======
333
>>>>>>> .merge_file_a18444
```

4. resolve

这种策略也是基于三路合并算法，但它不采用递归的方式去处理多个共同祖先的情况，而是更倾向于一次性找到一个合适的共同祖先来进行合并。相比于 recursive 策略，resolve 策略可能不会尝试自动解决所有潜在的冲突，在某些情况下可能会更快些，因为它避免了递归查找多个祖先提交的复杂性。然而，这也可能导致在遇到复杂历史时合并冲突更多，需要更多的人工干预。虽然 recursive 和 resolve 两者采用的都是三路合并机制，但 resolve 策略更为简单直接，而 recursive 策略则提供了更多的自动化和灵活性，尤其是在处理复杂的合并场景时。实际上，resolve 策略在现代 Git 版本中已经不常用，已被 recursive 策略所替代。在最新的 Git 文档中，可能已经不再推荐或强调 resolve 策略的使用。

7.6　git rebase 命令

在实际应用中，分支合并非常常见，尤其是在分叉开发路线时的分支合并。这意味着多个分支可以同时进行项目功能的开发，完成开发后，我们可以使用 git merge 命令来合并分支。合并完成后，通过 git log 命令可以查询到历史开发记录。然而，分叉开发使用得非常频繁，如果我们不对历史记录进行整理和优化，那么，一个项目的历史记录将会变得庞杂且混乱。为此，git rebase 命令提供了有效的解决方案。

7.6.1　git rebase 命令简介

rebase 可译为"重做"，该命令用于改变某一个分支的"基底"，将分支迁移到另一个分支，这个过程也是一种代码的合并（也有可能会产生代码冲突）。其中，源分支被称为待变基分支，目标分支被称为基分支。rebase 命令的工作示意图如图 7-19 所示。

通过 rebase 命令"变基"后，原来的分叉开发路线就变成了一个线性的同轴开发路线了。这与 merge 命令不同，通过 rebase 命令"变基"之后，通过 log 命令查询提交历史会

发现，分支的历史呈线性路线，而非分叉路线，实现了代码集成和历史整理。其好处在于能够创建简洁、连续的提交记录，便于理解和追踪项目演变，同时减少合并冲突并提升团队间协作时的代码审查效率。因此，git rebase 命令主要用于对分支的历史进行整理、优化和重构。

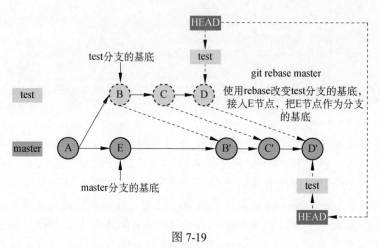

图 7-19

git rebase 命令用于重新应用一系列提交到新的基础（另一个分支的最新提交），这本质上也是一种合并。

git rebase 命令的语法如表 7-7 所示。

表 7-7

语法	说明
git rebase {branch-name}	合并指定分支
git rebase --abort	撤销合并（用法与之前的 git merge 一致）
git rebase --continue	继续合并（用法与之前的 git merge 一致）
git rebase -i {branch-name}	打开交互式 rebase

7.6.2 git rebase 与 git merge

当我们在一个分支上完成工作并希望将其合并到主分支时，如果使用 git merge 会产生一个新的合并提交，并且在提交历史记录中会存在分叉开发路线。而使用 git rebase 可以将我们的分支上的所有提交"移动"至目标分支的最新提交之后。这样，原本的分叉开发路线就变成了同轴开发路线，从而形成了一个更简洁、线性的提交历史，便于理解和审查。

我们首先观察 git merge 命令产生的提交，如图 7-20 所示。

可以发现，当使用 test 分支合并 master 分支时（D 节点与 E 节点合并）会产生 F 节点。通过 log 命令查询历史记录可以看到以往的分叉开发路线。而在实际开发中，分叉开发路线使用得非常频繁，久而久之，历史记录会变得异常复杂。

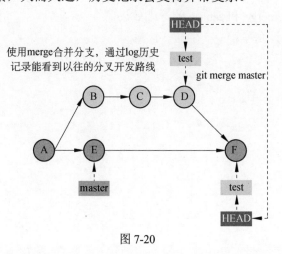

图 7-20

接着，我们观察使用 git rebase 命令产生的提交，如图 7-21 所示。

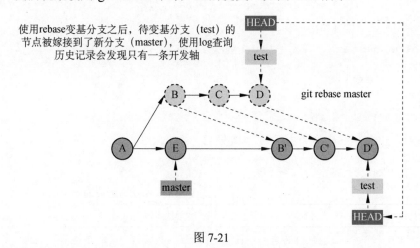

图 7-21

当执行 rebase 操作时，git 会从两个分支的共同祖先开始提取待变基分支（test）上的修改，在图 7-20 中就是 B、C、D 3 个节点。然后将刚才提取的 3 个节点应用到基分支（master）的最新提交（E）的后面。需要注意的是，git rebase 也是一种分支合并，当待变基分支（test）接入基分支（master）时，待变基分支的第一个节点（B）将会与基分支的最新节点（E）合并为新的节点 B'。如果产生冲突，需要开发者自行解决冲突。这些被合并的内容也会被作用到待变基分支后面的所有节点（C 和 D），从而形成新的节点 C'和 D'。

当 git rebase 命令执行完毕后，B、C、D 3 个节点都被变基（移动）到 master 分支。

另外，变基到 master 分支上的节点不再是原来的 B、C、D 节点，而是与基分支最新节点合并后的 B'、C'、D'节点。这样，原来的分叉开发路线就会变为现在的同轴开发路线。

下面来分别演示 merge 和 rebase 的详细效果。

（1）创建一个测试仓库。

```
rm -rf ./* .git
git init
echo "111" >> aaa.txt
git add ./
git commit -m 'A' ./

git checkout -b test
echo "222" >> aaa.txt
git commit -m 'B' ./

echo "333" >> aaa.txt
git commit -m 'C' ./

echo "444" >> aaa.txt
git commit -m 'D' ./

git checkout master
echo "555" >> aaa.txt
git commit -m 'E' ./

git checkout test
```

（2）使用 git merge 命令合并，观察效果。

```
git log --oneline --all --graph
* fb8929a(master)E
| * 51bf886(HEAD -> test)D
| * 085fbf9 C
| * aaa2191 B
|/
* 1a6f3f5 A
git merge master                    # 合并到master分支（出现代码冲突）
cat aaa.txt                         # 查看冲突的文件内容
111
<<<<<<< HEAD
222                                 # test 分支最新的内容
333
444
========
```

```
555                                        # master 分支最新的内容
>>>>>>> master


vi aaa.txt                                 # 编辑文件（解决冲突）
git add ./                                 # 暂存操作
git merge --continue                       # 继续合并
git log --oneline --all --graph            # 查询日志发现，还是能查询到曾经的分叉开发路线
*   af7dbf5(HEAD -> test)E 和 D 合并 ---> F
|\
| * fb8929a(master)E
* | 51bf886 D
* | 085fbf9 C
* | aaa2191 B
|/
* 1a6f3f5 A
```

（3）重新初始化仓库，使用 git rebase 命令合并，观察效果。

```
git log --oneline --all --graph
* c2cf1f8(master)E
| * 391d250(HEAD -> test)D
| * a4bf10e C
| * 85d4b2d B
|/
* e0ce24a A

cat aaa.txt                                # 查看 D 节点此时的内容
111
222
333
444

git rebase master                          # 变基到 master 分支（出现代码冲突）
cat aaa.txt                                # 查看冲突的文件内容
111
<<<<<<< HEAD                               # 这个 HEAD 指的是基分支（master）最新的内容
555
=======
222                                        # B 节点的内容
>>>>>>> 85d4b2d(B)

vi aaa.txt                                 # 编辑文件（去除冲突内容）
cat aaa.txt                                # 查看编辑后的内容
```

```
111
555
222

git add ./                          # 暂存操作
git rebase --continue               # 继续进行 rebase 操作，将弹出日志输入窗口，记录 B 与
E 合并的这次日志
git log --oneline --all --graph     # 查看日志，发现历史记录变为了同轴
* ef22aad(HEAD -> test)D            # 这个 D 节点不再是原来的 D 节点了
* 0a8d913 C                         # 这个 C 节点也不再是原来的 C 节点了
* 54b67c7 B 合并 E ---> B'
* c2cf1f8(master)B
* e0ce24a A

cat aaa.txt                         # 查看 D 节点当前的内容
111
555
222
333
444
```

7.6.3　交互式 Rebase

交互式 Git Rebase 是 Git 版本控制系统中一种强大的工具，它允许用户对自己的提交历史进行重写、修改、合并或重排序。

使用 git rebase -i 命令可以启动交互式 Rebase。-i 参数代表交互（interactive），执行这个命令后，Git 会打开一个交互界面（vim 编辑器），列出所有待处理的提交。每个提交前面都有一个操作命令，默认是 pick。

在这个界面中，我们可以选择对每一个提交执行不同的操作。

☑ pick 或 p：保留该提交。

☑ drop 或 d：丢弃当前提交。

☑ squash 或 s：保留该节点的内容，但该节点与上一个节点合并时，不会有新的提交对象，不过仍可以输入合并的日志信息，该日志信息以追加的方式追加到上一个节点合并的日志信息中。

☑ fixup 或 f：和 squash 类似，只是单纯地将该节点与上一个节点的内容合并，不会让用户记录任何日志信息，也没有新的 Commit 对象产生。

☑ reword 或 r：默认情况下，只有在分支的某个节点合并出现冲突时，才会弹出合并日志输入框。使用 reword 可以让所有节点在合并时都弹出日志输入框，允许用户输入日志来记录本次合并。

☑ exec 或 x：执行任意的 shell 命令。

在这个交互界面中，我们可以根据需要对提交进行灵活的操作，以满足版本控制需求。需要注意的是，使用交互式 Rebase 修改提交历史后，原本的提交记录会被改变，这可能会影响到其他开发者的工作。因此，在使用交互式 Rebase 时，需要谨慎操作，并确保与团队成员进行充分的沟通。

此外，交互式 Rebase 特别适用于在分支开发过程中，对提交历史进行清理和整理，以减少不必要的提交或合并冲突。总的来说，交互式 Git Rebase 是一个强大的工具，但也需要使用者具备一定的 Git 知识和经验，以确保正确地使用它。

1. drop 指令

执行 7.6.2 节的测试代码，准备好测试仓库，执行 git rebase -i 命令，打开交互式 Rebase。

```
* e71b15f(master)E
| * 1090d7a(HEAD -> test)D
| * 0d4a4e8 C
| * d26a5c8 B
|/
* 75f7568 A

# 执行 rebase 合并，并打开交互式 Rebase，将进入 vim 编辑窗口
git rebase -i master
```

vim 编辑窗口如图 7-22 所示，按 i 键将进入插入模式。

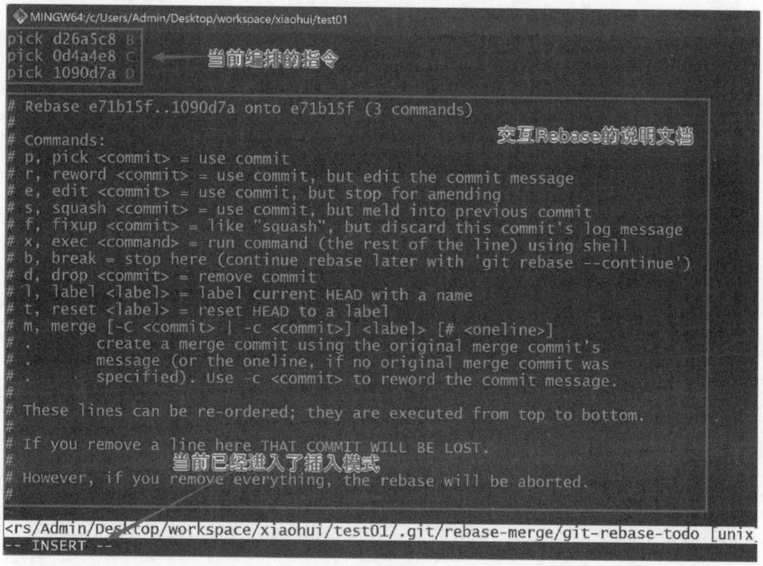

图 7-22

pick 指令代表保留提交，我们可以编辑 vim 窗口中的命令，例如编辑如下。

```
pick d26a5c8 B
drop 0d4a4e8 C                    # 代表删除这个节点
pick 1090d7a D
```

按 Esc 键，输入:wq 保存并退出编辑器（B 和 E 合并会出现代码冲突）。解决完冲突后的结果如图 7-23 所示。

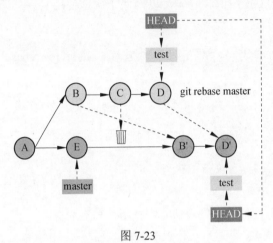

图 7-23

代码演示如下。

```
# 查看合并的文件（出现冲突）
cat aaa.txt
111
<<<<<<< HEAD                     # 基分支最新的代码
555
=======
222
>>>>>>> d26a5c8(B)              # B 节点的内容

vi aaa.txt                       # 编辑文件（去除冲突内容）
cat aaa.txt                      # 查看编辑后的内容
111
555
222

git add ./
git rebase --continue            # 继续进行 rebase 操作，将弹出日志输入窗口，记录 B 与 E 合
并的这次日志
```

解决完 B 与 E 的合并冲突后，将生成 B'节点。由于 C'节点被删除，D 和 B'节点需要进行一次合并。合并又出现冲突，需要再次解决。

```
# 经过上一次合并之后，查看文件内容发现，又出现冲突
cat aaa.txt
111                         # B'节点的内容
555
222
<<<<<<< HEAD                # 最新的节点为 B'
=======
333                        # D 节点的内容
444
>>>>>>> 1090d7a(D)

vi aaa.txt                 # 编辑文件（去除冲突内容）
cat aaa.txt
111
555
222
333
444

git add ./
git rebase --continue     # 继续进行 rebase 操作，将弹出日志输入窗口，记录 B'与 D
合并的这次日志

# 查看日志发现 C'节点不见了
git log --oneline --all --graph
* aa772c9(HEAD -> test)D 合并 B' ---> D'
* 9663f44 B 合并 E ---> B'
* e71b15f(master)E
* 75f7568 A
```

2. squash 指令

准备好测试仓库，执行 git rebase -i 命令，打开交互式 Rebase，按 i 键进入插入模式。

```
git log --oneline --all --graph
* fef0533(master)E
| * 6be36cf(HEAD -> test)D
| * fc17f97 C
| * 022d3bf B
|/
* e9fdf33 A
```

```
# 执行 rebase 合并，并打开交互式 Rebase，将进入 vim 编辑窗口
git rebase -i master
```

编辑指令如下。

```
pick 022d3bf B
squash fc17f97 C                    # 首先 B 与 E 合并成 B'，然后 C 与 B'合并成 C'，但 B'和 C'
属于同一个 Commit 对象，该 Commit 对象包含 B'和 C'的内容
pick 6be36cf D
```

按 Esc 键，输入:wq 保存并退出编辑器（B 和 E 合并会出现冲突，需要手动解决冲突）。解决完冲突后的结果如图 7-24 所示。

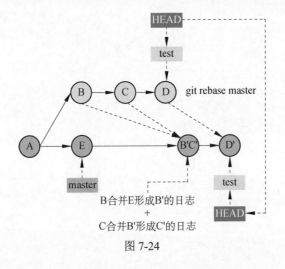

图 7-24

代码演示如下。

```
# 查看冲突内容
cat aaa.txt
111
<<<<<<< HEAD
555                         # E 节点
=======
222                         # B 节点
>>>>>>> 022d3bf(B)

vi aaa.txt                  # 编辑文件（去除冲突内容）
cat aaa.txt                 # 查看内容
111
555
222
```

```
git add ./
git rebase --continue          # 继续进行 rebase 操作，将弹出日志输入窗口，记录 B 与 E 合
并的这次日志，保存后将立即弹出 B'与 C 合并的日志输入窗口

# 查看日志，发现并没有 C'合并的那一个提交节点
git log --oneline --all --grahp
* d35fb4c(HEAD -> test)D
* 8c224b4 B 合并 E ---> B'
* fef0533(master)E
* e9fdf33 A
```

使用 squash 指令将当前节点合并到上一个提交节点中，我们可以使用 Git 的原生命令来查看 Commit 对象、Tree 对象、Blob 对象，然后查看 B'与 C 合并形成最终的 B'C'的内容，代码演示如下。

```
# 查看这一次的 Commit 对象
git cat-file -p 8c224b4
tree 5bf9f5b9227823077589588219290476a3703024
parent fef053367887924a89e48af4bc6f15695b69b649
author xiaohui <xiaohui@aliyun.com> 1709710339 +0800
committer xiaohui <xiaohui@aliyun.com> 1709710794 +0800

B 合并 E ---> B'

C 合并 B' ---> C'

# 查看 Tree 对象
git cat-file -p 5bf9f5b9227823077589588219290476a3703024
100644 blob edd5966d0967471e2c92c5739e6d9195289e22bf    aaa.txt

# 查看 Blob 对象（内容为 B'与 C 合并的内容）
git cat-file -p edd5966d0967471e2c92c5739e6d9195289e22bf
111
555
222
333

# 查看当前 HEAD 指针指向的这个文件内容（D'节点的内容）
cat aaa.txt
111
555
222
333
444
```

3. fixup 指令

准备好测试仓库，执行 git rebase -i 命令，打开交互式 Rebase，按 i 键进入插入模式。

```
git log --oneline --all --graph
* fb9aacb(master)E
| * 9f35902(HEAD -> test)D
| * 6f15f4b C
| * 25db4e4 B
|/
* 9f6194d A

# 执行 rebase 合并，并打开交互式 Rebase，将进入 vim 编辑窗口
git rebase -i master
```

编辑指令如下。

```
# 首先 B 与 E 合并成 B'，然后 C 与 B'合并成 C'，但 B'和 C'属于同一个 Commit 对象，该 Commit
对象包含 B'和 C'的内容。与 squash 不同的是，fixup 不会有自己的日志
pick 25db4e4 B
fixpu 6f15f4b C
pick 9f35902 D
```

按 Esc 键，输入:wq 保存并退出编辑器（B 和 E 合并会出现冲突，需要手动解决冲突）。解决完冲突后的结果如图 7-25 所示。

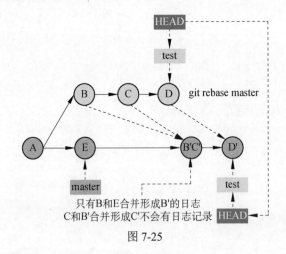

图 7-25

代码演示如下。

```
# 查看冲突内容
cat aaa.txt
```

```
111
<<<<<<< HEAD
555                              # E 节点
=======
222                              # B 节点
>>>>>>> 022d3bf（B）

vi aaa.txt                    # 编辑文件（去除冲突内容）
cat aaa.txt                   # 查看内容
111
555
222

git add ./
git rebase --continue         #继续进行 rebase 操作，将弹出日志输入窗口，记录 B 与 E 合
并的这次日志，保存后就结束了（B'与 C 合并的日志不会被记录）

# 查看日志，发现并没有 C'合并的那一个提交节点
git log --oneline --all --graph
* 05e5e59(HEAD -> test)D
* ed49619 B 合并 E  ---> B'
* fb9aacb(master)E
* 9f6194d A
```

查看 B 合并 E 形成 B'的那一次 Commit 对象。

```
git cat-file -p ed49619
tree 5bf9f5b92278230775895882192904769a3703024
parent fb9aacb2b244df08a87a20badebe8e6ef9da7714
author xiaohui <xiaohui@aliyun.com> 1709713312 +0800
committer xiaohui <xiaohui@aliyun.com> 1709713362 +0800

B 合并 E  ---> B'

git cat-file -p 5bf9f5b92278230775895882192904769a3703024
100644 blob edd5966d0967471e2c92c5739e6d9195289e22bf   aaa.txt

# 查看 Blob 对象发现本次合并含有 C 节点的内容
git cat-file -p edd5966d0967471e2c92c5739e6d9195289e22bf
111
555
222
333
```

4. reword 指令

执行 7.6.2 节的测试代码，准备好测试仓库，执行 git rebase -i 命令，打开交互式 Rebase。

```
git log --oneline --all --graph
* 576ed48(master)E
| * 34b71e6(HEAD -> test)D
| * f5ea0a7 C
| * cfdcf92 B
|/
* 2d4f56a A

# 执行 rebase 合并，并打开交互式 Rebase，将进入 vim 编辑窗口
git rebase -i master
```

编辑指令如下。

```
pick cfdcf92 B
reword f5ea0a7 C              # B'合并 C 形成 C'的时候弹出日志输入框，输入合并日志
reword 34b71e6 D              # C'合并 D 形成 D'的时候弹出日志输入框，输入合并日志
```

按 Esc 键，输入:wq 保存并退出编辑器（B 和 E 合并会出现冲突，需要手动解决冲突）。

```
vi aaa.txt                   # 编辑冲突内容
git add ./
git rebase --continue        # 继续进行 rebase 操作，接下来除了会弹出 B 合并 E 的日志输
入框，还会弹出 C 合并 B'和 D 合并 C'的日志输入框

# 查看日志，发现日志都更新了
git log --oneline --all --graph
* 5ccc7fe(HEAD -> test)D 合并 C' ---> D'
* 5b0cd58 C 合并 B' ---> C'
* 5f10286 B 合并 E  ---> B'
* 576ed48(master)E
* 2d4f56a A
```

5. exec 指令

准备好测试仓库，执行 git rebase -i 命令，打开交互式 Rebase，按 i 键进入插入模式。

```
git log --oneline --all --graph
* eec68a6(master)E
| * 7a6557b(HEAD -> test)D
| * 3793835 C
| * 5c43919 B
```

```
|/
* 444a546 A

git rebase -i master
```

编辑指令如下。

```
pick 5c43919 B
exec echo "B 合并 E'成功"
pick 3793835 C
exec echo "C 合并 B'成功"
pick 7a6557b D
exec echo "D 合并 C'成功"
```

解决冲突后，继续执行 rebase。

```
# 编辑冲突内容
vi aaa.txt

git add ./
git rebase --continue                # 解决冲突后继续 rebase 操作
[detached HEAD 603a670] B 合并 E  ---> B'
 1 file changed,1 insertion(+)
Executing:echo "B 合并 E'成功"         # 输出了我们之前编写的 shell 命令
B 合并 E'成功
Executing:echo "C 合并 B'成功"
C 合并 B'成功
Executing:echo "D 合并 C'成功"
D 合并 C'成功
Successfully rebased and updated refs/heads/test.
```

7.7　git cherry-pick 命令

　　merge 命令用于将两个分支合并，默认情况下将会把源分支的最新提交节点与当前分支的最新提交节点进行合并。需要注意的是，merge 实质上是把源分支的所有提交历史与当前分支进行合并。并且，如果源分支与目标分支处于分叉开发路线，将会合并为同轴开发路线。

　　有时我们只需要获取其他分支的某个 Commit 对象的内容。注意，仅仅是当前 Commit 对象的内容，而不包含这个 Commit 对象之前的内容，仅此而已。这个时候我们就可以使用 git cherry-pick 命令。cherry-pick 被翻译成"择优选择"，能让我们只选择合适的提交节点合并到当前分支中。cherry-pick 命令的工作示意图如图 7-26 所示。

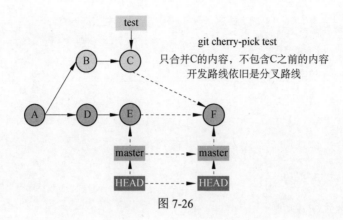

图 7-26

7.7.1　git cherry-pick 命令简介

　　git cherry-pick 命令主要用于将历史记录中的任意一个提交变更到当前工作分支上，这对代码来说也是一种合并。这个命令可以让我们在不合并整个分支的情况下，挑选出某个特定的提交并合并其更改。当执行此命令后，Git 会创建一个新的提交，然后将这些更改应用于当前分支的 HEAD。这样，就可以在不影响其他提交的情况下，只选取并应用所需的部分更改。

　　此命令在处理 bug 修复、功能移植等场景时非常有用，因为它允许将某个分支上的个别更改应用到另一个分支，而无须进行完整的分支合并。

　　通常情况下，cherry-pick 命令用于合并其他分支的某个提交节点的内容，所以只需要指定该提交节点的 commit-hash 即可。如果使用分支名来合并，那么，cherry-pick 将会把该分支的最新提交节点的内容合并到当前分支。

　　git cherry-pick 命令的语法如表 7-8 所示。

表 7-8

语法	说明
git cherry-pick {branch-name}	将指定分支的最新提交内容与当前分支合并
git cherry-pick {commit-hash...}	将指定的某几个 Commit 对象与当前分支合并

7.7.2　cherry-pick 与 merge

　　cherry-pick 允许开发者挑选其他分支上某个或几个特定的提交应用到当前工作分支。它会复制指定提交所做的更改，并创建一个新的、独立的提交，就好像这些更改是在当前分支直接进行的一样。与 cherry-pick 命令不同的是，merge 用于合并两个分支的全部历史，将源分支的所有未合并的提交整合到目标分支中，形成一个新的合并提交。

我们观察使用 merge 命令，如图 7-27 所示。

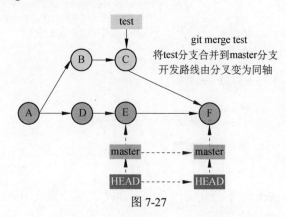

图 7-27

在图 7-27 中，使用 merge 合并时，会把 test 分支的所有历史记录全部合并到 master 分支中，即 B 的内容也会与 E 合并，F 节点不仅包含 C 的内容还包含 B 的内容。并且从原来的分叉开发路线变为同轴开发路线。

另外，merge 合并也支持合并指定的 Commit 对象。但是，如果使用的是 merge 命令合并某个 Commit 对象，merge 命令实际上是将这个 Commit 对象之前的所有内容全部合并到新分支中，如图 7-28 所示。

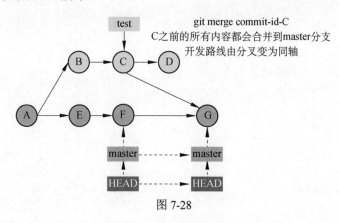

图 7-28

同样，在图 7-28 中，C 与 F 采用 merge 命令进行合并形成 G，G 节点除了包含 C 的内容还包含 B 的内容。

接下来观察 cherry-pick 合并，如图 7-29 所示。

在图 7-29 中，使用 cherry-pick 合并时，只是 C 与 E 节点合并形成 F，B 节点的内容并不会参与合并，即 F 节点并不包含 B 节点的内容。使用 cherry-pick 合并之后，分支之间的开发路线不受影响，依旧是分叉开发路线。

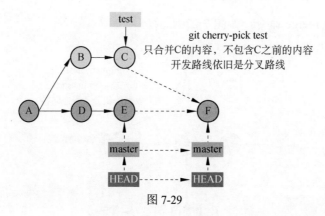

图 7-29

总的来说，cherry-pick 并不是分支的合并，而是将某个提交节点的内容合并到当前分支的最新节点并产生一个新的节点。

cherry-pick 与 merge 命令存在一定的歧义，不太好理解，下面通过案例演示两者的区别。

（1）创建一个测试仓库。

```
rm -rf ./* .git
git init
echo "111" >> aaa.txt
git add ./
git commit -m 'A' ./

git checkout -b test
echo "222" >> bbb.txt
git add ./
git commit -m 'B' ./

echo "333" >> ccc.txt
git add ./
git commit -m 'C' ./

git checkout master
echo "444" >> ddd.txt
git add ./
git commit -m 'D' ./

echo "555" >> eee.txt
git add ./
git commit -m 'E' ./
```

（2）使用 merge 合并。

```
git log --oneline --graph
* 15e75b7(HEAD -> master)E
* 4923a17 D
| * ff89465(test)C
| * fba4f26 B
|/
* 742b34b A


ll                              # 查看当前文件夹的文件
total 3
-rw-r--r-- 1 Administrator 197121 4 Mar  7 20: 29 aaa.txt
-rw-r--r-- 1 Administrator 197121 4 Mar  7 20: 29 ddd.txt
-rw-r--r-- 1 Administrator 197121 4 Mar  7 20: 29 eee.txt

# 使用 merge 合并
git merge test

# 查看当前文件夹的文件，会发现不仅合并了 C 节点，更是把 C 节点之前的内容全部合并到当前分支了
ll
total 5
-rw-r--r-- 1 Administrator 197121 4 Mar  7 20: 29 aaa.txt
-rw-r--r-- 1 Administrator 197121 5 Mar  7 20: 29 bbb.txt
-rw-r--r-- 1 Administrator 197121 5 Mar  7 20: 29 ccc.txt
-rw-r--r-- 1 Administrator 197121 4 Mar  7 20: 29 ddd.txt
-rw-r--r-- 1 Administrator 197121 4 Mar  7 20: 29 eee.txt

git log --oneline --graph            # 分叉路线变为了同轴路线
*   c6fa8ff(HEAD -> master)Merge branch 'test'
|\
| * ff89465(test)C
| * fba4f26 B
* | 15e75b7 E
* | 4923a17 D
|/
* 742b34b A
```

（3）重新初始化仓库，使用 cherry-pick 合并。

```
git log --oneline --graph
* 890c235(HEAD -> master)E
* 9cd6b82 D
| * 81f3ca3(test)C
```

```
| * 288612c B
|/
* 71c4109 A


ll                # 查看当前文件夹的文件
total 3
-rw-r--r-- 1 Administrator 197121 4 Mar  7 20:32 aaa.txt
-rw-r--r-- 1 Administrator 197121 4 Mar  7 20:32 ddd.txt
-rw-r--r-- 1 Administrator 197121 4 Mar  7 20:32 eee.txt

# 使用 cherry-pick 提取 test 分支的最新提交节点到当前分支
git cherry-pick test

ll                # 查看当前文件夹的文件，发现只有 C 节点的文件，不包含 C 节点之前的文件
total 4
-rw-r--r-- 1 Administrator 197121 4 Mar  7 20:32 aaa.txt
-rw-r--r-- 1 Administrator 197121 5 Mar  7 20:32 ccc.txt
-rw-r--r-- 1 Administrator 197121 4 Mar  7 20:32 ddd.txt
-rw-r--r-- 1 Administrator 197121 4 Mar  7 20:32 eee.txt


git log --oneline --graph
* c36f32a(HEAD -> master)C
* 890c235 E
* 9cd6b82 D
| * 81f3ca3(test)C
| * 288612c B
|/
* 71c4109 A
```

通过上面的例子我们能够很好地理解 cherry-pick 和 merge 的区别。总结下来是，cherry-pick 适用于只合并某个节点的内容到当前分支的最新节点，更倾向于将某个分支的提交节点的内容"搬运"到当前分支的最新节点中，而不是做分支的真正合并。而 merge 命令则是做分支的真正合并，使用 merge 命令时，会将该分支的某个节点之前的所有历史内容合并到当前分支中。

需要注意的是，如果提交节点之间存在依赖关系，cherry-pick 和 merge 将会有一些相似之处，我们通过以下案例来演示。

（1）初始化仓库（与演示 merge 合并的测试案例不一样，现在是所有内容都在一个文件中）。

```
rm -rf ./* .git
git init
echo "111" >> aaa.txt
```

```
git add ./
git commit -m 'A' ./

git checkout -b test
echo "222" >> aaa.txt
git commit -m 'B' ./

echo "333" >> aaa.txt
git commit -m 'C' ./

git checkout master
echo "444" >> aaa.txt
git commit -m 'D' ./

echo "555" >> aaa.txt
git commit -m 'E' ./
```

（2）使用 merge 合并。

```
# 合并到 test 分支中
git merge test
Auto-merging aaa.txt
CONFLICT(content):Merge conflict in aaa.txt
Automatic merge failed;fix conflicts and then commit the result.

cat aaa.txt
111
<<<<<<< HEAD
444
555
=======
222
333
>>>>>>> test
```

（3）重新初始化仓库，使用 cherry-pick 合并。

```
git cherry-pick test          # 将 test 分支的最新内容合并到当前分支（master）
Auto-merging aaa.txt
CONFLICT(content):Merge conflict in aaa.txt
...

cat aaa.txt
111
<<<<<<< HEAD
```

```
444
555
========
222                    #  B 节点的内容
333                    #  C 节点的内容
>>>>>>> 2885cda(C)
```

为什么使用 cherry-pick 合并会包含 B 节点的内容呢？这是因为 B 节点的内容在提交之后已经属于 C 节点的一部分。因此，使用 cherry-pick 命令合并 C 节点时，B 节点的内容也会被代入合并。

第 8 章
Git 数据恢复与还原

在任何一个阶段，我们都有可能想要撤销某些操作。在本章，我们将会学习几个撤销所作修改的命令。注意，某些撤销操作是不可逆的。这是在使用 Git 的过程中，由于操作失误可能导致之前的工作丢失的少数情况之一。

8.1　Git 的还原——restore 命令

git restore 命令主要用于撤销工作区或暂存区中文件的未提交更改，将指定文件恢复至最近一次提交的状态，便于快速撤销误操作或清理工作空间，保持代码与仓库中的最新版本同步。

git restore 命令的语法如表 8-1 所示。

表 8-1

语法	说明
git restore {file}	仅还原工作空间，不还原暂存区的文件
git restore {--staged 或 -S} {file}	仅还原暂存区，不还原工作空间
git restore {--staged 或 -S} {--worktree 或 -W} {file}	同时还原暂存区和工作空间
git restore {--source 或 -s} {commit-hash} {file}	还原仓库中某个版本的文件到工作空间（不还原暂存区的文件）
git restore .	还原整个工作目录（只还原工作空间，不还原暂存区的文件）

需要注意的是，在执行 git restore 命令时，一定要谨慎，因为它会直接覆盖或删除相关更改。如果尚未提交的重要改动被覆盖，则可能无法找回。因此，在进行此类操作之前，请确保了解并评估潜在的风险。

下面通过案例演示 git restore 命令的使用方法和应用场景。

8.1.1　还原工作空间

还原工作空间的步骤如下。

（1）初始化一个仓库。

```
rm -rf ./* .git
git init
echo '111' >> aaa.txt
git add ./
git commit -m '111' ./
```

（2）编辑文件，然后使用 Git 还原。

```
echo '222' >> aaa.txt            # 给文件追加内容（改变工作空间的内容）
cat aaa.txt                      # 查看被修改的文件
111
222

git status                       # 查看当前状态
On branch master
Changes not staged for commit:
# 有更改未提交
(use "git add <file>..." to update what will be committed)
(use "git restore <file>..." to discard changes in working directory)
        modified:  aaa.txt

no changes added to commit(use "git add" and/or "git commit -a")

git restore aaa.txt              # 撤销对工作空间的修改
cat aaa.txt                      # 再次查看文件（发现之前的更改已经被撤销）
111

git status                       # 再次查看当前状态
On branch master
nothing to commit,working tree clean
# 工作空间状态正常
```

8.1.2　还原暂存区

还原暂存区的步骤如下。

（1）重新初始化项目。

```
rm -rf ./* .git
git init
```

```
echo '111' >> aaa.txt
git add ./
git commit -m '111' ./
```

（2）查看当前暂存区。

```
git ls-files -s
100644 58c9bdf9d017fcd178dc8c073cbfcbb7ff240d6c 0        aaa.txt

git cat-file -p 58c9bdf9              # 查看 Blob 对象
111
```

（3）编辑文件，添加到暂存区，查看暂存区。

```
echo "222" > aaa.txt
git add ./
git ls-files -s                       # 查看暂存区的内容（已经被更新了）
100644 c200906efd24ec5e783bee7f23b5d7c941b0c12c 0        aaa.txt

git cat-file -p c2009                 # 查看 Blob 对象的内容，发现已经修改
222
```

（4）还原暂存区。

```
git status                            # 查看当前状态
On branch master
Changes to be committed:
  (use "git restore --staged <file>..." to unstage)    # 有更改还未提交
        modified: aaa.txt

git restore --staged aaa.txt          # 还原暂存区
cat aaa.txt                           # 工作空间还没有被还原
222

git ls-files -s                       # 再次查看暂存区
100644 58c9bdf9d017fcd178dc8c073cbfcbb7ff240d6c 0        aaa.txt

git cat-file -p 58c9                  # 查看 Blob 对象的内容，发现已经还原
111

git status                            # 查看当前状态，已经还原成未添加到暂存区时的状态
On branch master
Changes not staged for commit:
  (use "git add <file>..." to update what will be committed)
  (use "git restore <file>..." to discard changes in working directory)
        modified: aaa.txt
```

```
no changes added to commit(use "git add" and/or "git commit -a")
```

（5）继续还原工作空间。

```
git restore aaa.txt
cat aaa.txt                    # 工作空间也被还原了
111

git status                     # 工作空间状态正常
On branch master
nothing to commit, working tree clean
```

8.1.3 同时还原暂存区和工作空间

同时还原暂存区和工作空间的步骤如下。

（1）重新初始化项目。

```
rm -rf ./* .git
git init
echo '111' >> aaa.txt
git add ./
git commit -m '111' ./
```

（2）编辑文件，添加到暂存区。

```
git ls-files -s
100644 58c9bdf9d017fcd178dc8c073cbfcbb7ff240d6c 0        aaa.txt
cat aaa.txt
111

echo "222" >> aaa.txt
git add ./
git ls-files -s
100644 a30a52a3be2c12cbc448a5c9be960577d13f4755 0        aaa.txt
cat aaa.txt
111
222
```

（3）同时还原暂存区和工作空间。

```
git restore -S -W aaa.txt                # 同时还原暂存区和工作空间
git ls-files -s                          # 查看暂存区
100644 58c9bdf9d017fcd178dc8c073cbfcbb7ff240d6c 0        aaa.txt
```

```
cat aaa.txt                              # 查看工作空间
111
```

8.2　修正提交——amend 命令

amend 是 git commit 命令的一个参数，该参数用于修改最后一次提交的内容与提交信息，允许用户将新的更改（通过 git add 添加至暂存区）合并到最近的提交记录中。同时可重新编辑提交消息，从而保持项目历史简洁且易于理解。其好处在于避免不必要的提交记录，及时纠正错误或改进提交说明，实现代码库历史的连续性和完整性。

Git 还原的语法如下。

```
git commit --amend -m "注释"              # 还原（重置）Commit 对象信息
```

amend 参数用于修正提交，如上一次提交的日志、内容、文件等需要修改。这个时候我们就可以使用 amend 重新提交一次，相当于使用本次提交代替上一次的提交（被修正的提交）达到修正提交的效果。

下面通过案例来演示 amend 参数的使用方法和应用场景。

8.2.1　提交日志修正

有时当我们提交完，才会发现漏掉了几个文件没有添加，或者提交信息写错了。此时，可以运行带有 amend 选项的提交命令来重新提交。

（1）初始化项目。

```
rm -rf ./* .git
git init
echo "初始化文件"  >> aaa.txt
git add ./
git commit -m "初始化文件" ./
```

（2）具体操作。

```
git log --oneline
f726afa(HEAD -> master)初始化文件


git commit --amend -m '初始化文件-001' ./
git log --oneline
c3b69fa(HEAD -> master)初始化文件-001
# 修改了提交日志
```

8.2.2　提交内容修正

有时候提交文件之后才发现文件漏了一些内容，我们当然可以编辑文件再次提交，但这样会使得提交日志过于冗余；Git 允许我们修改提交内容并且不造成提交日志的冗余。

（1）初始化项目。

```
rm -rf ./* .git
git init
echo '1245' >> aaa.txt
git add ./
git commit -m '初始化文件' ./
```

（2）没有使用还原 Commit 对象：对项目中造成很多无用的冗余日志。

```
vi aaa.txt                                              # 重新编辑内容
cat aaa.txt
12345

git commit -m '第一次写错了，补上了第一次的错误' ./
# 重新提交
git log --oneline
0e7e757(HEAD -> master)第一次写错了，补上了第一次的错误    # 多了一条无用日志
13d329d 初始化文件
```

（3）重新初始化项目，使用 amend 来修正提交内容。

```
rm -rf ./* .git
git init
echo '1245' >> aaa.txt
git add ./
git commit -m '初始化文件' ./
```

（4）使用提交修正。

```
vi aaa.txt                     # 重新编辑内容
cat aaa.txt
12345

git commit --amend -m '初始化文件' ./
# 还原 Commit 对象
git log --oneline
1c7942d(HEAD -> master)初始化文件
# 还是一条日志
```

8.2.3　提交文件修正

若在本应提交两个文件的情况下，不慎遗漏了一个，仅提交了一个，那么再次提交会导致两个文件版本不一致。然而，Git 允许我们对某一次的提交文件进行修正。

（1）初始化项目。

```
rm -rf ./* .git
git init
echo '111' >> aaa.txt
git add ./
git commit -m '111' ./
```

（2）提交一个文件。

```
echo "222" >> bbb.txt
git add ./
git commit -m '222' ./

git log --oneline                       # 查看提交日志发现有两个日志
2ae2646(HEAD -> master)222
59c4706 111
```

（3）重新初始化项目。

```
rm -rf ./* .git
git init
echo '111' >> aaa.txt
git add ./
git commit -m '111' ./
```

（4）使用 amend 进行提交文件的修正。

```
git log --oneline
3e7ce9d(HEAD -> master)111

echo "222" >> bbb.txt
git add ./
git commit --amend -m '初始化项目' ./

git log --oneline
a59cc7a(HEAD -> master)初始化项目        # 只有一个提交日志
```

8.3 Git 的数据回退——reset 命令

git reset 命令用于撤销提交、回退版本或重置暂存区和工作空间的状态。它允许用户灵活管理项目历史与当前工作状态,包括取消暂存更改、丢弃未提交更改及恢复至任意提交版本。这一命令有助于保持仓库整洁、协调团队合作以及修正错误提交,从而提高开发效率和代码质量。

git reset 可以帮助我们回退 HEAD 指针、暂存区、工作空间。git reset 命令的语法如表 8-2 所示。

表 8-2

语法	说明
git reset --soft {commit-hash 或 HEAD~}	只移动 HEAD 指针,不改变暂存区和工作空间
git reset --mixed {commit-hash 或 HEAD~}	移动 HEAD、更改暂存区,不改变工作空间
git reset --hard {commit-hash 或 HEAD~}	移动 HEAD、更改暂存区、更改工作空间

Tips: HEAD~指的是回退到上一个版本,与此同时 Git 还支持 HEAD~~的写法,指的是回退到上上个版本,以此类推。

下面就来具体演示数据回退的操作。

8.3.1 回退 HEAD 指针

(1)初始化项目。

```
rm -rf ./* .git
git init
echo '111' >> aaa.txt
git add ./
git commit -m '111' ./
echo "222" >> aaa.txt
git commit -m "222" ./
echo "333" >> aaa.txt
git commit -m "333" ./

git log --oneline
a6f8911(HEAD -> master)333          # 指针指向的是最新的 Commit 对象
0ecb277 222
8b0d39e 111
```

```
git reflog                              # 查看 reflog 日志
a6f8911(HEAD -> master)HEAD@{0}:commit:333
0ecb277 HEAD@{1}:commit:222
8b0d39e HEAD@{2}:commit(initial):111
```

（2）将 HEAD 指针回退到上一个版本。

```
git reset --soft HEAD~                  # 将 HEAD 指针回退到上一个版本
git log --oneline --all                 # git log 不能查询已经被删除的提交或通过 reset
操作移除的提交记录
0ecb277(HEAD -> master)222
8b0d39e 111

git reflog                              # 使用 reflog 命令可以查看到所有的 Commit 对象
0ecb277(HEAD -> master)HEAD@{0}:reset:moving to HEAD~
a6f8911 HEAD@{1}:commit:333
0ecb277(HEAD -> master)HEAD@{2}:commit:222
8b0d39e HEAD@{3}:commit(initial):111

git ls-files -s                         # 查看暂存区
100644 641d57406d212612a9e89e00db302ce758e558d2 0        aaa.txt

git cat-file -p 641d57406d212612a9e89e00db302ce758e558d2
# 暂存区的内容没有发生变化
111
222
333

cat aaa.txt                             # 工作空间的内容也没有发生变化
111
222
333
```

如上述代码所示，git reset --soft HEAD~指令只会回退 HEAD 指针，不会对暂存区和工作空间造成影响。

（3）查看当前工作空间状态。

当 HEAD 指针被回退后，当前工作空间的状态变为了 Changes to be committed，即有更改的文件已经被追踪到了，但还未提交。

需要注意的是，当 HEAD 指针被回退后，暂存区、工作空间的内容均未发生改变，如果此时提交只是生成了一个新的 Commit 对象，并且 HEAD 指针将指向这个新的 Commit 对象，但是暂存区和工作空间都未发生变化。

执行 commit 提交是将当前暂存区的内容生成 Tree 对象，然后再生成 Commit 对象。HEAD 指针被回退后，暂存区并没有发生变化。此时，如果直接提交是毫无意义的。示例代码如下。

```
git status                      # 当前工作空间状态
On branch master
Changes to be committed:
  (use "git restore --staged <file>..." to unstage)
        modified: aaa.txt

git commit -m "222" ./          # 提交
cat aaa.txt                     # 查看文件内容（并没有发生变化）
111
222
333

git log --oneline               # 查看日志
2226792(HEAD -> master)222      # 本次提交和上一次提交的内容是一样的
0ecb277 222
8b0d39e 111

git reflog                      # 查看 reflog 日志
2226792(HEAD -> master)HEAD@{0}:commit:222
0ecb277 HEAD@{1}:reset:moving to HEAD~
a6f8911 HEAD@{2}:commit:333
0ecb277 HEAD@{3}:commit:222
8b0d39e HEAD@{4}:commit(initial):111
```

（4）选择指定的 Commit 对象来还原。

```
git reset --soft 8b0d39e
git log --oneline --all
8b0d39e(HEAD -> master)111

git reflog
8b0d39e(HEAD -> master)HEAD@{0}:reset:moving to 8b0d39e
2226792 HEAD@{1}:commit:222
0ecb277 HEAD@{2}:reset:moving to HEAD~
a6f8911 HEAD@{3}:commit:333
0ecb277 HEAD@{4}:commit:222
8b0d39e(HEAD -> master)HEAD@{5}:commit(initial):111
```

8.3.2　回退暂存区

使用 git reset --soft 用于还原 HEAD 指针指向的 Commit 对象，并不会对暂存区和工作空间造成影响，如果想要还原暂存区可以使用 git reset --mixed。下面演示回退暂存区的步骤。

（1）初始化项目。

```
rm -rf ./* .git
git init
echo '111' >> aaa.txt
git add ./
git commit -m '111' ./
echo "222" >> aaa.txt
git commit -m "222" ./
echo "333" >> aaa.txt
git commit -m "333" ./

git log --oneline
3c69dff(HEAD -> master)333-ccc
4c4b75f 222-bbb
bd6f3d2 111-aaa

cat aaa.txt
111
222
333

git ls-files -s                                          # 查看暂存区
100644 641d57406d212612a9e89e00db302ce758e558d2 0        aaa.txt

git cat-file -p 641d57406d212612a9e89e00db302ce758e558d2 # 查看暂存区的内容
111
222
333
```

（2）还原暂存区。

```
git reset --mixed HEAD~                 # 回退暂存区（回退到上一个版本）
git ls-files -s                         # 查看暂存区
100644 a30a52a3be2c12cbc448a5c9be960577d13f4755 0        aaa.txt


git cat-file -p a30a52a3be2c12cbc448a5c9be960577d13f4755
```

```
111
222

cat aaa.txt                          # 工作空间没有更改
111
222
333

git log --oneline                    # 查看日志
ffe591a(HEAD -> master)222
f1a17fe 111

git reflog                           # 查看 reflog 日志
ffe591a(HEAD -> master)HEAD@{0}:reset:moving to HEAD~
4e8f0c3 HEAD@{1}:commit:333
ffe591a(HEAD -> master)HEAD@{2}:commit:222
f1a17fe HEAD@{3}:commit(initial):111
```

如上述代码所示，git reset --soft HEAD~指令只会还原 HEAD 指针，不会对暂存区和工作空间造成影响。

（3）查看当前工作空间状态。

使用 reset --soft 还原之后，当前的工作状态处于 Changes to be committed，即有更改的文件已经被追踪到了，但还未提交。

注意：git reset --mixed 不会还原工作空间。即使当前暂存区被还原了，如果此时提交了，那么文件还是没有修改。对于已经执行过 add 的文件来说，执行 commit 之前会执行一次隐式的 add，相当于把工作空间的内容再重新添加到暂存区了，然后再生成 Tree 对象和 Commit 对象等。

```
git status                    # 查看工作空间的状态
On branch master
Changes to be committed:
  (use "git restore --staged <file>..." to unstage)
        modified: aaa.txt

git commit -m "222" ./
cat aaa.txt                   # 查看工作空间的文件内容（发现还是回退之前的）
111
222
333

git status                    # 查看状态
On branch master
```

```
nothing to commit,working tree clean

git ls-files -s                     # 查看暂存区
100644 641d57406d212612a9e89e00db302ce758e558d2 0       aaa.txt

git cat-file -p 641d57406d212612a9e89e00db302ce758e558d2
# 查看暂存区的内容（发现还是回退之前的）
111
222
333
```

8.3.3　回退工作空间

使用 git reset --hard 可以回退 HEAD 指针、暂存区和工作空间。

（1）初始化项目。

```
rm -rf ./* .git
git init
echo '111' >> aaa.txt
git add ./
git commit -m '111' ./
echo "222" >> aaa.txt
git commit -m "222" ./
echo "333" >> aaa.txt
git commit -m "333" ./
git log --oneline
6fc1ae0(HEAD -> master)333
d100998 222
980a440 111

git ls-files -s                         # 查看暂存区
100644 641d57406d212612a9e89e00db302ce758e558d2 0       aaa.txt

git cat-file -p 641d57406d212612a9e89e00db302ce758e558d2
# 暂存区的内容没有发生变化
111
222
333
```

（2）执行操作。

```
git reset --hard HEAD~          # 将 HEAD 指针、暂存区、工作空间均回退到上个版本
git log --oneline               # HEAD 指针被回退了
d100998(HEAD -> master)222
```

```
980a440 111

git ls-files -s
100644 a30a52a3be2c12cbc448a5c9be960577d13f4755 0       aaa.txt

git cat-file -p a30a52a3be2c12cbc448a5c9be960577d13f4755
# 暂存区被回退了
111
222

cat aaa.txt                        # 工作空间被回退了
111
222

git reflog                         # 查看 reflog 日志
d100998(HEAD -> master)HEAD@{0}:reset:moving to HEAD~
6fc1ae0 HEAD@{1}:commit:333
d100998(HEAD -> master)HEAD@{2}:commit:222
980a440 HEAD@{3}:commit(initial):111
```

（3）查看当前工作空间状态。

由于 HEAD 指针、暂存区和工作空间都被回退了，因此当前工作空间为 nothing to commit 状态，即所有的操作均已提交。

```
git status
On branch master
nothing to commit, working tree clean
```

第 9 章

远程协同开发

Git 是一个分布式的版本控制工具，这使得每位开发人员都可以在自己的本地仓库中提交版本信息，每位开发人员都是一个独立的版本库，能够离线提交、更改并在网络连接时推送至共享的远程仓库。使用 Git 开发的最终目的是达到团队间的协同开发。本章将学习如何将代码共享给团队的其他成员，以及如何进行远程协同开发。

9.1 远程仓库简介

迄今为止，我们的项目都是基于本地开发。然而，在团队协同开发的过程中，我们需要将个人的代码发布到远程仓库，这是一个存储 Git 代码的远程服务器。同时，我们也需要拉取远程仓库中其他团队成员开发的代码到本地，以便整合和同步工作。有了远程仓库，我们的项目才能算真正意义上的协同开发。

远程仓库是一个代码托管中心/平台。市面上有许多知名的代码托管中心，如 GitHub、Gitee 等。这些远程仓库都是基于互联网的，只要接入了互联网，就可以创建属于自己的远程仓库。另外，我们也可以搭建只属于个人或公司的远程仓库。这类远程仓库一般用于某些公司存储自身代码。

9.1.1 GitHub

GitHub 是由微软公司运营的一款强大的云端软件开发协作平台，它基于 Git 分布式版本控制系统。GitHub 之所以得名，是因为它只支持 Git 作为唯一的版本库格式进行托管。GitHub 拥有 1 亿以上的开发人员、400 万以上的组织机构，成为全球最大的 Git 版本库托管商。GitHub 不仅是成千上万开发者和项目协作的枢纽，也是大部分 Git 版本库的托管地。很多开源项目使用 GitHub 实现 Git 托管、问题追踪、代码审查以及其他活动。

GitHub 极大地优化了团队协作流程，它不仅提高了代码质量与工作效率，并在全球范围内构建了一个活跃的开源社区，汇聚了海量优质开源项目、开发者资源和技术文档。

此外，GitHub 还集成了持续集成/持续部署（CI/CD）工具、项目管理面板、API 接口等多种功能，为企业和个人开发者提供了全面而完善的软件开发解决方案。

GitHub 官网为 https://github.com/，如图 9-1 所示。

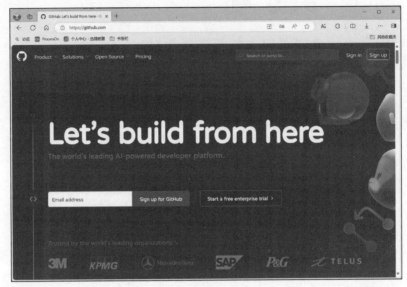

图 9-1

9.1.2 Gitee

Gitee（码云）是开源中国于 2013 年推出的基于 Git 的代码托管平台和企业级研发效能平台。它同样基于 Git 分布式版本控制系统，为国内开发者提供源代码托管服务。作为中国境内规模最大的代码托管平台之一，Gitee 拥有庞大的注册用户群和丰富的代码仓库资源，致力于打造本土化的开源生态坏境，同时为企业用户提供企业级研发效能管理和DevOps 解决方案，整合了包括 CI/CD 工具在内的多种开发工具链和服务，助力中国企业与个人开发者更加高效地进行软件开发与创新。

由于 GitHub 受网络限制等原因，我们后续的远程仓库均采用 Gitee 作为托管平台。

Gitee 官网为 https://gitee.com/，如图 9-2 所示。

9.1.3 其他托管平台

鉴于 GitHub、Gitee 等平台面向广大互联网用户，尽管这些平台对仓库权限有着严密的控制，但相较于在公司内部搭建代码托管服务，仍可能存在一定的安全隐忧。因此，许多互联网公司选择在内部网络中建立专属的代码托管平台，以获得更为安心和可控的代码管理环境。

图 9-2

1. Gogs

Gogs 是一款由社区驱动、采用 Go 语言编写的开源轻量级自助 Git 服务软件，旨在为个人和团队提供便捷的自托管代码托管解决方案。通过在本地服务器或云环境中部署 Gogs，用户能够创建、分享和管理项目源代码库，并实现基于 Git 版本控制的协同开发。它具备简洁易用的 Web 界面，支持分支管理、Pull Request 审查流程以及基本的权限控制功能，使得小型团队或独立开发者无须依赖第三方平台（如 GitHub 或 Gitee）即可搭建私有的、资源占用少且易于维护的 Git 服务环境。尽管功能相比大型平台更为精简，但 Gogs 对于寻求快速建立内部或私密代码仓库的场景尤为适用。因其低门槛的安装配置和跨平台特性而广受青睐。

Gogs 官网为 https://gogs.io，如图 9-3 所示。

2. GitLab

GitLab 是一款基于 Git 的分布式版本控制系统以及全方位的软件开发工具链。用户在 GitLab 上不仅能够创建、托管和分享项目源代码，还能够利用其丰富的功能实现从计划、编码、构建、测试到部署的全流程自动化管理。GitLab 支持分支管理和 Pull/Merge Request 审查机制，通过集成式的 CI/CD 系统（GitLab CI/CD）、问题跟踪系统、代码审核工具、安全扫描及性能分析等功能模块，大大提高了团队协作效率与软件质量。作为全球范围内广泛应用的企业级解决方案，GitLab 既可部署于云端服务，也可本地自建服务器进行使用，以满足不同规模组织的安全合规要求与定制化需求。

图 9-3

GitLab 官网为 https://gitlab.cn/，如图 9-4 所示。

图 9-4

9.2　发布远程仓库

使用 git init 命令可以初始化一个本地仓库，然而这个仓库并不能被项目团队的其他成员所发现。因此，我们需要在代码托管平台（如 Gitee）中创建一个远程仓库，然后使用

Git 提供的命令将本地仓库的代码推送（push）至远程仓库，供团队其他成员拉取（pull）。

同样，团队中其他成员代码编写完毕后也应该将代码推送到远程仓库，我们也可以从远程仓库中拉取其他成员的代码到本地进行合并。这样，一个完整的功能就集成到项目中，并且可以与团队中的任何一位成员共享。

9.2.1　协同开发工作流程

本地开发的工作流程我们已经非常熟悉，即编辑的内容使用 add 命令添加到暂存区，在本地仓库完成一个功能后，将该功能提交（commit）到本地仓库，形成一次版本信息。这是我们之前一直在操作的流程。

当本地代码提交后，需要通过 push 命令推送到远程仓库中。这样，代码就被共享出去了，当其他成员想要获取远程仓库的代码时，可以使用 clone/fetch/pull 等命令将远程仓库的代码拉取到本地，并与本地仓库的代码进行合并。关于这 3 个命令的区别在后面的章节会详细介绍。

协同开发工作流程示意图如图 9-5 所示。

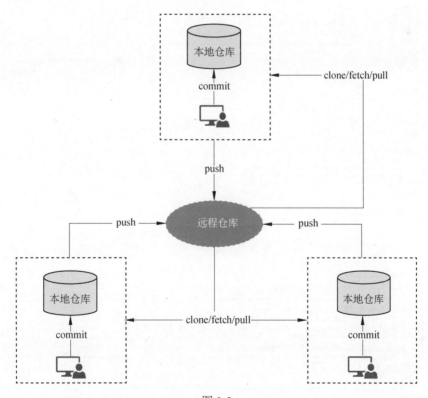

图 9-5

9.2.2　创建远程仓库

远程仓库就是代码托管中心的仓库，本次采用 Gitee 作为代码托管中心。首先注册一个 Gitee 账号，然后根据下面的步骤创建一个新的仓库。

（1）登录后，选择新建仓库，如图 9-6 所示。

图 9-6

（2）进行相关设置后，创建远程仓库，如图 9-7 所示。

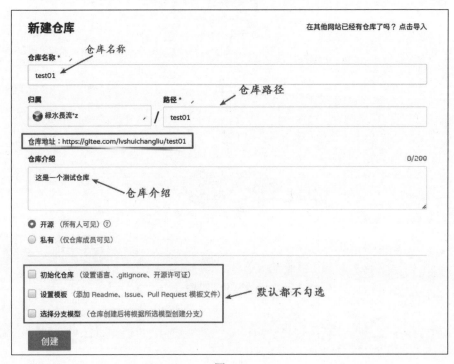

图 9-7

（3）创建成功，如图 9-8 所示。

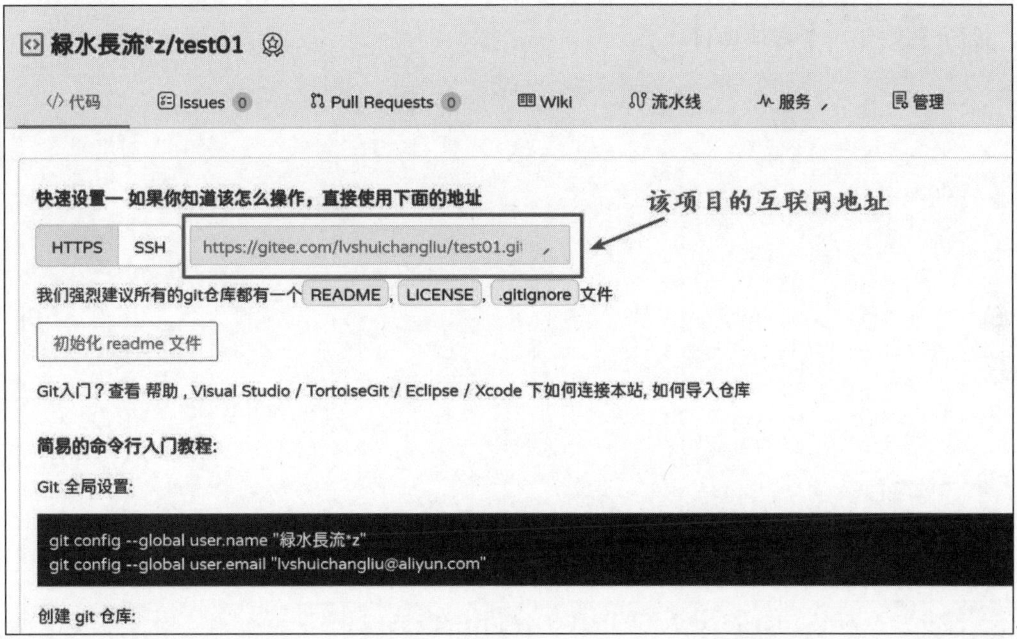

图 9-8

9.2.3　推送仓库

远程仓库创建好后，需要在本地建立一个本地仓库，然后使用 git push 命令将本地仓库推送到远程仓库中。

push 命令的语法如表 9-1 所示。

表 9-1

语法	说明
git push {remote} {branch：remote-branch}	将本地仓库的 branch 分支的代码推送到远程仓库的 remote-branch 分支中，如果远程仓库不存在 remote-branch 分支则创建一个。 remote：远程仓库的别名（默认为仓库的地址）。 branch：本地分支的名称。 remote-branch：远程分支的名称
git push {remote} {branch}	将本地仓库的 branch 分支的代码推送到远程仓库的 branch 分支中，适用于本地分支和远程分支名称一样的情况。 remote：远程仓库的别名（默认为仓库的地址）。 branch：本地分支和远程分支的名称

创建好远程仓库后，我们在本地创建一个 xiaohui 目录，然后进入 xiaohui 目录后创建 test01 项目，并推送到远程仓库中。步骤如下。

（1）初始化一个本地项目。

```
rm -rf .git ./*
git init
echo "111" >> aaa.txt
git add ./
git commit -m "111" ./
echo "222" >> aaa.txt
git commit -m "222" ./
echo "333" >> aaa.txt
git commit -m "333" ./

git log --oneline              # 产生 3 个版本
e5fec93(HEAD -> master)333
8b6f1a7 222
1bbbf3b 111
```

（2）推送到远程仓库。

```
git push https://gitee.com/lvshuichangliu/test01.git master
```

输入完上述命令后，Gitee 将弹出对话框提示用户输入用户名和密码，如图 9-9 所示。

图 9-9

输入完用户名和密码并单击"确定"按钮后，表示推送成功，如图 9-10 所示。

```
Adminstrator@Mi MINGW64 ~/Desktop/workspace/xiaohui/demo01 (master)
$ git push https://gitee.com/lvshuichangliu/test01.git master
Enumerating objects: 3, done.                        推送成功
Counting objects: 100% (3/3), done.
Writing objects: 100% (3/3), 203 bytes | 203.00 KiB/s, done.
Total 3 (delta 0), reused 0 (delta 0), pack-reused 0
remote: Powered by GITEE.COM [GNK-6.4]
To https://gitee.com/lvshuichangliu/test01.git
 * [new branch]      master -> master
```

图 9-10

刷新 Gitee 页面，发现本地仓库已经推送到远程仓库中，如 9-11 图所示。

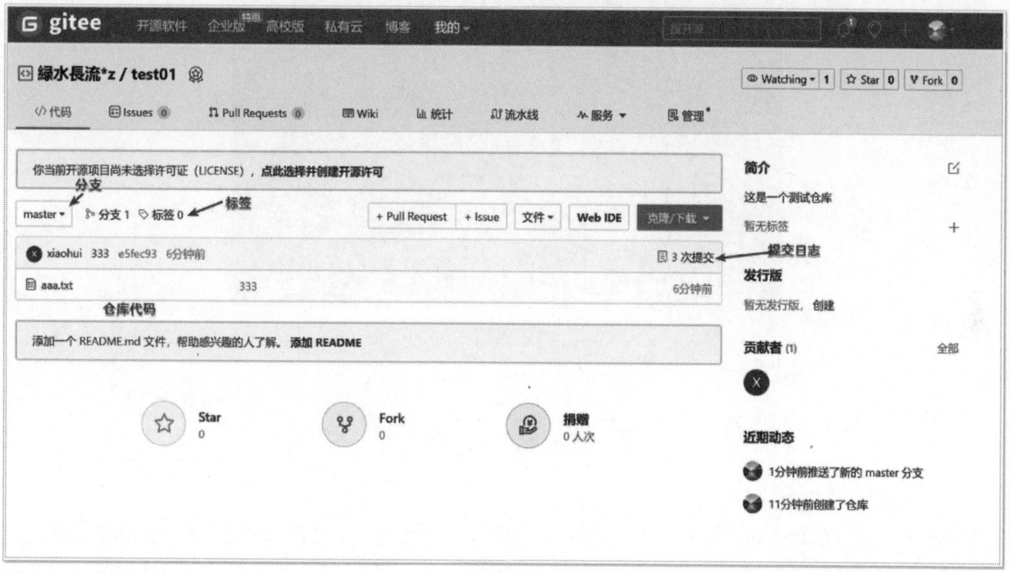

图 9-11

推送完毕后，可以让 Git 保存刚刚推送时输入的用户名和密码。这样，下次推送时就不需要再次输入用户名和密码了。

可以通过配置 Git 的方式来保存凭证。

```
# 永久保存凭证（后续执行 push/pull/clone 等指令不需要再重新输入代码托管平台的用户名和密码了）
git config --system credential.helper store

# 可以使用如下命令来清除凭证
git config --system --unset credential.helper

# 查询所有级别的所有配置信息
git config --list
```

执行上述命令查询所有级别的配置信息，如图 9-12 所示。

设置了保存配置后，再次推送一次。

```
git push https://gitee.com/lvshuichangliu/test01.git master
```

执行上述命令时，Gitee 会重新弹出输入框提示用户输入用户名和密码，我们重新输入一次用户名和密码，然后 Git 就会将本次的凭证保存起来了，下次推送时就不需要输入用户名和密码了。

图 9-12

9.3　协同开发相关命令

协同开发是一个版本控制工具最主要的核心功能之一，Git 提供了丰富的协同开发机制，包括代码共享、合并、解决冲突等多方面的功能，使得项目团队之间可以更好地一起协同开发，共同推动项目的进度。接下来，我们将学习协同开发相关命令的使用，为后期进行多人协同开发做铺垫。

9.3.1　remote 命令的使用

我们之前使用 push 指令推送本地项目到远程仓库，这一过程中需要我们知晓远程仓库的地址。然而，远程仓库的地址往往较长且不易记忆。git remote 命令用于管理 Git 仓库中的远程仓库，该命令提供了一些用于查看、添加、重命名和删除远程仓库的功能。通过为远程仓库设置别名，我们在操作远程仓库时，便无须记忆那一长串复杂的地址，使得操作远程仓库变得更加便捷。

remote 命令的语法如表 9-2 所示。

表 9-2

语法	说明
git remote -v	查看当前仓库中已配置的所有远程仓库名称
git remote add {remote} {url}	为一个远程仓库起一个别名。 remote：远程仓库别名。 url：远程仓库的地址
git remote show {remote 或 url}	查看指定的远程仓库的详细信息，包括 URL 和远程分支等

续表

语法	说明
git remote rename {old-remote} {new-remote}	重命名别名
git remote set-url {remote} {new-url}	修改指定远程仓库的 URL
git remote rm {remote}	删除别名

使用示例如下。

```
# 添加别名
git remote add test01 https://gitee.com/lvshuichangliu/test01.git
git remote -v              # 查看别名列表，remote 指令会为仓库添加两个别名
# 用于 fetch 操作
test01  https://gitee.com/lvshuichangliu/test01.git(fetch)
# 用于 push 操作
test01  https://gitee.com/lvshuichangliu/test01.git(push)

git remote show test01      # 查看仓库信息
* remote test01
  Fetch URL:https://gitee.com/lvshuichangliu/test01.git
  Push  URL:https://gitee.com/lvshuichangliu/test01.git
  HEAD branch:master
  Remote branch:
    master new(next fetch will store in remotes/test01)
  Local ref configured for 'git push':
    master pushes to master(up to date)

git remote rename test01 test01Project      # 重命名仓库

git remote -v                               # 查看别名列表
test01Project  https://gitee.com/lvshuichangliu/test01.git(fetch)
test01Project  https://gitee.com/lvshuichangliu/test01.git(push)

git remote rm test01Project        # 删除别名
git remote -v                      # 重新查看别名列表，发现没有任何别名了
```

9.3.2　clone 命令的使用

git clone 命令用于将远程仓库完整地克隆（clone）到本地，相当于在本地创建一个与远程仓库相同的仓库副本。此时本地无须执行 git init，等待 git clone 执行完毕会自动生成.git 文件夹。由于是克隆来的，所以.git 文件夹中存放着与远程仓库一模一样的版本库记录。

clone 命令的语法如表 9-3 所示。

表 9-3

语法	说明
git clone {url}	克隆远程仓库到本地
git clone {url} {projectName}	默认情况下克隆到本地的项目名称和远程仓库一样，如果想要自己指定名称可以在后面指定项目的名称

使用 clone 命令将远程仓库的项目克隆到本地之后，会为项目设置默认的别名为 origin，并在本地仓库创建远程分支对应的远程跟踪分支。

进入协同开发后，存在 3 类分支。以下是对这些分支的简要概述，后面会详细讲解，这也是我们必须掌握的内容。这 3 类分支的介绍如下。

☑ 本地分支：存在于本地仓库的分支，我们进行开发就是借助本地分支开发。

☑ 远程分支：将本地的分支推送到远程仓库后，在远程仓库也会存在一个分支，我们也可以在 Gitee 中直接创建远程分支。

☑ 远程跟踪分支：存在于本地仓库的分支，远程跟踪分支是协同开发中本地分支与远程分支中的一个交互媒介。

Tips：关于远程跟踪分支的作用、创建时机等稍后会进行详细讲解。我们暂时理解为只要有远程分支，那么，本地就会有一个远程跟踪分支（不用我们自己手动创建）。

使用示例如下。

```
rm -rf .git ./*              # 删除本地仓库
git clone https://gitee.com/lvshuichangliu/test01.git        # 克隆项目
cd test01/                   # 进入项目

git remote -v                # 查看项目别名，默认的别名为 origin

# 用于 fetch 操作
origin https://gitee.com/lvshuichangliu/test01.git(fetch)
# 用于 push 操作
origin https://gitee.com/lvshuichangliu/test01.git(push)
git log --oneline            # 查看日志
# 创建了两个远程跟踪分支，origin/master 就是 master 对应的远程跟踪分支
c771aae(HEAD -> master,origin/master,origin/HEAD)444
e5fec93 333
8b6f1a7 222
1bbbf3b 111
```

9.3.3 fetch 命令的使用

fetch 命令用于获取远程仓库的代码。默认情况下，获取的最新代码在本地分支对应

的远程跟踪分支上，并不在当前的分支。如果当前项目不存在远程跟踪分支将会创建一个远程跟踪分支，然后将最新的内容存储在远程跟踪分支上。因此，一般在使用完 fetch 命令后，还要将本地分支与远程跟踪分支进行合并，这样才能确保代码能够更新到本地仓库。

fetch 命令的语法如表 9-4 所示。

表 9-4

语法	说明
git fetch { remote } {remote-branch}	将远程分支 remote-branch 的代码拉取到本地仓库中对应的远程跟踪分支上。 remote：项目别名。 remote-branch：远程分支名称
git fetch --all	获取所有远程分支的代码到本地的远程跟踪分支
git fetch --tags	获取远程仓库的所有标签

> **Tips:** 执行 git fetch 拉取远程分支的代码时，代码将被拉取到远程分支对应的远程跟踪分支上，而不是本地分支。

使用示例如下。

（1）在一个新的目录（xiaolan）重新拉取一份远程仓库（test01）到本地。

```
git clone https://gitee.com/lvshuichangliu/test01.git    # 克隆项目
cd test01/                                                # 进入项目

git remote -v                                             # 查看别名
origin  https://gitee.com/lvshuichangliu/test01.git(fetch)
origin  https://gitee.com/lvshuichangliu/test01.git(push)

git log --oneline                                         # 查看日志
c771aae(HEAD -> master,origin/master,origin/HEAD)444
# origin/master 就是 master 分支的远程跟踪分支
e5fec93 333
8b6f1a7 222
1bbbf3b 111
```

（2）在 xiaolan 目录中的项目编辑代码，提交并推送。

```
echo "555" >> aaa.txt                # 编辑文件
git commit -m "555" ./               # 提交到本地库
git push origin master               # 推送 master 分支到远程仓库
```

（3）在 xiaohui 目录中的项目使用 fetch 命令拉取代码。

```
git log --oneline --all
```

```
c771aae(HEAD -> master,origin/master,origin/HEAD)444
e5fec93 333
8b6f1a7 222
1bbbf3b 111


cat aaa.txt
111
222
333
444
```

使用 fetch 将远程分支 master 的代码拉取到本地分支 master 的远程跟踪分支上
(origin/master)
```
git fetch origin master
git log --oneline --all
48ae5b2(origin/master,origin/HEAD)555
```
最新代码被拉取到 origin/master 分支（远程跟踪分支）上了
```
c771aae(HEAD -> master)444
```
master 分支还在原地
```
e5fec93 333
8b6f1a7 222
1bbbf3b 111
```

查看当前分支（master）的工作空间，发现代码并没有被合并到 master 分支
```
cat aaa.txt
111
222
333
444
```

```
git merge origin/master          # 将远程跟踪分支的代码合并到 master 分支中
git log --oneline --all          # 查看日志
48ae5b2(HEAD -> master,origin/master,origin/HEAD)555
c771aae 444
e5fec93 333
8b6f1a7 222
1bbbf3b 111


cat aaa.txt                      # 查看工作空间代码
111
222
333
444
555
```

9.3.4　pull 命令的使用

　　fetch 命令可以将远程仓库的代码拉取到本地仓库中，但拉取下来的代码并不在我们本地仓库所操作的那个分支上，而是在远程跟踪分支上。因此，使用 fetch 命令拉取代码后，通常都需要合并（merge）到本地分支，这样一个完整的拉取代码才算结束。

　　pull 命令用于获取远程仓库的代码。与 fetch 命令不同的是，pull 命令先拉取远程仓库的最新代码到本地后，然后再与本地分支进行合并。这样，就不需要人为地进行合并了。在实际使用中，pull 命令会更加常用。

　　pull 命令的语法如表 9-5 所示。

表 9-5

语法	说明
git pull {remote} {branch：remote-branch}	首先将远程分支 remote-branch 的代码拉取到对应的远程跟踪分支上，然后将本地分支 branch 与远程跟踪分支合并，最后将当前分支（HEAD 指向的分支）与远程跟踪分支合并。 remote：项目别名。 branch：本地分支名称。 remote-branch：远程分支名称
git pull {remote} {remote-branch}	将远程分支 remote-branch 的代码拉取到对应的远程跟踪分支上，再将当前分支（HEAD 指向的分支）与远程跟踪分支合并。 remote：项目别名。 remote-branch：远程分支

　　使用示例如下。

　　（1）在 xiaolan 目录中的项目编辑代码，提交并推送。

```
echo "666" >> aaa.txt            # 编辑文件
git commit -m "666" ./           # 提交到本地库
git push origin master           # 推送 master 分支到远程仓库
```

　　（2）在 xiaohui 工作空间使用 pull 命令拉取代码。

```
git log --oneline --all          # 拉取之前查看日志
48ae5b2(HEAD -> master,origin/master,origin/HEAD)555
c771aae 444
e5fec93 333
8b6f1a7 222
1bbbf3b 111


cat aaa.txt                      # 查看文件内容
```

```
111
222
333
444
555

# 将远程分支（master）的代码拉取到远程跟踪分支（origin/master），再将本地分支
（master）与远程跟踪分支合并（origin/master）
git pull origin master
git log --oneline --all                                    # 查看日志
f67c377(HEAD -> master,origin/master,origin/HEAD)666        # master 分支
与 origin/master 分支已经合并
48ae5b2 555
c771aae 444
e5fec93 333
8b6f1a7 222
1bbbf3b 111

cat aaa.txt                    # 查看文件内容（合并成功）
111
222
333
444
555
666
```

9.4 远程跟踪分支

Git 的远程跟踪分支是存储在本地仓库中的一种特殊引用，它用于追踪远程分支的最新提交。它们以（远程仓库名）/（分支名）的形式命名，如 origin/master。

远程跟踪分支用于记录本地仓库最后一次与远程仓库交互时的位置，其作用是告诉用户目前所跟踪的远程分支的状态（指向哪一个提交）。远程跟踪分支内容只读且自动更新，与远程仓库交互（如 fetch、pull 等）后会依据远程仓库的状态移动到新的提交上。开发者可以基于这些远程跟踪分支创建或关联本地分支进行开发，并使用 git push 和 git pull 等命令与远程仓库实现代码同步。

图 9-13 描述了执行 push 命令时远程跟踪分支更新流程。

从图 9-13 可以得知，如果没有执行 push 命令，而是一直在使用本地分支进行开发，则本地分支会一直随着版本的更新而更新，而远程跟踪分支则会保持原地不动。远程跟踪分支始终记录着本地分支与远程分支上一次交互的位置。

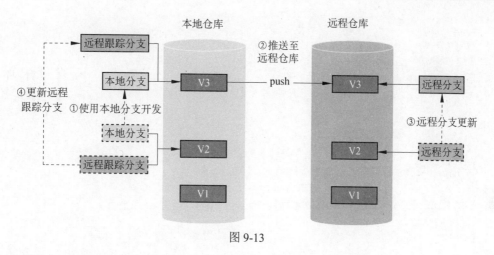

图 9-13

实际上，跟踪远程分支的移动与创建并不仅限于执行 push 或 clone 等命令。关于这部分内容，我们将会在下一节详细探究。

9.4.1　远程分支的创建

在进行协同开发时，分支分为 3 种类型：本地分支、远程分支、远程跟踪分支。本地分支的创建时机非常好理解，每一个 Git 仓库都会存在一个 master 分支，该 master 分支就是本地分支。我们也可以通过 git branch 命令来创建本地分支。

远程分支是存储在远程仓库中的分支，将本地分支推送至远程仓库后，就会在远程仓库中创建远程分支。

下面来演示本地分支和远程分支的创建。

（1）创建本地分支：创建一个新的本地项目，测试创建本地分支。

```
git init                          # 初始化仓库
echo "111" >> a.txt
git add ./
git commit -m "111" ./
git log --oneline --all
5aec3e0(HEAD -> master)111        # 每个 Git 仓库都会有一个 master 本地分支

git branch b1                     # 创建一个本地分支
git log --oneline --all
5aec3e0(HEAD -> master,b1)111     # 本地分支创建成功
```

（2）创建远程分支：远程分支是存在于远程仓库的分支，可以将本地的分支提交到远程仓库中。这样，在远程仓库就会创建一个与本地分支名称一样的远程分支。

在 xiaohui 目录中的 test01 项目中，创建一个本地分支，然后推送到远程仓库。

```
git branch b1                              # 创建 b1 分支
git log --oneline --all
f67c377(HEAD -> master,origin/master,origin/HEAD,b1)666
48ae5b2 555
c771aae 444
e5fec93 333
8b6f1a7 222
1bbbf3b 111


git remote -v                             # 查看项目名
origin https://gitee.com/lvshuichangliu/test01.git(fetch)
origin https://gitee.com/lvshuichangliu/test01.git(push)


git push origin b1                        # 推送 b1 分支到远程仓库


git log --oneline
f67c377(HEAD -> master,origin/master,origin/b1,origin/HEAD,b1)666
# 推送完成之后创建了 b1 的远程跟踪分支
48ae5b2 555
c771aae 444
e5fec93 333
8b6f1a7 222
1bbbf3b 111
```

打开远程仓库，查看远程分支，如图 9-14 所示。

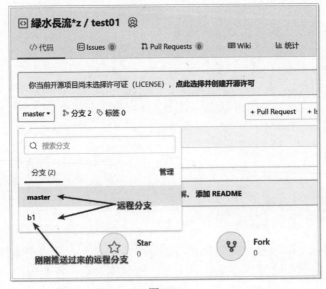

图 9-14

（3）远程分支的拉取：当本地分支被提交到远程仓库后，就会建立远程分支。需要注意的是，我们在克隆项目时，远程分支并不会被克隆下来，被克隆下来的只有远程分支对应的远程跟踪分支。

在一个新的目录（xiaolv）中使用克隆远程仓库。

```
git clone https://gitee.com/lvshuichangliu/test01.git
cd test01/                          # 进入项目
git log --oneline --all             # 查看日志
f67c377(HEAD -> master,origin/master,origin/b1,origin/HEAD)666
# 拉取到本地的只有远程跟踪分支(origin/b1)
48ae5b2 555
c771aae 444
e5fec93 333
8b6f1a7 222
1bbbf3b 111
```

虽然，在进行克隆时，远程分支并不会被克隆到本地，但是，我们可以根据远程跟踪分支来创建本地分支。

```
git branch b1                       # 在当前位置创建 b1 分支
git log --oneline --all             # 查看日志
f67c377（HEAD -> master, origin/master, origin/b1, origin/HEAD, b1）666
# 在这个位置创建了一个本地分支
48ae5b2 555
c771aae 444
e5fec93 333
8b6f1a7 222
1bbbf3b 111
```

9.4.2　远程跟踪分支的创建

远程跟踪分支在协同开发时非常重要。至此，我们已经理解了远程跟踪分支的作用，概述如下。

（1）远程跟踪分支用于记录本地仓库最后与远程仓库交互状态。

（2）当使用 fetch 拉取远程仓库的代码时，默认会拉取到本地的远程跟踪分支中。

那么，远程跟踪分支会在什么时候创建呢？在 Git 中，远程跟踪分支是由 Git 自身来创建，远程跟踪分支对开发者来说是只读的，由 Git 自行管理。开发者无法修改远程跟踪分支的内容。

远程跟踪分支的创建时机如下。

☑　push：当执行 push 操作后，会将本地分支提交到远程仓库中并创建远程分支，与此同时，会创建远程分支对应的远程跟踪分支。

☑ clone：当执行 clone 操作后，远程分支并不会被拉取到本地，但本地会创建所有远程分支对应的远程跟踪分支。

☑ fetch：当执行 fetch 操作拉取指定远程分支代码到本地时，会在本地创建该远程分支对应的远程跟踪分支。远程分支的代码被拉取到这个远程跟踪分支上时，通常需要使用当前分支合并远程跟踪分支来更新工作空间。

☑ pull：当执行 pull 操作拉取指定远程分支代码到本地时，会在本地创建该远程分支对应的远程跟踪分支。然后将当前分支与远程跟踪分支合并。

下面分别演示远程跟踪分支创建的 4 种情况。

首先准备本地项目环境。

（1）在 xiaohui 目录中创建一个名为 test02 的本地项目。

```
rm -rf .git ./*
git init
echo "111" >> aaa.txt
git add ./
git commit -m "111" ./
echo "222" >> aaa.txt
git commit -m "222" ./
echo "333" >> aaa.txt
git commit -m "333" ./
git branch b1

git log --oneline --all                    # 产生 3 个版本
7225a2f(HEAD -> master,b1)333
37a2682 222
3106882 111
```

（2）创建远程仓库 test02，如图 9-15 所示。

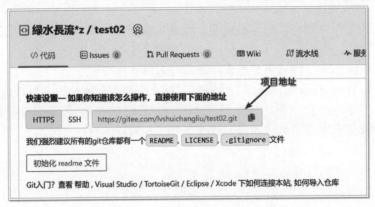

图 9-15

（3）添加项目别名。

```
git remote add test02 https://gitee.com/lvshuichangliu/test02.git
git remote -v
test02  https://gitee.com/lvshuichangliu/test02.git(fetch)
test02  https://gitee.com/lvshuichangliu/test02.git(push)
```

1. 演示 push 创建远程跟踪分支

当执行 push 操作后，会将本地分支提交到远程仓库中并创建远程分支。与此同时，会创建远程分支对应的远程跟踪分支。

（1）将本地项目推送到远程仓库。

```
git push test02 master          # 将项目推送到远程仓库

git log --oneline --all         # 查看日志
7225a2f(HEAD -> master,test02/master,b1)333
# 创建了 master 分支对应的远程跟踪分支(test02/master)
37a2682 222
3106882 111
```

执行完上述命令后，查看远程分支，如图 9-16 所示。

图 9-16

（2）再次推送 b1 分支到远程仓库。

```
git push test02 b1
# 推送 b1 分支到远程仓库

git log --oneline --all
```

```
7225a2f(HEAD -> master,test02/master,test02/b1,b1)333
# 创建了 b1 分支对应的远程跟踪分支(test02/b1)
37a2682 222
3106882 111
```

执行完上述命令后，在 Gitee 中查看远程分支发现多了 b1 分支，如图 9-17 所示。

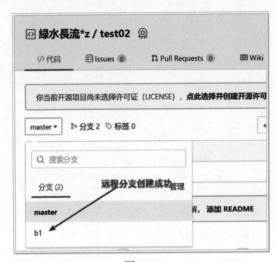

图 9-17

2. 演示 clone 创建远程跟踪分支

当执行 clone 操作后，远程分支并不会被拉取到本地，但本地会创建其他分支对应的远程跟踪分支。

创建一个新的目录 xiaolan，克隆远程仓库到本地。

```
git clone https://gitee.com/lvshuichangliu/test02.git    # 克隆项目
cd test02/                                                # 进入项目
git remote -v                                             # 查看项目别名
origin  https://gitee.com/lvshuichangliu/test02.git(fetch)
origin  https://gitee.com/lvshuichangliu/test02.git(push)

git log --oneline                                         # 查看日志
7225a2f(HEAD -> master,origin/master,origin/b1,origin/HEAD)333
# 远程分支对应的远程跟踪分支被拉取下来了
37a2682 222
3106882 111
```

3. 演示 fetch 创建远程跟踪分支

当执行 fetch 操作拉取指定远程分支代码到本地时，会在本地创建该远程分支对应的远程跟踪分支。远程分支的代码被拉取到这个远程跟踪分支上时，通常需要使用当前分支合并远程跟踪分支来更新工作空间。

先使用 xiaohui 工作空间创建一个新分支 b2，然后再推送到远程仓库。

```
git branch b2                        # 创建 b2 分支
git checkout b2                      # 切换到 b2 分支

echo "444-b2" >> aaa.txt
git commit -m "444-b2" ./

git push test02 b2                   # 推送 b2 分支到远程仓库

git log --oneline --all
b8374b1(HEAD -> b2,test02/b2)444-b2
# 在本地创建了 b2 分支对应的远程跟踪分支
7225a2f(test02/master,test02/b1,master)333
37a2682 222
3106882 111
```

切换到 xiaolan 工作空间，使用 fetch 拉取远程仓库代码到本地。

```
git log --oneline --all
7225a2f(HEAD -> master,origin/master,origin/b1,origin/HEAD,b1)333
37a2682 222
3106882 111

git fetch origin b2                  # 从远程仓库拉取 b2 分支的代码

git log --oneline --all
b8374b1(origin/b2)444-b2
# 创建了 b2 分支的远程跟踪分支
7225a2f(HEAD -> master,origin/master,origin/b1,origin/HEAD,b1)333
# HEAD 指针指向的是这里
37a2682 222
3106882 111

git branch b2                        # 在当前位置创建 b2 分支
git checkout b2                      # 切换到 b2 分支

git log --oneline --all
b8374b1(origin/b2)444-b2
7225a2f(HEAD -> b2,origin/master,origin/b1,origin/HEAD,master,b1)333
37a2682 222                          # HEAD 指针指向了 b2 分支
3106882 111
```

```
git merge origin/b2                    # 合并远程跟踪分支

git log --oneline --all
b8374b1(HEAD -> b2,origin/b2)444-b2    # 合并成功
7225a2f(origin/master,origin/b1,origin/HEAD,master,b1)333
37a2682 222
3106882 111
```

4. 演示 pull 创建远程跟踪分支

当执行 pull 操作拉取指定远程分支代码到本地时，会在本地创建该远程分支对应的远程跟踪分支；然后将当前分支与远程跟踪分支合并。

（1）使用 xiaohui 工作空间创建新分支 b3，然后再推送到远程仓库。

```
git log --oneline --all
b8374b1(HEAD -> b2,test02/b2)444-b2    # HEAD 指针指向这里
7225a2f(test02/master,test02/b1,master)333
37a2682 222
3106882 111

git branch b3                          # 在当前 HEAD 指针指向的位置创建 b3 分支
git checkout b3                        # 切换到 b3 分支

echo "555-b3" >> aaa.txt
git commit -m "555-b3" ./
git push test02 b3                     # 推送到远程仓库

git log --oneline --all
31b62a6(HEAD -> b3,test02/b3)555-b3    # 创建了 b3 分支对应的远程跟踪分支
b8374b1(test02/b2,b2)444-b2
7225a2f(test02/master,test02/b1,master)333
37a2682 222
3106882 111
```

执行完上述命令后，查看远程分支 b3，如图 9-18 所示。

（2）切换到 xiaolan 工作空间，使用 pull 拉取远程仓库代码到本地。

```
git log --oneline --all                     # 当前 HEAD 指针的位置
b8374b1(HEAD -> b2,origin/b2)444-b2
7225a2f(origin/master,origin/b1,origin/HEAD,master,b1)333
37a2682 222
3106882 111
```

```
git pull origin b3                              # 拉取 b3 远程分支的代码到本地

git log --oneline --all
31b62a6(HEAD -> b2,origin/b3)555-b3                          # 创建了 b3 的远程跟踪分支
(origin/b3)，并且当前分支(b2)与 origin/b3 分支合并了
b8374b1(origin/b2)444-b2
7225a2f(origin/master,origin/b1,origin/HEAD,master,b1)333
37a2682 222
3106882 111
```

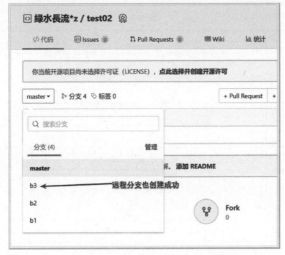

图 9-18

9.5 远程协作代码冲突

在 Git 中，代码冲突分为协同开发时的代码冲突和分支合并时的代码冲突两大类。

从本质上来讲，协同开发的代码冲突最终也是通过分支合并来体现。不难发现，如果团队中的一个人想要获取其他成员的代码，需要通过 fetch、pull 等命令拉取到本地，最终还是要与自己编写的代码进行分支合并。如果此时自己编写的代码与被拉取下来的代码内容不一致，则会出现代码冲突。当然，这底层依旧是依赖于三路合并算法。

因此我们也可以这样理解：在 Git 中，代码冲突的情况只存在于分支合并。

9.5.1 分支合并的情况

接下来回顾快进式合并与典型式合并。

1. 快进式合并冲突

快进式合并指的是前面的版本需要合并后面的版本。但需要注意的是，后面的版本并非一定包含前面版本的内容，这主要取决于分支开发的路线。对于同轴开发路线，其内容肯定包含前面版本的内容。但对于分叉开发路线，后面的版本内容大概率是不包含前面的版本内容的。

快进式合并存在于同轴开发与分叉开发两种开发路线，对于同轴开发来说，快进式合并不会造成代码冲突。只有在分叉开发路线时，快进合并才会产生代码冲突。

下面只演示分叉开发路线时的快进式合并，如表 9-6 所示。

表 9-6

master 分支	test 分支
创建 abc.txt，内容为： 111 222	
执行 add	
执行 commit	
	创建分支，此时 test 分支的 abc.txt 的内容也是 111、222
修改内容为： 111aaa 222	
执行 commit	
	切换到 test 分支
	修改内容为： 111bbb 222
	执行 commit，此时 test 分支和 master 分支已经不同轴了
切换到 master 分支，合并 test 分支，属于快进式合并，但会出现冲突	

上面案例属于很常见的分叉开发路线的快进式合并代码冲突，下面通过代码来演示快进式合并的代码冲突。

（1）初始化项目。

```
rm -rf ./* .git
git init
echo "111" >> aaa.txt
echo "222" >> aaa.txt
```

```
git add ./
git commit -m "111 222" ./

git log --oneline --all
d0a757e(HEAD -> master)111 222
```

（2）创建 test 分支。

```
git branch test
git log --oneline --all
d0a757e(HEAD -> master,test)111 222
```

（3）使用 master 分支继续开发。

```
vi aaa.txt
cat aaa.txt
111aaa
222

git commit -m "aaa" ./
git log --oneline --all
58c48b6(HEAD -> master)aaa
d0a757e(test)111 222
```

（4）切换到 test 分支，并使用 test 分支开发。此时，master 分支与 test 分支已经属于分叉开发路线了。

```
git checkout test
vi aaa.txt
cat aaa.txt
111bbb
222

git commit -m "bbb" ./
git log --oneline --all --graph
* 52527cf(HEAD -> test)bbb                # 产生分叉开发路线
| * 58c48b6(master)aaa
|/
* d0a757e 111 222
```

（5）切换到 master 分支并合并 test 分支的内容，属于不同轴的快进式合并，此时会出现代码冲突。

```
git checkout master
git log --oneline --all --graph
```

```
*  52527cf(test)bbb
|  *  58c48b6(HEAD -> master)aaa
|/
*  d0a757e 111 222

git merge test                  # 合并 test 分支，出现代码冲突
cat aaa.txt
<<<<<<< HEAD
111aaa
=======
111bbb
>>>>>>> test
222

vi aaa.txt                      # 编辑冲突文件
cat aaa.txt
111aaa
111bbb
222

git add .
git merge --continue
git log --oneline --all --graph
*   5c341f6(HEAD -> master)master 合并 test 分支，并解决冲突
|\
| *  52527cf(test)bbb
* |  58c48b6 aaa
|/
*  d0a757e 111 222
```

（6）切换到 test 分支，并合并 master 分支，此时并不会出现代码冲突。

```
git checkout test
git log --oneline --all --graph
*   5c341f6(master)master 合并 test 分支，并解决冲突
|\
| *  52527cf(HEAD -> test)bbb
* |  58c48b6 aaa
|/
*  d0a757e 111 222

git merge master                # 合并 master 分支（合并成功）
git log --oneline --all --graph
*   5c341f6(HEAD -> test,master)master 合并 test 分支，并解决冲突
```

```
|\
| * 52527cf bbb
* | 58c48b6 aaa
|/
* d0a757e 111 222
```

2. 典型式合并冲突

典型式合并只存在于分叉开发路线的情况，并且是后面的版本要合并前面的版本。
下面通过案例来演示典型式合并的代码冲突，如表 9-7 所示。

表 9-7

master 分支	test 分支
创建 abc.txt，内容为： 111 222	
执行 add	
执行 commit	
	创建分支，此时 test 分支的 abc.txt 的内容也是 111、222
修改内容为： 111aaa 222	
执行 commit	
	切换到 test 分支
	修改内容为： 111bbb 222
	执行 commit，此时 test 分支和 master 分支已经不同轴了
	合并 master 分支，属于典型式合并，会出现冲突

上面案例属于很常见的典型式合并时的代码冲突，后面的版本要合并前面的版本。
接着通过代码来演示典型式合并的代码冲突。

（1）项目初始化。

```
rm -rf ./* .git
git init
echo "111" >> aaa.txt
echo "222" >> aaa.txt
git add ./
git commit -m "111 222" ./
```

```
git log --oneline --all --graph
* e8e0f3a(HEAD -> master)111 222
```

（2）创建 test 分支。

```
git branch test
git log --oneline --all --graph
* e8e0f3a(HEAD -> master,test)111 222
```

（3）使用 master 分支继续开发。

```
vi aaa.txt
cat aaa.txt
111aaa
222

git commit -m "aaa" ./
git log --oneline --all --graph
* ed86aca(HEAD -> master)aaa
* e8e0f3a(test)111 222
```

（4）切换到 test 分支，继续开发。此时 master 与 test 分支产生分叉开发路线。

```
git checkout test
git log --oneline --all --graph
* ed86aca(master)aaa
* e8e0f3a(HEAD -> test)111 222

vi aaa.txt
cat aaa.txt
111bbb
222

git commit -m "bbb" ./
git log --oneline --all --graph
* 908668e(HEAD -> test)bbb
| * ed86aca(master)aaa
|/
* e8e0f3a 111 222
```

（5）使用 test 分支合并 master 分支，出现代码冲突。

```
git merge master          # 合并 master 分支(出现代码冲突)
cat aaa.txt
<<<<<<< HEAD
111bbb
```

```
=======
111aaa
>>>>>>> master
222

vi aaa.txt                    # 编辑冲突文件
cat aaa.txt
111bbb
111aaa
222

git add .
git merge --continue
git log --oneline --all --graph
*   3cbf22b(HEAD -> test)test 分支合并 master 分支，并解决冲突
|\
| * ed86aca(master)aaa
* | 908668e bbb
|/
* e8e0f3a 111 222
```

（6）切换到 master 分支，并合并 test 分支，此时并不会出现代码冲突。

```
git checkout master
git merge test                     # 合并 test 分支（合并成功）
git log --oneline --all --graph
*   3cbf22b(HEAD -> master,test)test 分支合并 master 分支，并解决冲突
|\
| * ed86aca aaa
* | 908668e bbb
|/
* e8e0f3a 111 222
```

9.5.2　远程协作的情况

在执行 push 命令之前，应该确保当前工作空间的分支处于最新版本状态。因此，执行 push 命令之前都会先执行一遍 pull 命令来拉取远程仓库的代码到本地仓库，以确保当前工作空间的分支是最新版本状态。

pull 命令的本质是将远程仓库的代码拉取到本地仓库的远程跟踪分支上，随后再将远程跟踪分支合并到本地分支中，这一步合并操作就可能会产生代码冲突。

观察下面代码流程，如表 9-8 所示。

表 9-8

xiaohui 用户	xiaolan 用户
创建 abc.txt，内容为： 111 222	
执行 add、commit、push	
	克隆项目到本地
修改内容为： 111aaa 222	
执行 commit、push	
	修改内容为： 111bbb 222
	执行 commit
	执行 pull，出现代码冲突

下面通过代码来演示协同开发时的代码冲突。

1. 创建一个仓库

（1）在当前工作空间（xiaohui），创建一个名为 test03 的项目。

```
rm -rf .git ./*
git init
echo "111" >> aaa.txt
git add ./
git commit -m "111" ./
echo "222" >> aaa.txt
git commit -m "222" ./
echo "333" >> aaa.txt
git commit -m "333" ./

git log --oneline --all --graph
* b2eae4c(HEAD -> master)333
* a5bc84f 222
* e557023 111
```

（2）在 Gitee 上创建一个远程仓库，如图 9-19 所示。

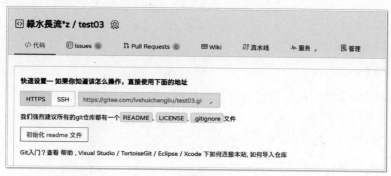

图 9-19

（3）将本地仓库推送至远程仓库。

```
# 添加别名
git remote add origin https://gitee.com/lvshuichangliu/test03.git

# 查看别名
git remote -v
origin  https://gitee.com/lvshuichangliu/test03.git(fetch)
origin  https://gitee.com/lvshuichangliu/test03.git(push)

# 推送 master 分支到远程仓库
git push origin master
```

2. 在另一个目录中，将远程仓库克隆一份到本地仓库，建立另一个副本

（1）创建一个 xiaolan 工作空间，克隆项目。

```
# 克隆项目
git clone https://gitee.com/lvshuichangliu/test03.git
cd test03/              # 进入项目

git remote -v           # 查看项目别名
origin  https://gitee.com/lvshuichangliu/test03.git(fetch)
origin  https://gitee.com/lvshuichangliu/test03.git(push)
```

　　执行完上述代码后，一个远程仓库具备了两个工作副本，就可以模拟真实开发环境中多人协同开发了。

（2）使用 xiaohui 工作空间，开发一些代码并提交。

```
git log --oneline --all --graph
* b2eae4c(HEAD -> master,origin/master,origin/HEAD)333
```

```
* a5bc84f 222
* e557023 111

echo "444" >> aaa.txt
git commit -m "444" ./
git push origin master
```

（3）在 xiaolan 工作空间，使用 pull 拉取代码。

```
git pull origin master

git log --oneline --all --graph
* 472badb(HEAD -> master,origin/master)444
* b2eae4c 333
* a5bc84f 222
* e557023 111
```

3. 模拟协同开发时的冲突现象

（1）在 xiaohui 工作空间编辑代码，然后推送。文件内容如下。

```
111aaa
222
333
444
```

代码示例如下。

```
vi aaa.txt
cat aaa.txt
111aaa
222
333
444

git commit -m "aaa" ./
git push origin master                    # 推送到远程仓库

git log --oneline --all --graph
* 9fe280b(HEAD -> master,origin/master)aaa
* 472badb 444
* b2eae4c 333
* a5bc84f 222
* e557023 111
```

（2）在 xiaolan 工作空间先编辑文件并提交到本地仓库，然后再拉取远程仓库的代码。文件内容如下。

```
111bbb
222
333
444
```

Tips： 执行 push 时，必须保证本地仓库的代码是最新版本。否则，将不能执行 push 命令。因此我们执行 push 指令之前要先执行一遍 pull 命令。

代码示例如下。

```
vi aaa.txt
cat aaa.txt
111bbb
222
333
444

git commit -m "bbb" ./
git push origin master          # 执行 push，出现错误（必须保证本地代码是最新版本）
git pull origin master          # 执行 pull，出现代码冲突

cat aaa.txt                     # 查看冲突内容
<<<<<<< HEAD
111bbb
=======
111aaa
>>>>>>> 9fe280b338ed257e655df4929f4351ccd74d2b64
222
333
444

# 查看日志，已经成功拉取远程仓库的代码到本地了（只不过还有冲突需要解决），产生了一个新的
版本
git log --oneline --all --graph
* 516f22a(HEAD -> master)bbb
| * 9fe280b(origin/master,origin/HEAD)aaa
|/
* 472badb 444
* b2eae4c 333
* a5bc84f 222
* e557023 111
```

（3）解决代码冲突，然后再推送。

```
vi aaa.txt                              # 编辑冲突文件，解决代码冲突
cat aaa.txt
111bbb
111aaa
222
333
444


git add .
git merge --continue                    # 解决冲突，产生了一个新的版本
git log --oneline --all --graph
*   02d9227(HEAD -> master)执行pull，出现冲突，并且已经解决冲突
|\
| * 9fe280b（origin/master, origin/HEAD）aaa
* | 516f22a bbb
|/
* 472badb 444
* b2eae4c 333
* a5bc84f 222
* e557023 111


git push origin master                  # 解决完冲突后，提交到远程仓库
```

（4）使用 xiaohui 工作空间，拉取最新代码。

```
git log --oneline --all --graph     # 拉取之前的日志
* 7813dd8(HEAD -> master,origin/master)aaa
* 4fdb115 444
* 792c65d 333
* 61b5869 222
* bcbb013 111

git pull origin master                  # 拉取代码
cat aaa.txt                             # 已经成功拉取下来了
111bbb
111aaa
222
333
444


git log --oneline --all --graph     # 拉取之后的日志
*   02d9227(HEAD -> master,origin/master) 执行pull，出现冲突，并且已经解决冲突
|\
```

```
| * 9fe280b aaa
* | 516f22a bbb
|/
* 472badb 444
* b2eae4c 333
* a5bc84f 222
* e557023 111
```

9.6　用户信息的配置

我们已经模拟了多人协同开发。需要注意的是，远程仓库存储的日志信息是本地工作副本中配置的用户信息，而我们之前在 1.6 节时就已经配置了全局（global）级别的用户信息。

我们可以在本地仓库中执行如下命令查看。

（1）xiaohui 的工作副本。

```
git config --global --list
...
user.name=xiaohui
user.email=xiaohui@aliyun.com
...

# 查询每个提交的作者名称/邮箱/哈希值/日志信息，可以看到全部都是 xiaohui 提交的信息
git log --oneline --pretty=format: '%an %ae %p %s' --graph
*    xiaohui xiaohui@aliyun.com 02d9227 执行 pull，出现冲突，并且已经解决冲突
|\
| * xiaohui xiaohui@aliyun.com 516f22a aaa
* | xiaohui xiaohui@aliyun.com 9fe280b bbb
|/
* xiaohui xiaohui@aliyun.com 472badb 444
* xiaohui xiaohui@aliyun.com b2eae4c 333
* xiaohui xiaohui@aliyun.com a5bc84f 222
* xiaohui xiaohui@aliyun.com e557023 111
```

（2）xiaolan 的工作副本。

```
git config --global --list
...
user.name=xiaohui
user.email=xiaohui@aliyun.com
...
```

```
# 查询每个提交的作者名称/邮箱/哈希值/日志信息
git log --oneline --pretty=format: '%an %ae %p %s' --graph
*   xiaohui xiaohui@aliyun.com 02d9227 执行 pull，出现冲突，并且已经解决冲突
|\
| * xiaohui xiaohui@aliyun.com 516f22a aaa
* | xiaohui xiaohui@aliyun.com 9fe280b bbb
|/
* xiaohui xiaohui@aliyun.com 472badb 444
* xiaohui xiaohui@aliyun.com b2eae4c 333
* xiaohui xiaohui@aliyun.com a5bc84f 222
* xiaohui xiaohui@aliyun.com e557023 111
```

可以看到，无论是在 xiaohui 还是在 xiaolan 的工作副本中，配置的用户名和邮箱分别都是"xiaohui""xiaohui@aliyun.com"。这样，两个工作副本提交的用户信息自然都是 xiaohui，最终导致两个工作副本推送到远程仓库时，记录的用户信息都是"xiaohui""xiaohui@aliyun.com"。我们可以查看远程仓库的提交日志信息，如图 9-20 所示。

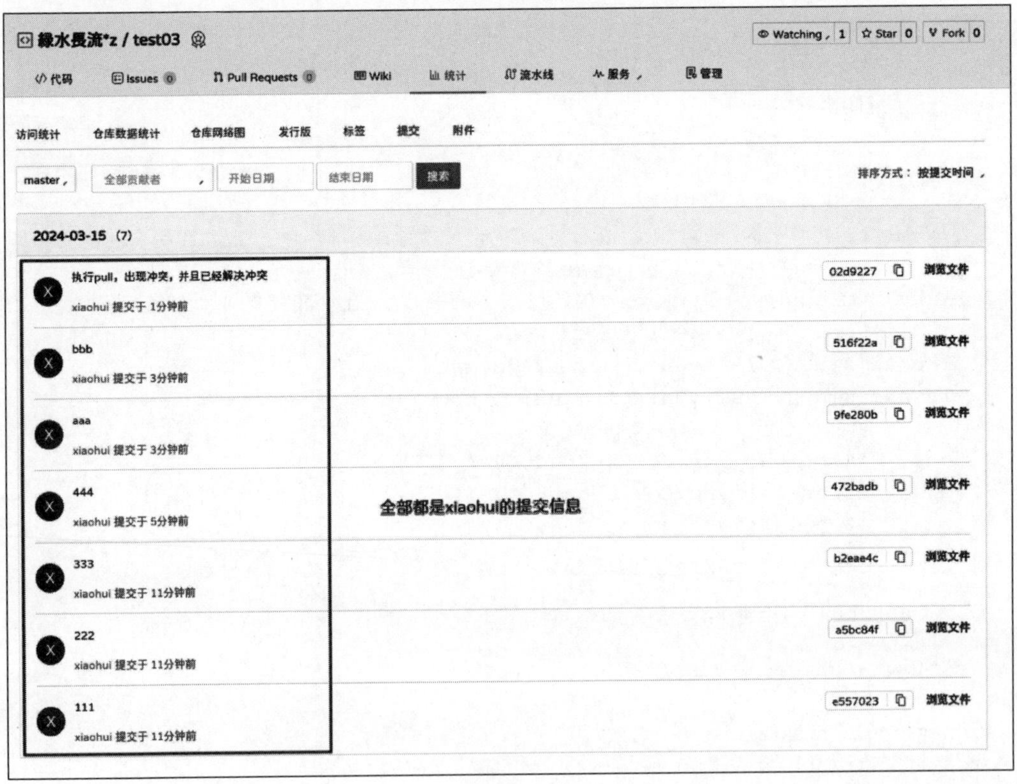

图 9-20

（3）创建一个新的目录（xiaolv），重新克隆一份到 xiaolv 目录中，然后配置用户信息。

```
git clone https://gitee.com/lvshuichangliu/test03.git    # 克隆项目
cd test03                                                 # 进入项目
git config --local user.name xiaolv                       # 配置用户名
git config --local user.email xiaolv@aliyun.com           # 配置邮箱
```

> **Tips:** Git 的配置由低至高分别为 local、global、system，低级别的配置会覆盖高级别的配置。

编辑文件，提交查看日志信息。

```
echo "test" >> aaa.txt
git commit -m 'test' ./

git log --oneline --pretty=format: '%an %ae %p %s' --graph
* xiaolv xiaolv@aliyun.com 73ff442 test        # 用户名和邮箱信息都变为了 xiaolv
*   xiaohui xiaohui@aliyun.com 02d9227 执行 pull，出现冲突，并且已经解决冲突
|\
| * xiaohui xiaohui@aliyun.com 516f22a aaa
* | xiaohui xiaohui@aliyun.com 9fe280b bbb
|/
* xiaohui xiaohui@aliyun.com 472badb 444
* xiaohui xiaohui@aliyun.com b2eae4c 333
* xiaohui xiaohui@aliyun.com a5bc84f 222
* xiaohui xiaohui@aliyun.com e557023 111
```

推送至远程仓库，查看远程仓库的日志信息。

```
git push origin master
```

查看远程仓库的日志信息，发现提交者变为了 xiaolv，如图 9-21 所示。

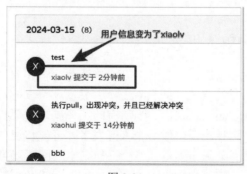

图 9-21

第 10 章
多人协同开发

10

chapter

在前面的章节我们学习了远程协同开发有关的命令，这些命令使得我们可以上传代码到远程仓库中。其他人员也可以通过 clone 命令将远程仓库的代码克隆到本地仓库。在本地编写功能并提交到本地仓库后，可以再推送至远程仓库。这样，多个工作副本之间就可以进行协同开发。

但是，我们在第 9 章进行的协同开发其实是一种"伪协作"，因为多位开发人员使用的是同一个账号推送至服务器（Gitee）。这种做法对服务器本身并无影响，因为提交到服务器中的日志信息是每个工作副本都可以独立配置的用户信息，在第 9 章中我们就针对不同的工作副本配置了不同的用户信息。

但是在实际开发中，不同的开发人员肯定会创建属于自己的账号，而且大部分互联网公司还会搭建属于自己的代码托管平台，如 Gogs、Gitlab 等。进入公司后，也会为入职的新员工分配一个独立的账号。在本章我们将模拟真正意义上的多人协同开发。

10.1 多人协同开发的场景

在使用 Git 时，存在以下 3 种开发场景，下面将分别介绍这 3 种场景的含义。

10.1.1 场景 1——单人开发

单人开发，即一个远程仓库，只有一个开发者账号，但建立了多个工作副本。这种模式是我们之前一直使用的开发模式，即只有一个开发者账号（Gitee 账号），但是建立了多个工作副本（xiaohui、xiaolan、xiaolv）。当所有的工作副本需要推送至远程仓库时，都会采用同一个开发者账号。这种场景一般是个人开发者在开发自己的一些应用，不需要多人协同开发，可能需要建立多个工作副本（多个工作副本之间依旧可以协同开发）。

例如，我们创建了一个项目用于练习，在公司的时候用公司的计算机开发一些功能，下班后用家里的计算机开发一些功能。无论是公司的计算机还是家里的计算机，推送代码时都是用自己的 Gitee 账号，如图 10-1 所示。

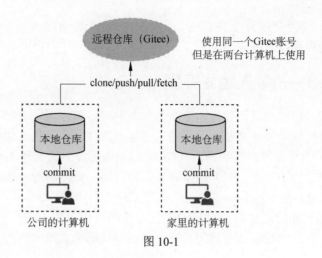

图 10-1

10.1.2　场景 2——多人共同开发

多人共同开发，一个远程仓库有多个开发者账号，每个开发者都可以建立若干个工作副本。这是工作中常见的开发模式。入职公司后，拿到一个新的开发者账号（因为公司的代码托管平台不一定是 Gitee），员工使用这个开发者账号克隆代码到本地，建立工作副本并进行后续开发（push/pull/fetch 等）。

需要注意的是，开发者账号只是工作副本与远程仓库沟通的一个账号（进行 push/pull 等操作）。而用户信息（用户名、邮箱等）则是每一个工作副本都可以独立配置的信息。推送到远程仓库之后的用户信息都是工作副本中配置的用户信息，如图 10-2 所示。

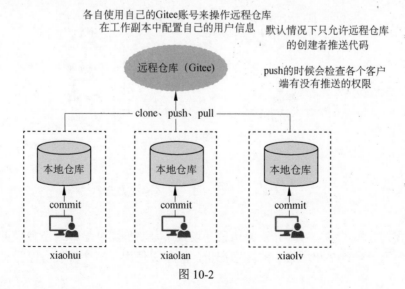

图 10-2

默认情况下，远程仓库只允许自己访问（远程仓库的创建者），其他开发者如需访问，需要在远程仓库端开放权限。

10.1.3　场景 3——多人独立开发

多人独立开发，即多个远程仓库，多个开发者账号，每个开发者都可以建立自己远程仓库的副本。这种情况一般是某些作者开发出了某款软件，作者将这款软件的源代码上传到自己的远程仓库中并开源到互联网上（Gitee、GitHub 等）给其他人使用。我们可以拉取该远程仓库到自己的本地建立工作副本、查看源代码、修改本地源代码等。但是，我们无法推送至远程仓库。这是因为作者并没有给我们开放权限。

将对方的远程仓库拉取到我们自己的远程仓库的过程叫作 fock。当 fock 到我们自己的远程仓库中后，我们就可以从自己的远程仓库拉取代码到本地并修改。然后推送到自己的远程仓库中了。

如果觉得自己对某些功能改进得还不错，我们还可以将修改的部分重新推送给原作者。请求将我们修改的这部分代码合并到原作者的仓库的过程叫作 Pull Request，原作者可以选择是否保留这个 Pull Request，如图 10-3 所示。

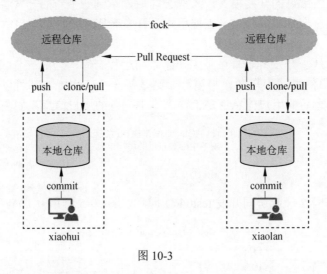

图 10-3

10.2　进行多人协同

前面我们分析了多人协同开发的场景。场景 1 是我们第 9 章练习所使用的开发场景，这里不再演示。场景 2 和场景 1 的区别在于，场景 2 使用了多个开发者账号进行开发，在这种情况下，需要给其他开发者远程仓库访问权限。默认情况下，Git 只允许仓库的创建者对仓库进行代码的推送。

10.2.1　模拟多账号协同开发

下面的测试存在两个开发者账号，用户名分别为"緑水長流*z"（账号 1/xiaohui）、"MasterCloud"（账号 2/xiaolan）。

我们需要清除之前保存在 Git 系统配置中的用户信息，每次推送都让 Git 提示我们输入账号和密码，xiaohui 工作空间推送用账号 1，xiaolan 工作空间推送用账号 2。

```
# 清空 system 级别的用户凭证信息（注意自己计算机上配置的是什么级别的）
git config --system --unset credential.helper
```

下面来演示场景 2 的开发过程。

（1）使用账号 1 在 Gitee 上创建 test04 项目，如图 10-4 所示。

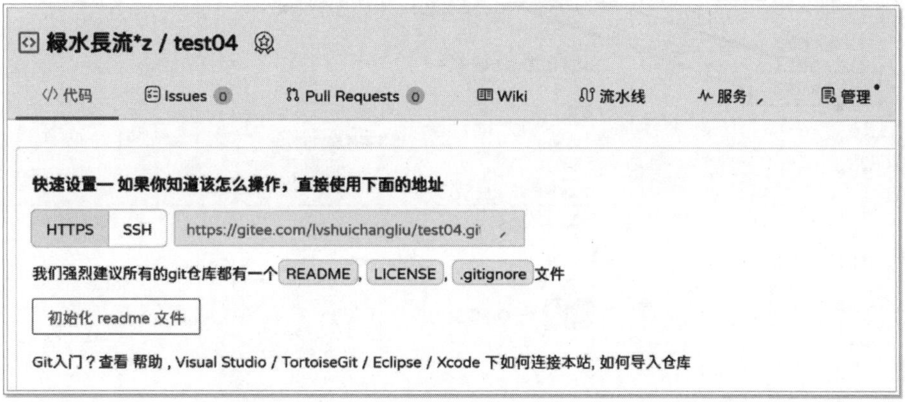

图 10-4

（2）邀请账号 2 一起协同开发 test04 项目，如图 10-5 所示。

（3）换一个浏览器，登录账号 2（MasterCloud），在私信中单击"确认加入"按钮，如图 10-6 所示。

（4）在 xiaohui 的工作空间创建 test04 项目，并且推送至账号 1 的远程仓库。

```
git init
echo "111" >> aaa.txt
git add ./
git commit -m '111' ./
echo "222" >> aaa.txt
git commit -m '222' ./
```

```
git log --oneline
bd827d8(HEAD -> master)222
3d935e8 111

# 配置本地仓库用户信息
git config --local user.name xiaohui
git config --local user.email xiaohui@aliyun.com


git remote add origin https://gitee.com/lvshuichangliu/test04.git
git push origin master
```

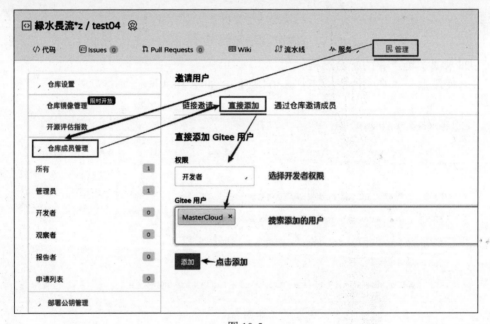

图 10-5

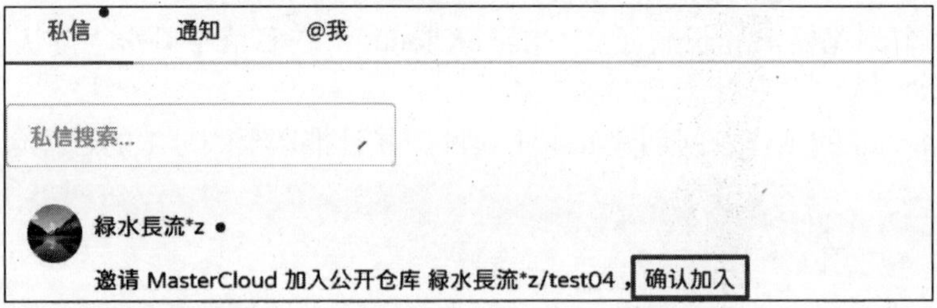

图 10-6

执行完上述代码后，会弹出输入框，在输入框中填写账号 1 的用户名和密码，如图 10-7 所示。

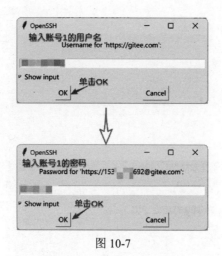

图 10-7

（5）在 xiaolan 的工作空间，使用账号 2 克隆账号 1 的远程仓库到本地并配置本地仓库用户信息。

```
git clone https://gitee.com/lvshuichangliu/test04.git
cd test04/

# 配置本地仓库用户信息
git config --local user.name xiaolan
git config --local user.email xiaolan@aliyun.com

git log --oneline --all
bd827d8(HEAD -> master,origin/master,origin/HEAD)222
3d935e8 111
```

（6）编辑一个版本，推送至远程仓库（注意，需要给账号 2 开放权限，否则账号 2 不能推送项目到账号 1 的远程仓库中，但可以克隆）。

```
echo "333">> aaa.txt
git commit -m '333' ./

git log --oneline --all
db825bf(HEAD -> master)333
bd827d8(origin/master,origin/HEAD)222
3d935e8 111

git push origin master
```

执行完上述代码后，会弹出输入框，在输入框中填写账号 2 的用户名和密码，如图 10-8所示。

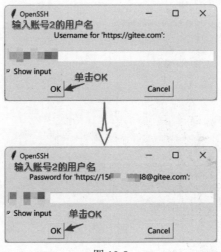

图 10-8

如果远程仓库中没有给账号 2 开放权限，则会出现如下错误。

```
git push origin master
remote:[session-aa40f0b5] Access denied
fatal:unable to access 'https://gitee.com/lvshuichangliu/test04.git/':The
requested URL returned error:403
```

推送成功，查看日志。

```
git log --oneline --all
db825bf(HEAD -> master,origin/master,origin/HEAD)333
bd827d8 222
3d935e8 111
```

（7）在账号 1 中拉取账号 2 提交的内容到本地仓库。

```
git log --oneline --all
bd827d8(HEAD -> master,origin/master)222
3d935e8 111

git pull origin master

git log --oneline --all
db825bf(HEAD -> master,origin/master)333
bd827d8 222
3d935e8 111
```

至此，账号 1 和账号 2 便可以进行协同开发，共同推进项目的开发进度。

10.2.2 Pull Request 的使用

在多人协同开发场景 2 中，只有一个远程仓库，所有的开发者将开发完毕的代码推送至这个远程仓库。在场景 3 中，开发者将需要开发的远程仓库 fock 到自己的远程仓库中。自己开发完毕的代码提交到自身的远程仓库中即可，自己并没有原来的那个远程仓库的权限，但是拥有自身远程仓库的权限。当自己的远程仓库具备某项不错的功能时，也可以通过 Pull Request 将自己远程仓库的代码分享给之前被 fock 的远程仓库，被 fock 的远程仓库的开发者可以选择是否要接纳此代码。

工作流程如图 10-9 所示。

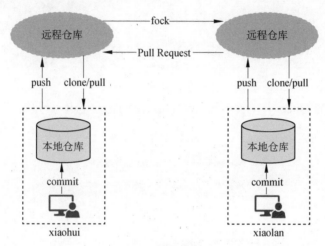

图 10-9

（1）使用账号 1 在 Gitee 上创建 test05 项目，如图 10-10 所示。

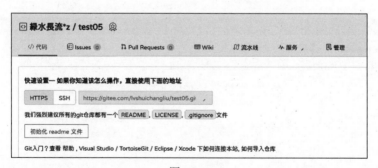

图 10-10

（2）在 xiaohui 的工作空间创建 test05 项目，之后推送到账号 1 的 Gitee 上。

```
git init
```

```
echo "111" >> aaa.txt
git add ./
git commit -m '111' ./
echo "222" >> aaa.txt
git commit -m '222' ./

# 配置本地仓库用户信息
git config --local user.name xiaohui
git config --local user.email xiaohui@aliyun.com

git log --oneline
f395482(HEAD -> master)222
5733b2e 111

git remote add origin https://gitee.com/lvshuichangliu/test05.git
git push origin master
```

在弹出的输入框中填写账号 1 的用户名和密码。

（3）在账号 2 的 Gitee 中，搜索账号 1 刚创建的远程仓库，并 fock 到自己的 Gitee 中，如图 10-11 所示。

图 10-11

（4）打开账号 2，查看自己的远程仓库，如图 10-12 所示。

图 10-12

（5）在 xiaolan 工作空间克隆账号 2 的项目到本地并配置用户信息。

```
git clone https://gitee.com/master-cloud/test05.git
cd test05

# 配置本地仓库用户信息
git config --local user.name xiaolan
git config --local user.email xiaolan@aliyun.com
git log --oneline
* f395482(HEAD -> master,origin/master,origin/HEAD)222
* 5733b2e 111
```

（6）在 xiaolan 工作空间开发一个版本，推送到账号 2 的远程仓库中。

```
echo "333" >> aaa.txt
git commit -m '333' ./

git push origin master

git log --oneline
* ef97d2f(HEAD -> master,origin/master,origin/HEAD)333
* f395482 222
* 5733b2e 111
```

　　在弹出的输入框中输入账号 2 的用户名和密码。推送成功后，在 xiaohui 的工作空间拉取代码时是无法拉取 xiaolan 刚刚编写的代码的。因为此时两个工作空间连接的是不同的远程仓库。

（7）使用 xiaohui 工作空间执行 pull 命令。

```
git pull origin master                # 提示已经是最新的版本
From https://gitee.com/lvshuichangliu/test05
 * branch            master    -> FETCH_HEAD
Already up to date.

git log --oneline
* f395482(HEAD -> master,origin/master)222
* 5733b2e 111
```

（8）在账号 2 的远程仓库中创建 Pull Request，如图 10-13 所示。

图 10-13

（9）创建 Pull Request 之后，等待作者的审查与测试，如图 10-14 所示。

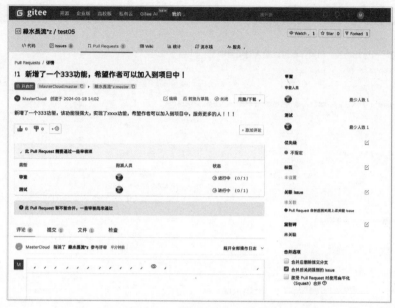

图 10-14

（10）在账号 1 中查看 Pull Request，并合并 Pull Request。

首先单击"审查通过"和"测试通过"按钮，如图 10-15 所示。

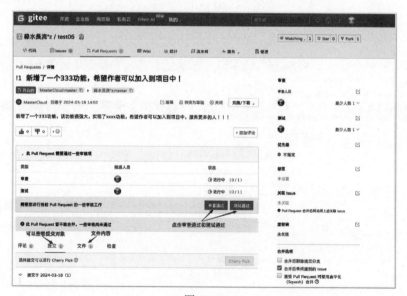

图 10-15

之后单击"合并分支"按钮，输入合并日志，如图 10-16 所示。

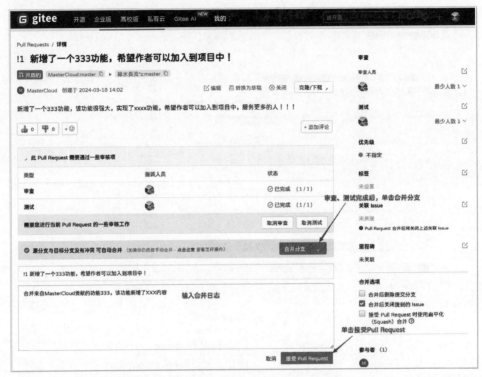

图 10-16

合并成功之后查看账号 1 的远程仓库，如图 10-17 所示。

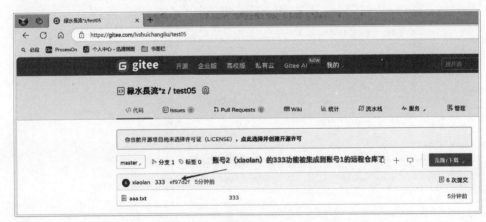

图 10-17

查看日志。

```
git log --oneline
* c9201ef(HEAD -> master,origin/master)!1 新增了一个 333 功能，希望作者可以加入到
项目中！ 合并来自 MasterCloud 贡献的功能 333，该功能新增了 XXX 内容
|\
| * ef97d2f 333
|/
* f395482 222
* 5733b2e 111
```

第 11 章

TortoiseGit 图形化工具

基于命令行的方式操作 Git，操作起来不方便，而且增加了操作成本。在实际开发过程中，Git 的图形化工具会使用得更加频繁。与命令行窗口相比，图形化工具上手简单，易操作，是很多开发人员青睐的 Git 操作工具。在安装好 Git 后，Git 自带了一个名为 Git GUI Here 图形化窗口，在右键菜单中可以找到，但其操作不够灵活。

Git 的图形化工具市面上有很多，如 GitHub Desktop、Sourcetree、GitKraken、Tower、TortoiseGit 等。甚至在很多的 IDE 中也集成了 Git 的图形化操作插件，使用起来也非常便捷。这里不对这些图形化工具一一介绍了。开发者不必过于纠结到底学习哪个 Git 的图形化工具。不管是哪个图形化工具，操作起来都非常便捷，学习成本也非常低，更何况我们还掌握了 Git 的命令作为学习基础。接下来，我们将以 TortoiseGit 工具作为学习基础，体验图形化操作 Git 的便捷之处。

11.1　TortoiseGit 简介

TortoiseGit 是一款功能全面且深受 Windows 平台开发者喜爱的开源图形化 Git 客户端工具，它巧妙地将 Git 的强大版本控制功能无缝集成到 Windows 资源管理器中。通过直观易用的右键菜单接口，用户能够轻松进行诸如创建与切换分支、提交代码变更、同步远程仓库、拉取最新的更新、推送本地更改以及解决代码合并冲突等核心 Git 操作。

同时，TortoiseGit 还提供了可视化比较和合并工具，以协助用户高效处理版本差异和冲突问题。此外，该软件支持高度个性化配置，允许用户根据个人偏好定制快捷方式、界面主题和其他实用选项，旨在极大提升开发者的日常版本控制体验，并助力团队协作更加顺畅。

TortoiseGit 的官网为 https://tortoisegit.org/，如图 11-1 所示。

安装好 TortoiseGit 之后，查看右键菜单，会发现多了 3 个菜单项，分别为 Git Clone...、Git Create repository here... 和 TortoiseGit，如图 11-2 所示。

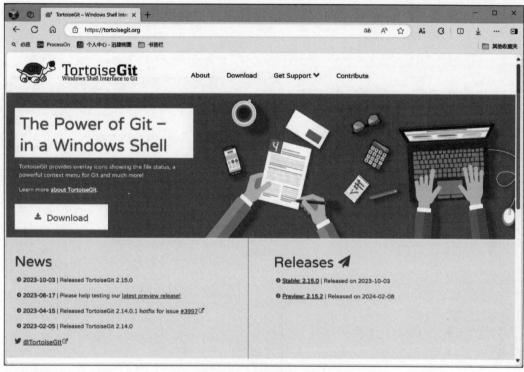

图 11-1

图 11-2

单击右键菜单项中的 TortoiseGit→Settings，打开 Git 全局配置窗口，并配置用户信息，如图 11-3 所示。

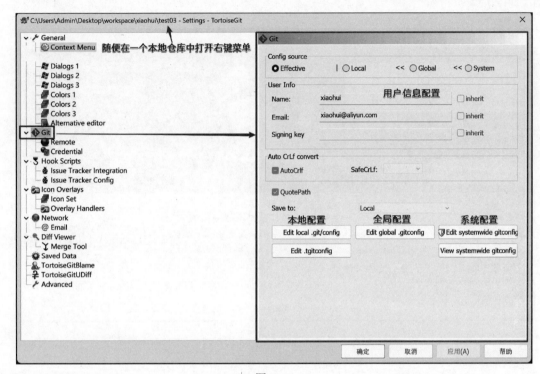

图 11-3

11.2　TortoiseGit 的基本使用

接下来，我们将学习 TortoiseGit 的基本使用。任何图形化工具都是把命令集成为图形化（按钮、菜单）。图形化能实现的功能，通过命令行也可以实现。学习图形化工具只是让我们在某些场景下能够操作得更加便捷。下面我们将使用 TortoiseGit 完成之前所学习的大部分操作。

11.2.1　创建仓库

在任意工作空间右击，选择 Git Create repository here...，在弹出的确认框中直接单击 OK 按钮，如图 11-4 所示。

可以发现，仓库创建成功，如图 11-5 所示。

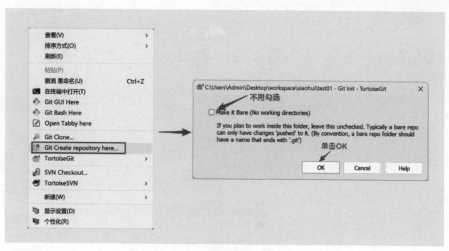

图 11-4

图 11-5

11.2.2　添加

在项目中创建名为 aaa.txt 的文件，文件内容为 111，然后右击选择 TortoiseGit→Add 即可添加，如图 11-6 所示。

图 11-6

11.2.3　提交

在要提交的文件上右击，选择 Git Commit -> "master"...，如图 11-7 所示。

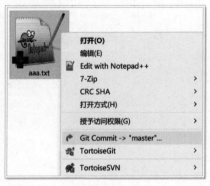

图 11-7

在弹出的对话框中填写注释信息，然后单击 Commit 按钮，表示提交本次操作，如图 11-8 所示。

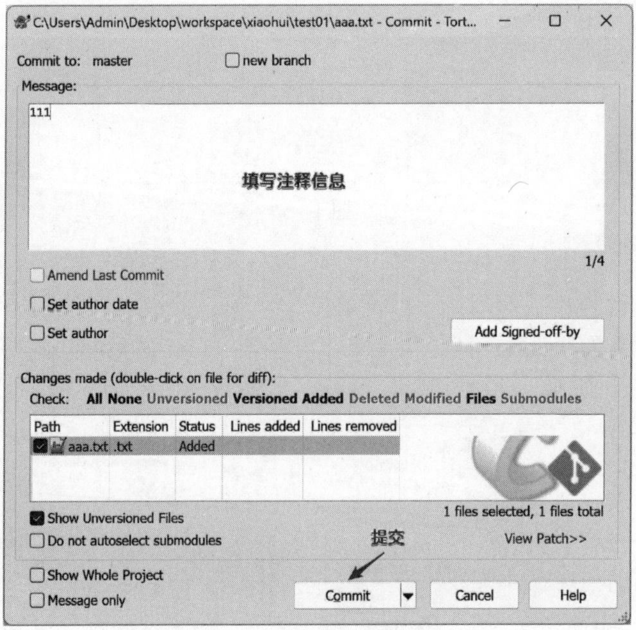

图 11-8

在弹出的对话框中选择是否推送到远程仓库（需要配置远程仓库信息），我们暂时不推送到远程仓库，所以直接单击 Close 按钮，如图 11-9 所示。

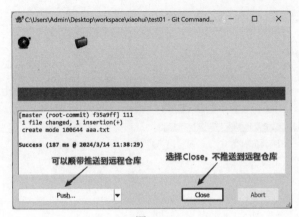

图 11-9

11.2.4　对比

TortoiseGit 只能对比工作空间和版本库的内容，不能对比暂存区的内容。

打开 Git Bash Here 控制台，编辑文件。

```
echo "222" >> aaa.txt
```

使用 TortoiseGit 对比工作空间和版本库的内容，在指定的文件上右击，选择 TortoiseGit→Diff，如图 11-10 所示。

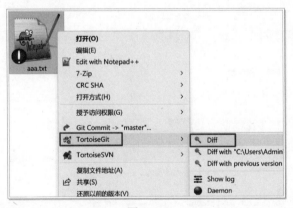

图 11-10

在打开的窗口中可以很直观地查看到工作空间与版本库中的文件对比情况，如图 11-11 所示。

接下来提交文件。

```
git commit -m "222" ./
```

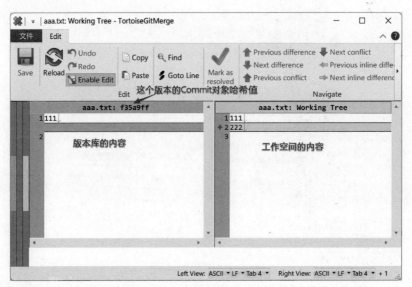

图 11-11

再次查看对比，如图 11-12 所示。

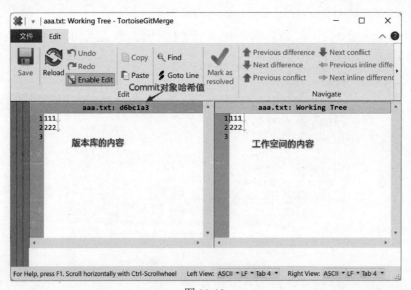

图 11-12

11.2.5　改名

在需要改名的文件上右击，选择 TortoiseGit→Rename…，在弹出的输入框中输入新文件的名称，然后单击 OK 按钮，如图 11-13 所示。

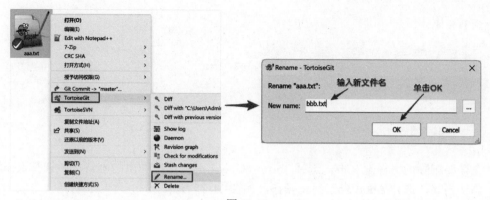

图 11-13

查看 Git 状态。

```
git status
On branch master
Changes to be committed:
  (use "git restore --staged <file>..." to unstage)
        renamed:    aaa.txt -> bbb.txt
```

发现 Git 仓库处于 Changes to be committed 状态，表示有修改的操作已经被追踪，但还未提交。

在改名之后的文件上右击，选择 Git Commit -> "master" ...，在弹出的对话框中输入本次提交的注释，然后单击 Commit 按钮提交本次操作，如图 11-14 所示。

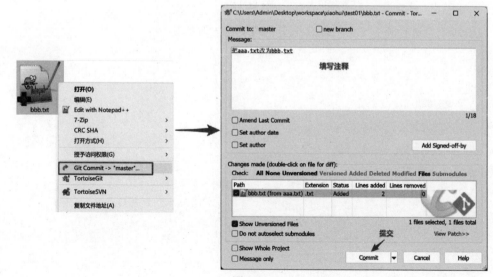

图 11-14

查看日志。

```
git log --oneline --all
a03da0b(HEAD -> master)把 aaa.txt 改为 bbb.txt
d6bc1a3 222
f35a9ff 111
```

11.2.6 删除

在需要删除的文件上右击，选择 TortoiseGit→Delete，在弹出的确认框中选择 Remove 表示确认删除，选择 Abort 表示终止操作，如图 11-15 所示。

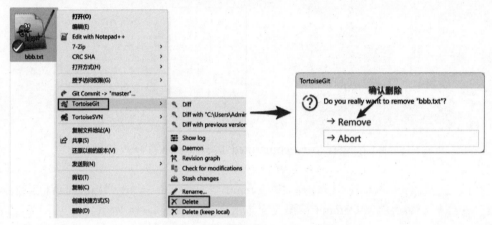

图 11-15

使用命令行进行查看 Git 状态、提交、查看日志等操作。

```
git status
# 查看工作空间状态
On branch master
Changes to be committed:
(use "git restore --staged <file>..." to unstage)
        deleted:   bbb.txt

git commit -m "删除 bbb.txt 文件" ./                        # 提交

git log --oneline                                          # 查看日志
48097db(HEAD -> master)删除 bbb.txt 文件
a03da0b 把 aaa.txt 改为 bbb.txt
d6bc1a3 222
f35a9ff 111
```

11.2.7　日志

在工作空间目录中的空白处右击，选择 TortoiseGit→Show log，如图 11-16 所示。

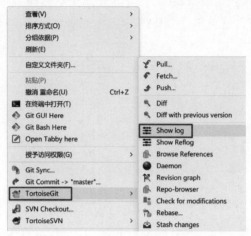

图 11-16

日志窗口如图 11-17 所示。

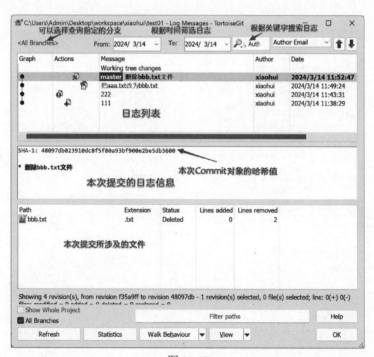

图 11-17

11.2.8 标签的使用

标签分为轻量标签和附注标签。对于轻量标签来说，Git 底层并不会创建一个真正意义上的 Tag 对象。只有在创建附注标签时，Git 底层才会创建一个 Tag 对象。关于标签的详细内容可以回顾 4.5 节，这里不过多赘述。

首先创建一个测试仓库。

```
rm -rf ./* .git
git init
echo "111" >> aaa.txt
git add ./
git commit -m '111' ./

# 查看 Git 中所有的 Git 对象
find .git/objects/ -type f
.git/objects/58/c9bdf9d017fcd178dc8c073cbfcbb7ff240d6c      # Blob 对象
.git/objects/78/dbf374e46687f44bec315be8ef95e391aadc06      # Commit 对象
.git/objects/8f/96f2f60c766a6a6b78591e06e6c1529c0ad9af      # Tree 对象
```

1. 创建轻量标签

在工作空间任意空白处右击，选择 TortoiseGit→Create Tag...，在弹出的对话框中输入标签信息，如图 11-18 所示。

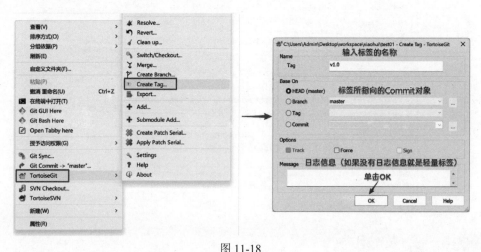

图 11-18

查看日志。

```
git log --oneline
78dbf37(HEAD -> master,tag:v1.0)111                    # 标签创建成功
```

```
# 查看 Git 中所有的 Git 对象，发现依旧是这 3 个对象，并没有创建 Tag 对象
find .git/objects/ -type f
.git/objects/58/c9bdf9d017fcd178dc8c073cbfcbb7ff240d6c   # Blob 对象
.git/objects/78/dbf374e46687f44bec315be8ef95e391aadc06   # Commit 对象
.git/objects/8f/96f2f60c766a6a6b78591e06e6c1529c0ad9af   # Tree 对象
```

2. 创建附注标签

使用同样的办法创建标签信息。在创建标签时，只要输入日志内容，便可创建附注标签，如图 11-19 所示。

图 11-19

查看日志。

```
git log --oneline
78dbf37(HEAD -> master,tag:v1.2,tag:v1.0)111          # 标签创建成功

find .git/objects/ -type f
.git/objects/34/060733371b4ca7087f25ef3172bc359a1fb15d   # Tag 对象
.git/objects/58/c9bdf9d017fcd178dc8c073cbfcbb7ff240d6c   # Blob 对象
.git/objects/78/dbf374e46687f44bec315be8ef95e391aadc06   # Commit 对象
.git/objects/8f/96f2f60c766a6a6b78591e06e6c1529c0ad9af   # Tree 对象

git cat-file -t 340607333
tag
```

11.2.9　文件忽略

在工作空间中创建一个新的文件 abc.txt，在文件上右击，选择 TortoiseGit→Add to

ignore list→abc.txt，在弹出的对话框中选择合适的忽略规则，如图 11-20 所示。

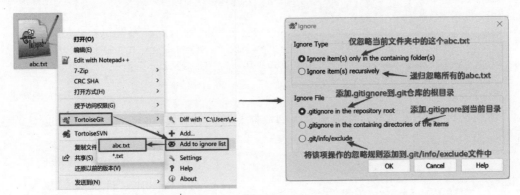

图 11-20

选择 Ignore item(s)only in the containing folder(s)选项，.gitignore 文件内容如下。

```
/abc.txt
```

选择 Ignore item(s)recursively 选项，.gitignore 文件内容如下。

```
abc.txt
```

正如我们在前面的章节所学，一个"/"的使用，便能带来不同的效果。若在命令中添加了"/"，则表示仅忽略当前文件夹中的 abc.txt 文件。若未使用"/"，则表示忽略当前文件夹及其所有子文件夹中的 abc.txt 文件。

11.3　TortoiseGit 数据恢复

数据恢复与还原是 Git 中非常重要的核心功能之一。Git 通过提供 restore、amend、reset 等命令，使得我们可以对文件进行数据恢复与还原等操作。这些命令同样被集成到了 TortoiseGit 这一图形化工具中，并且还提供了图形化的操作方式。

11.3.1　restore 数据还原

通过 Git 命令我们可以还原暂存区和工作空间的内容。TortoiseGit 图形化工具只提供将暂存区和工作空间一起还原的操作，却不能单独还原暂存区。

首先使用 Git 命令编辑文件。

```
echo "ccc-111" >> ccc.txt
git add ./
```

```
git commit -m 'ccc-111' ./

git log --oneline
3181bcf(HEAD -> master)ccc-111
48097db 删除 bbb.txt 文件
a03da0b 把 aaa.txt 改为 bbb.txt
d6bc1a3 222
f35a9ff 111

echo "ccc-222" >> ccc.txt
git add ./
git status
On branch master
Changes to be committed:
  (use "git restore --staged <file>..." to unstage)
        modified: ccc.txt
```

　　在需要回退的文件上右击，选择 TortoiseGit→Revert...，在弹出的对话框中选择要回
退的文件，单击 OK 按钮，如图 11-21 所示。

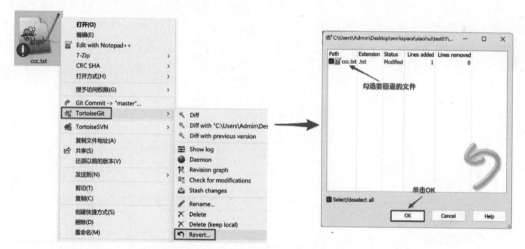

图 11-21

　　回退之后，再次查看工作空间的状态。

```
cat ccc.txt                    # 文件内容也还原了
ccc-111

git status
On branch master
nothing to commit, working tree clean
```

11.3.2 amend 提交修正

amend 是 git commit 命令的一个参数，它允许用户进行修正提交日志、文件内容或提交文件等操作。无论是修正提交日志、内容还是文件，操作流程均类似。下面以修正提交日志为例，展示具体的操作步骤。

编辑文件内容，然后提交。

```
echo "111 222 333" >> ddd.txt
git add ./
git commit -m '111 232 333' ./

$ git log --oneline
5399ffb(HEAD -> master)111 232 333      # 不小心打错了日志
3181bcf ccc-111
48097db 删除 bbb.txt 文件
a03da0b 把 aaa.txt 改为 bbb.txt
d6bc1a3 222
f35a9ff 111
```

在工作空间任意空白处右击，选择 Git Commit -> "master"...，在弹出的对话框中选中 Amend Last Commit 复选框，即可重新编写日志。然后单击 Commit 按钮提交。这样，本次的提交日志就修改好了，如图 11-22 所示。

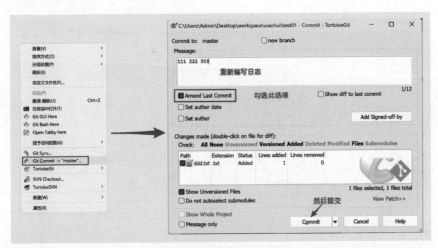

图 11-22

查看日志。

```
git log --oneline
a5612d2(HEAD -> master)111 222 333                  # 日志修改了
3181bcf ccc-111
```

```
48097db 删除 bbb.txt 文件
a03da0b 把 aaa.txt 改为 bbb.txt
d6bc1a3 222
f35a9ff 111
```

11.3.3　reset 数据回退

git reset 命令可以帮助我们回退 HEAD 指针、暂存区和工作空间的内容。下面使用 TortoiseGit 图形化工具演示 reset 命令。

首先初始化一个新的项目。

```
rm -rf ./* .git
git init
echo '111' >> aaa.txt
git add ./
git commit -m '111' ./
echo "222" >> aaa.txt
git add ./
git commit -m "222" ./
echo "333" >> aaa.txt
git add ./
git commit -m "333" ./

git log --oneline
dd2fb92(HEAD -> master)333
316e449 222
9562ba8 111
```

在工作空间任意空白处右击，选择 TortoiseGit→Show log 打开日志窗口，在需要回退的版本上右击选择 Reset "master" to this...进行回退，如图 11-23 所示。

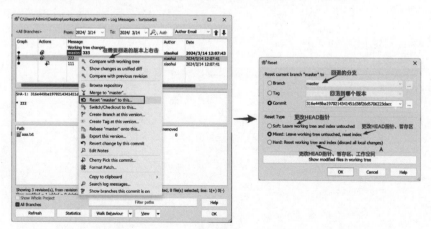

图 11-23

1. 回退 HEAD 指针

在 222 版本上右击，选择 Reset "master" to this...，在弹出的对话框中选择 Soft 单选按钮，如图 11-24 所示。

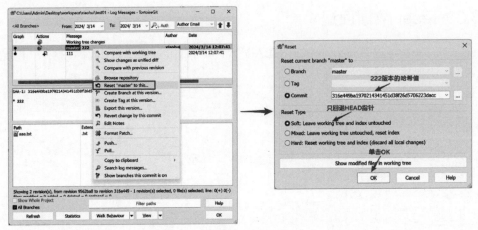

图 11-24

查看日志。

```
git log --oneline --all          # 查看日志
316e449(HEAD -> master)222       # HEAD 指针发生变化了
9562ba8 111

git reflog                       # 查看 reflog 日志
316e449(HEAD -> master)HEAD@{0}:reset:moving to
316e449ba1970214341451d38f26d5706223dacc
dd2fb92 HEAD@{1}:commit:333
316e449(HEAD -> master)HEAD@{2}:commit:222
9562ba8 HEAD@{3}:commit(initial):111

git ls-files -s                  # 查看暂存区
100644 641d57406d212612a9e89e00db302ce758e558d2 0      aaa.txt

# 暂存区并没有改变
git cat-file -p 641d57406d212612a9e89e00db302ce758e558d2
111
222
333

# 工作空间的内容也没有改变
cat aaa.txt
```

```
111
222
333
```

回到 333 版本，重新进入日志窗口后，发现没有了 333 版本，如图 11-25 所示。

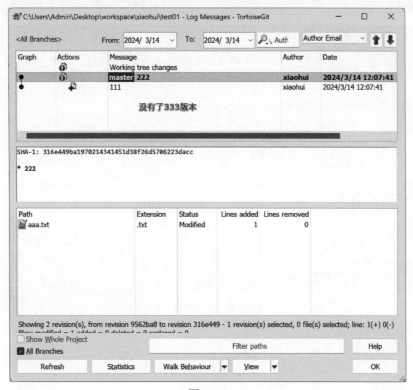

图 11-25

TortoiseGit 同样支持查询 reflog 日志。在工作空间任意空白处右击，选择 TortoiseGit→ Show Reflog 打开 Reflog 日志窗口，然后选择需要回退的版本，右击选择 Reset "master" to this...，使用同样的办法回退到 333 版本，如图 11-26 所示。

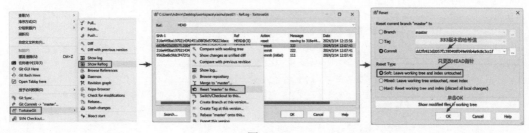

图 11-26

查看日志。

```
git log --oneline
dd2fb92(HEAD -> master)333                    # HEAD 指针重新回退到了 333 版本
316e449 222
9562ba8 111
```

2. 回退 HEAD 指针、暂存区

在 222 版本上右击，选择 Reset "master" to this…，在弹出的对话框中选择 Mixed 单选按钮，如图 11-27 所示。

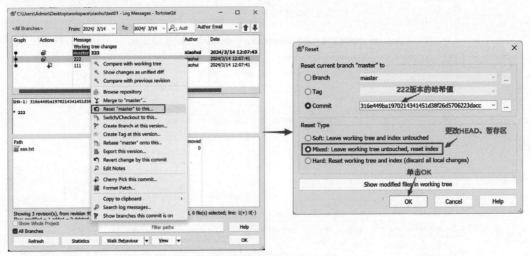

图 11-27

查看日志。

```
git log --oneline                # 查看日志
316e449(HEAD -> master)222       # 指针改变了
9562ba8 111


git reflog                       # 查看 reflog 日志
316e449(HEAD -> master)HEAD@{0}:reset:moving to
316e449ba1970214341451d38f26d5706223dacc
dd2fb92 HEAD@{1}:reset:moving to
dd2fb923d2057f1390408f049e99b4e9c8c3cc1f
316e449(HEAD -> master)HEAD@{2}:reset:moving to
316e449ba1970214341451d38f26d5706223dacc
dd2fb92 HEAD@{3}:commit:333
316e449(HEAD -> master)HEAD@{4}:commit:222
9562ba8 HEAD@{5}:commit(initial):111
```

```
git ls-files -s
100644 a30a52a3be2c12cbc448a5c9be960577d13f4755 0        aaa.txt

git cat-file -p a30a52a3              # 暂存区也改变了
111
222

cat aaa.txt                          # 工作空间没有改变
111
222
333
```

使用同样的办法，将 HEAD 指针和暂存区回退到 333 版本，如图 11-28 所示。

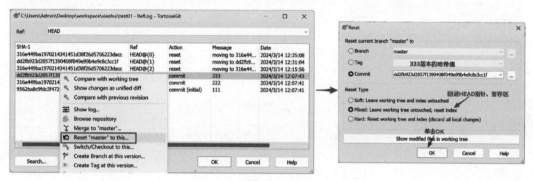

图 11-28

查看日志。

```
git log --oneline
dd2fb92(HEAD -> master)333            # HAED 指针重新指向了 333 版本
316e449 222
9562ba8 111

git ls-files -s
100644 641d57406d212612a9e89e00db302ce758e558d2 0        aaa.txt

git cat-file -p 641d57406             # 暂存区的内容也回到了 333 版本
111
222
333
```

3. 回退 HEAD 指针、暂存区和工作空间

在 222 版本上右击，选择 Reset "master" to this…，在弹出的对话框中选择 Hard 单选

按钮，如图 11-29 所示。

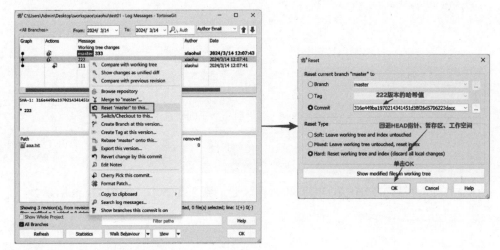

图 11-29

查看日志。

```
git log --oneline               # 查看日志
316e449(HEAD -> master)222      # HEAD 指针变了
9562ba8 111


git reflog                      # 查看 reflog 日志
316e449(HEAD -> master)HEAD@{0}:reset:moving to
316e449ba1970214341451d38f26d5706223dacc
dd2fb92 HEAD@{1}:reset:moving to
dd2fb923d2057f1390408f049e99b4e9c8c3cc1f
316e449(HEAD -> master)HEAD@{2}:reset:moving to
316e449ba1970214341451d38f26d5706223dacc
dd2fb92 HEAD@{3}:reset:moving to
dd2fb923d2057f1390408f049e99b4e9c8c3cc1f
316e449(HEAD -> master)HEAD@{4}:reset:moving to
316e449ba1970214341451d38f26d5706223dacc
dd2fb92 HEAD@{5}:commit:333
316e449(HEAD -> master)HEAD@{6}:commit:222
9562ba8 HEAD@{7}:commit(initial):111


git ls-files -s                 # 查询暂存区
100644 a30a52a3be2c12cbc448a5c9be960577d13f4755 0        aaa.txt


git cat-file -p a30a52a3        # 暂存区的内容变了
111
```

```
222

cat aaa.txt                          # 工作空间也变了
111
222
```

使用同样的办法重新将 HEAD 指针和暂存区回退到 333 版本，如图 11-30 所示。

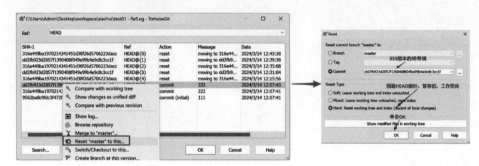

图 11-30

查看日志。

```
git log --oneline
dd2fb92(HEAD -> master)333           # HEAD 指针回到了 333 版本
316e449 222
9562ba8 111

git ls-files -s
100644 641d57406d212612a9e89e00db302ce758e558d2 0        aaa.txt

git cat-file -p 641d57406             # 暂存区的内容也回到了 333 版本
111
222
333


cat aaa.txt                           # 工作空间的内容也回到了 333 版本
111
222
333
```

11.4　TortoiseGit 操作分支

使用图形化工具来操作 Git 的分支能够更加直观地观察分支的变化，包括开发的路线（同轴、分叉等）、分支的切换、分支合并时的代码对比、解决冲突等，操作起来也非常便捷。在 TortoiseGit 中也集成了 Git 分支相关的丰富功能。接下来，我们将使用 TortoiseGit 来操作 Git 分支。

首先初始化一个本地仓库，用于后续的测试案例。

```
rm -rf ./* .git
git init
echo '111' >> aaa.txt
git add ./
git commit -m '111' ./
echo "222" >> aaa.txt
git add ./
git commit -m "222" ./
echo "333" >> aaa.txt
git add ./
git commit -m "333" ./
```

11.4.1 创建分支

在工作空间任意空白处右击，选择 TortoiseGit→Create Branch...，如图 11-31 所示。

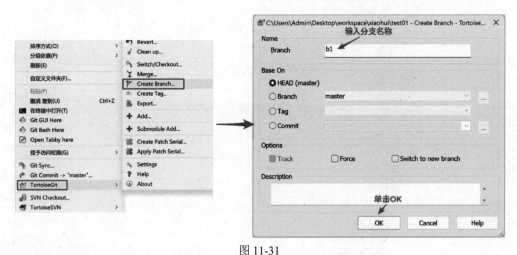

图 11-31

查看日志。

```
git log --oneline
cd137b7(HEAD -> master,b1)333        # 在当前位置创建了一个 b1 分支
0e20414 222
eba0ecb 111
```

我们也可以在日志列表中，选择指定的 Commit 对象来创建分支，如图 11-32 所示。

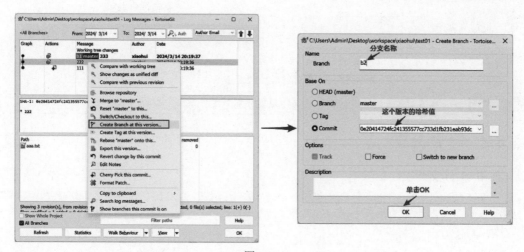

图 11-32

查看日志。

```
git log --oneline
cd137b7(HEAD -> master,b1)333        # 在当前位置创建一个新分支
0e20414(b2)222
eba0ecb 111
```

11.4.2　切换分支

在工作空间任意空白处右击，选择 TortoiseGit→Switch/Checkout...，然后在弹出的对话框中选择要切换的分支，如图 11-33 所示。

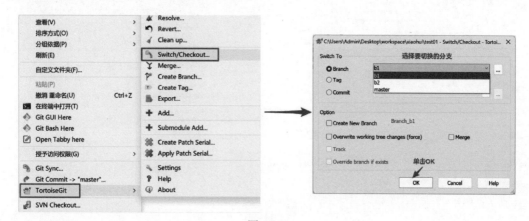

图 11-33

查看日志。

```
git log --oneline
cd137b7(HEAD -> b1,master)333        # 已经切换到 b1 分支
0e20414(b2)222
eba0ecb 111
```

> **Tips:** 注意在 6.4 节介绍的新分支和新文件切换分支对工作空间及暂存区的影响。

11.4.3　合并分支

使用 b1 分支开发一个版本。

```
echo "333" >> aaa.txt
git commit -m "333" ./

git log --oneline --all
ada261b(HEAD -> b1)333
cd137b7(master)333                    # master 分支的位置
0e20414(b2)222
eba0ecb 111
```

首先，采用之前的方法先切换到 master 分支。然后，使用 TortoiseGit 打开日志窗口，在需要合并的版本上右击，选择 Merge to "master"...，将 b1 分支合并到当前分支（master），如图 11-34 所示。

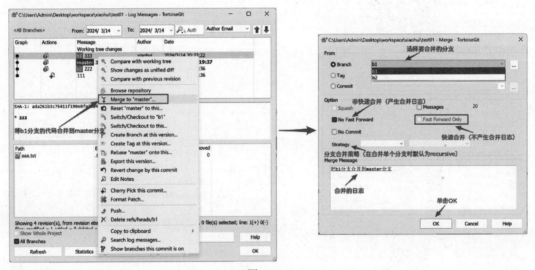

图 11-34

查看日志。

```
git log --oneline --all
b998b93(HEAD -> master)把 b1 分支合并到 master 分支          # 合并成功
ada261b(b1)333
cd137b7 333
0e20414(b2)222
eba0ecb 111
```

11.4.4　分支合并解决冲突

分支合并冲突分为快进式合并冲突和典型式合并冲突。无论是哪种冲突，TortoiseGit 提供的解决冲突的方式都是一样的。下面只演示快进式合并冲突。

初始化仓库，准备快进式合并冲突案例。

```
rm -rf ./* .git
git init
echo "111" >> aaa.txt
echo "222" >> aaa.txt
git add ./
git commit -m "111 222" ./
git branch b1

vi aaa.txt
cat aaa.txt
111aaa
222

git commit -m "aaa" ./
git checkout b1
vi aaa.txt
cat aaa.txt
111
222bbb

git commit -m "bbb" ./
git checkout master

# b1 和 master 分支属于分叉开发路线，master 合并 b1 分支属于快进式合并
git log --oneline --all --graph
* dc4ce2c(b1)bbb
| * fe018e6(HEAD -> master)aaa
|/
* 0783f60 111 222
```

使用 TortoiseGit 合并，如图 11-35 所示。

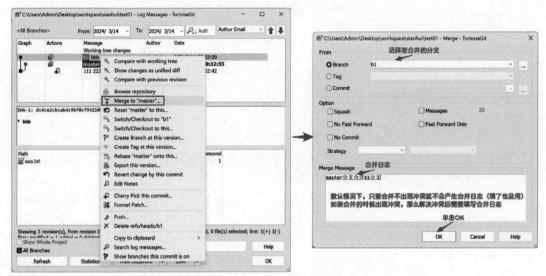

图 11-35

之后提示出现冲突，如图 11-36 所示。

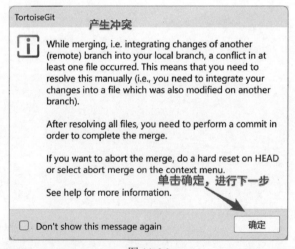

图 11-36

冲突内容到了合并的文件中，在产生冲突的文件上右击，选择 TortoiseGit→Edit conflicts，如图 11-37 所示。

在打开的窗口中解决冲突，如图 11-38 所示。

选择刚刚操作的文件，提交操作，如图 11-39 所示。

图 11-37

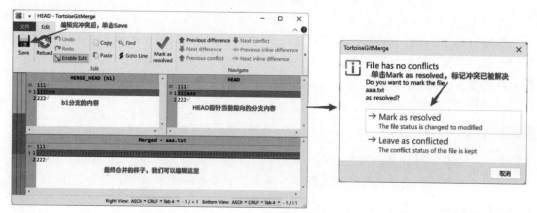

图 11-38

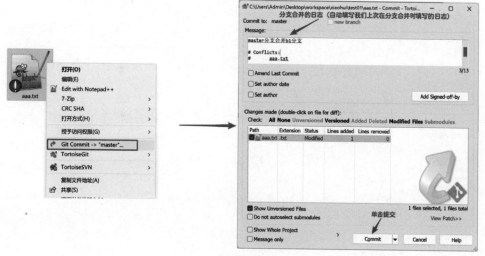

图 11-39

查看日志。

```
git log --oneline --all --graph
*   767c442（HEAD -> master）master 分支合并 b1 分支
|\
| * dc4ce2c（b1）bbb
* | fe018e6 aaa
|/
* 0783f60 111 222
```

11.5　分支状态存储

除操作新分支和新文件外，若当前工作空间存在未提交的操作，则无法切换分支。若我们正在当前分支进行开发任务，但突然出现一个临时任务，而当前分支的工作尚不足以提交，此时可以使用 git stash 命令来存储当前分支的状态。这样，我们就可以切换到其他分支，去处理这些临时任务。

> **Tips：** 新分支和新文件的切换会造成一些其他问题，我们在 6.4 节详细分析过。

关于分支状态存储我们在 6.6 节有详细探讨，这里就不再赘述。TortoiseGit 图形化工具也提供了简便的分支状态存储相关操作，下面演示 TortoiseGit 如何使用分支存储功能。

11.5.1　使用存储

创建一个测试仓库。

```
rm -rf /* .git
git init
echo '111' >> aaa.txt
git add ./
git commit -m '111' ./
echo "222" >> aaa.txt
git add ./
git commit -m "222" ./

# 查看日志(产生了两个版本)
git log --oneline
91bd7a5(HEAD -> master)222
518eb84 111
```

编辑文件，但还未提交。

```
echo "333" >> aaa.txt                    # 编辑文件

git status                               # 查看工作空间状态
On branch master
Changes not staged for commit:
  (use "git add <file>..." to update what will be committed)
  (use "git restore <file>..." to discard changes in working directory)
        modified: aaa.txt

no changes added to commit(use "git add" and/or "git commit -a")

cat aaa.txt
111
222
333
```

在工作空间任意空白处右击，选择 TortoiseGit→Stash changes，打开分支状态存储输入框，输入状态名，然后单击 OK 按钮，如图 11-40 所示。

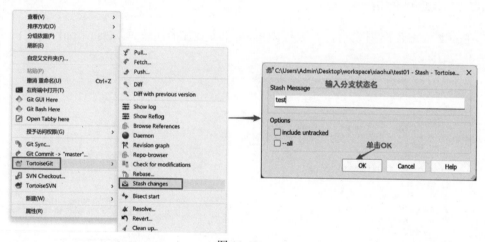

图 11-40

查看 Git 工作空间状态，发现变为干净状态。

```
git status
On branch master
nothing to commit,working tree clean

cat aaa.txt                    # 文件中并没有 333 内容
111
222
```

11.5.2　查看存储

在工作空间任意空白处右击，选择 TortoiseGit→Stash List，如图 11-41 所示。

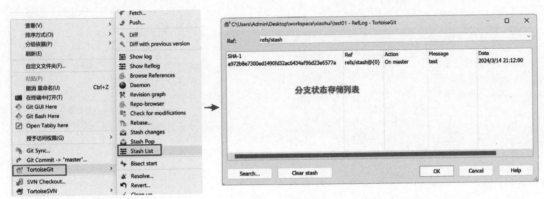

图 11-41

11.5.3　读取存储

在分支状态存储列表中，在要读取的存储项上右击，选择 Stash Apply，如图 11-42 所示。

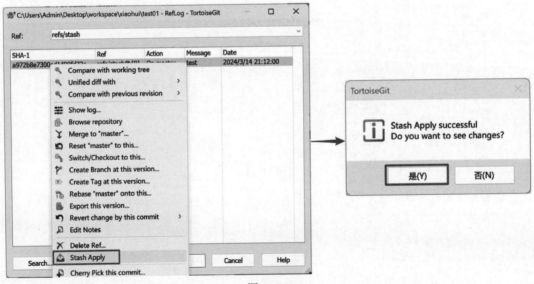

图 11-42

在弹出的对话框中选择要恢复的文件，如图 11-43 所示。

图 11-43

查看日志。

```
# 查看工作区的状态
git status
On branch master
Changes not staged for commit:
  (use "git add <file>..." to update what will be committed)
  (use "git restore <file>..." to discard changes in working directory)
        modified: aaa.txt

no changes added to commit(use "git add" and/or "git commit -a")

cat aaa.txt                    # 文件内容又回来了
111
222
333

# 提交
git commit -m '333' ./
```

11.5.4　删除存储

在分支状态存储列表中，在指定的分支存储项上右击，选择 Delete Ref...，如图 11-44
所示。

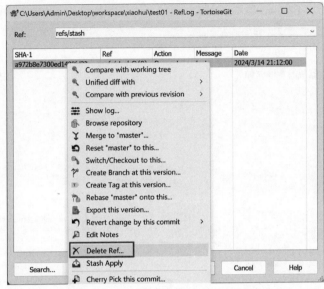

图 11-44

11.6 TortoiseGit 分支高级操作

分支的实质性合并操作由 git merge 命令实现。除 git merge 外，我们之前还掌握了 git rebase 的使用，它用于分支的变基操作。此外，还有 git cherry-pick，它用于提取指定的某个提交到一个新的分支上。TortoiseGit 也集成了 rebase 和 cherry-pick 操作。下面，我们将通过 TortoiseGit 来分别展示 rebase 和 cherry-pick 操作。

11.6.1 rebase 操作

rebase 用于变基分支，以整理和重构历史记录。在 7.6 节详细介绍了 rebase 的工作流程以及交互式 Rebase 的操作。本节我们将通过 TortoiseGit 简单演示 rebase 操作。

观察 rebase 的工作示意图，如图 11-45 所示。

下面具体演示 rebase 的使用。

（1）创建一个测试仓库。

```
rm -rf ./* .git
git init
echo "111" >> aaa.txt
git add ./
git commit -m 'A' ./
```

```
git checkout -b test
echo "222" >> aaa.txt
git commit -m 'B' ./

echo "333" >> aaa.txt
git commit -m 'C' ./

echo "444" >> aaa.txt
git commit -m 'D' ./

git checkout master
echo "555" >> aaa.txt
git commit -m 'E' ./

git checkout test

git log --oneline --all --graph
* 9036a55(master)E
| * c926280(HEAD -> test)D
| * 74984e5 C
| * c1f9fe1 B
|/
* a3b278e A
```

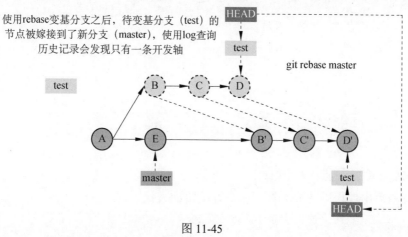

使用rebase变基分支之后，待变基分支（test）的
节点被嫁接到了新分支（master），使用log查询
历史记录会发现只有一条开发轴

图 11-45

（2）使用 TortoiseGit 进行 Rebase 操作。

在工作空间任意空白处右击，选择 TortoiseGit→Rebase...，如图 11-46 所示。

图 11-46

在打开的窗口中选择基底分支，如图 11-47 所示。

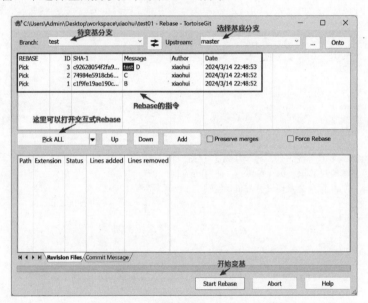

图 11-47

（3）变基后出现代码冲突，打开命令行编辑冲突代码。

```
cat aaa.txt                    # 查看冲突内容
111
<<<<<<< HEAD
555
=======
```

```
222
>>>>>>> 9982f75(B)

vi aaa.txt                    # 编辑文件
cat aaa.txt                   # 编辑之后的内容
111
555
222

git add ./                    # 添加
```

解决冲突之后，继续执行变基操作，然后单击 Commit 按钮提交，如图 11-48 所示。

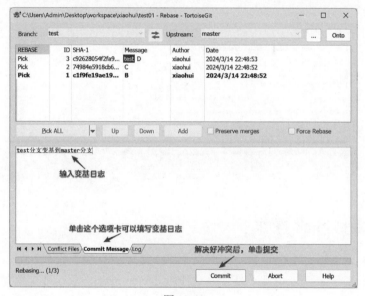

图 11-48

变基成功，如图 11-49 所示。
查看日志。

```
git log --oneline --all --graph
* 17d9852(HEAD -> test)D
* 022571c C
* 06530ed test 分支变基到 master 分支
* 9036a55(master)E
* a3b278e A

#查看最终文件的内容
cat aaa.txt
```

```
111
555
222
333
444
```

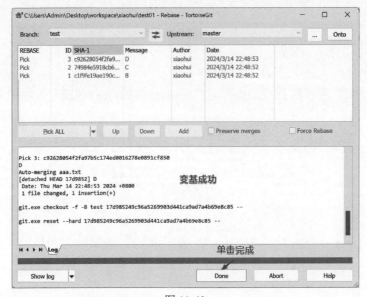

图 11-49

11.6.2　cherry-pick 操作

cherry-pick 用于将历史记录中的任意一个提交变更到当前工作分支上。这对代码来说也是一种合并；对于分支来说却不是合并。使用 cherry-pick 之后，分支还是以往的分叉开发路线。在 7.7 节详细介绍了 cherry-pick 的工作流程以及与 merge 命令的区别，本节只通过 TortoiseGit 来简单演示 cherry-pick，不过多讲解其原理。

观察 cherry-pick 的工作示意图，如图 11-50 所示。

使用 Git 代码完成图 11-50 所示的案例。

```
rm -rf ./* .git
git init
echo "111" >> aaa.txt
git add ./
git commit -m 'A' ./

git checkout -b test
echo "222" >> bbb.txt
```

```
git add ./
git commit -m 'B' ./

echo "333" >> ccc.txt
git add ./
git commit -m 'C' ./

git checkout master
echo "444" >> ddd.txt
git add ./
git commit -m 'D' ./

echo "555" >> eee.txt
git add ./
git commit -m 'E' ./
```

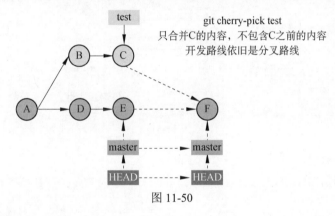

图 11-50

查看日志。

```
git log --oneline --all --graph
* 36a54eb(HEAD -> master)E
* be63115 D
| * fefcdac(test)C
| * dc79fc8 B
|/
* 9e8b2af A


ll                # 查看当前文件夹下的所有文件
total 3
-rw-r--r-- 1 Adminstrator 197609 4 Mar 14 23:19 aaa.txt
-rw-r--r-- 1 Adminstrator 197609 4 Mar 14 23:19 ddd.txt
-rw-r--r-- 1 Adminstrator 197609 4 Mar 14 23:19 eee.txt
```

进行 cherry-pick 合并，打开日志窗口，在想要合并的提交节点上右击，选择 Cherry Pick this commit...，如图 11-51 所示。

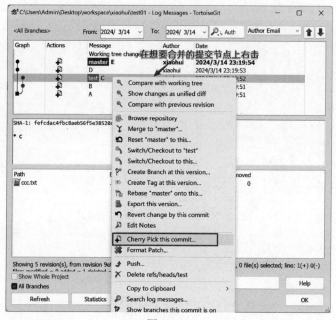

图 11-51

单击 Continue 按钮，如图 11-52 所示。

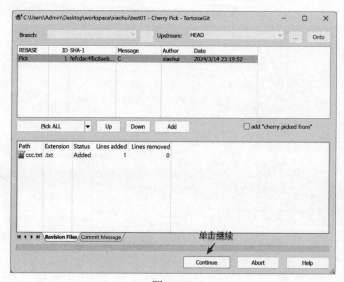

图 11-52

单击 Done 按钮即可完成 cherry-pick 操作，如图 11-53 所示。

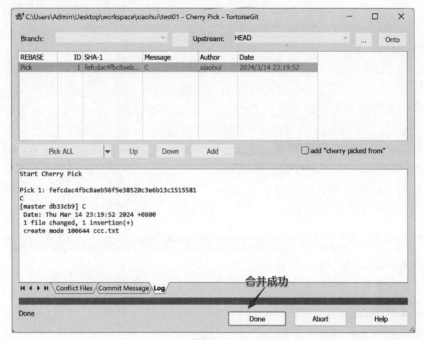

图 11-53

查看日志。

```
# 查看日志（还是分叉开发路线）
git log --oneline --all --graph
* db33cb9(HEAD -> master)C
* 36a54eb E
* be63115 D
| * fefcdac(test)C
| * dc79fc8 B
|/
* 9e8b2af A

# 查看当前文件夹下的所有文件（只合并了C节点的文件，没有合并C节点之前的文件）
ll
total 4
-rw-r--r-- 1 Adminstrator 197609 4 Mar 14 23:33 aaa.txt
-rw-r--r-- 1 Adminstrator 197609 5 Mar 14 23:34 ccc.txt
-rw-r--r-- 1 Adminstrator 197609 4 Mar 14 23:33 ddd.txt
-rw-r--r-- 1 Adminstrator 197609 4 Mar 14 23:33 eee.txt
```

11.7　TortoiseGit 协同开发

至此，我们已经通过 TortoiseGit 这一图形化工具，演示了之前所学的 Git 大多数操作。相信读者已经体验到了 TortoiseGit 在某些情况下的便捷性。当然，有些人可能更喜欢使用命令行。在实际开发中，无论是命令行还是图形化都有其适用的场景，它们能够达到的效果是完全一样的。读者可以根据个人偏好进行选择。

接下来，我们将使用 TortoiseGit 完成协同开发的有关操作，也顺带复习协同开发部分的知识点。

（1）首先，创建一个新的远程仓库 test04（创建远程仓库的过程这里不再赘述，可以参考 9.2 节相关内容），如图 11-54 所示。

图 11-54

（2）然后，初始化一个本地仓库 test04，推送至远程仓库。

```
rm -rf .git ./*
git init
echo "111" >> aaa.txt
git add ./
git commit -m "111" ./
echo "222" >> aaa.txt
git commit -m "222" ./
echo "222" >> aaa.txt
git commit -m "333" ./
```

11.7.1　remote

在工作空间任意空白处右击，选择 TortoiseGit→Settings，打开 Git 全局配置窗口，如图 11-55 所示。

图 11-55

在 Git 全局配置窗口选择 Git→Remote，并进行相关的设置，如图 11-56 所示。

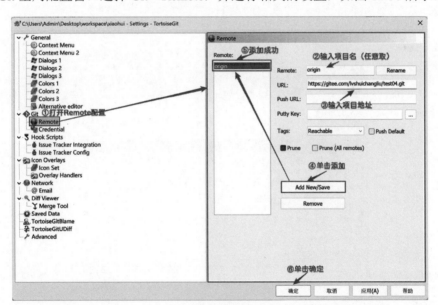

图 11-56

通过命令查看别名日志。

```
git remote -v
origin  https://gitee.com/lvshuichangliu/demo01.git(fetch)
origin  https://gitee.com/lvshuichangliu/demo01.git(push)
```

11.7.2　push

在工作空间任意空白处右击，选择 TortoiseGit→Push...，如图 11-57 所示。

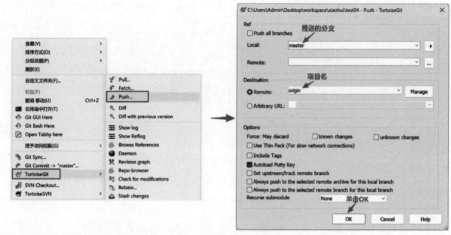

图 11-57

推送成功，如图 11-58 所示。

图 11-58

查看 Gitee，如图 11-59 所示。

查看日志。

```
git log --oneline --all
* 0f65e15(HEAD -> master,origin/master)333          # 创建了远程跟踪分支
* 044e815 222
* bd884ae 111
```

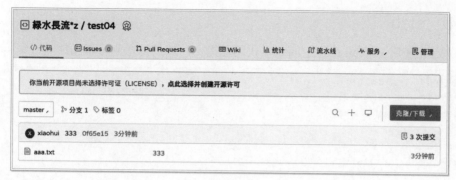

图 11-59

11.7.3　clone

在新的工作空间 xiaolan 空白处右击，选择 Git Clone...克隆远程仓库到本地，如图 11-60
所示。

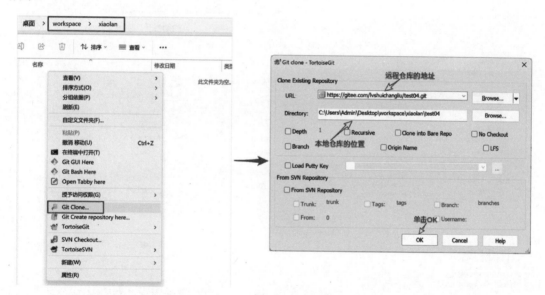

图 11-60

查看日志。

```
git log --oneline --all
* 0f65e15(HEAD -> master,origin/master,origin/HEAD)333
# 创建了远程跟踪分支
* 044e815 222
* bd884ae 111
```

11.7.4 fetch

（1）首先使用 xiaohui 工作空间编辑代码并提交，然后推送到远程仓库。

```
echo "444" >> aaa.txt
git commit -m "444" ./
git push origin master

git log --oneline --all
e91fa37(HEAD -> master,origin/master)444
0f65e15 333
044e815 222
bd884ae 111
```

（2）在 xiaolan 工作空间使用 TortoiseGit 的 fetch 命令拉取远程仓库的代码。

在工作空间任意空白处右击，选择 TortoiseGit→Fetch...，如图 11-61 所示。

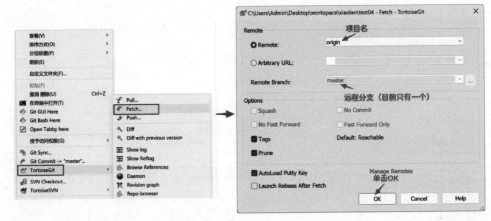

图 11-61

查看日志。

```
git log --oneline --all
e91fa37(origin/master,origin/HEAD)444          # 代码被拉取到远程跟踪分支上了
0f65e15(HEAD -> master)333
044e815 222
bd884ae 111
```

合并远程跟踪分支的代码。

```
git merge origin/master

# 再次查看日志
```

```
git log --oneline --all
e91fa37(HEAD -> master,origin/master,origin/HEAD)444
0f65e15 333
044e815 222
bd884ae 111
```

11.7.5 pull

（1）使用 xiaohui 工作空间编辑代码并提交，然后推送。

```
echo "555" >> aaa.txt
git commit -m "555" ./
git push origin master

git log --oneline --all
80cce70(HEAD -> master,origin/master)555
e91fa37 444
0f65e15 333
044e815 222
bd884ae 111
```

（2）在 xiaolan 工作空间使用 TortoiseGit 的 pull 命令拉取代码。

在工作空间任意空白处右击，选择 TortoiseGit→Pull...，如图 11-62 所示。

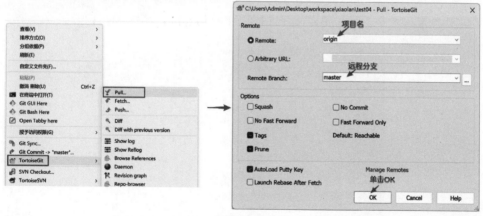

图 11-62

查看 xiaolan 工作空间的日志。

```
# 代码不仅拉取到了远程跟踪分支上，并且 master 分支已经合并了远程跟踪分支的代码
git log --oneline --all
80cce70(HEAD -> master,origin/master,origin/HEAD)555
e91fa37 444
```

```
0f65e15 333
044e815 222
bd884ae 111
```

11.7.6　模拟协同开发冲突

（1）使用 xiaohui 工作空间编辑代码并提交，然后推送。

```
echo "666" >> aaa.txt
git commit -m "666" ./
git push origin master

git log --oneline --all
ae7c475(HEAD -> master,origin/master)666
80cce70 555
e91fa37 444
0f65e15 333
044e815 222
bd884ae 111
```

（2）在 xiaolan 工作空间编辑代码，然后执行 pull 命令。

```
echo "777" >> aaa.txt
git commit -m "777" ./
```

在工作空间任意空白处右击，选择 TortoiseGit→Pull...，如图 11-63 所示。

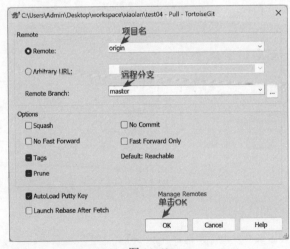

图 11-63

发现出现冲突，单击"确定"按钮进行下一步操作，如图 11-64 所示。

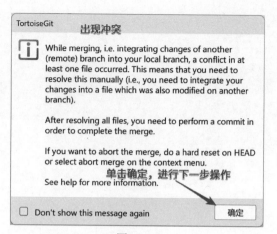

图 11-64

使用命令行（也可以使用 TortoiseGit）解决冲突。

```
cat aaa.txt                    # 首先查看冲突文件
111
222
333
444
555
<<<<<<< HEAD
777
=======
666
>>>>>>> ae7c475c96af5405fea65fef97c357b164314c73

vi aaa.txt                    # 解决冲突
cat aaa.txt
111
222
333
444
555
777
666

git add ./
git merge --continue
git log --oneline --all --graph
*    4df12c0(HEAD -> master)拉取代码时出现冲突，已经解决冲突
|\
```

```
| * ae7c475(origin/master,origin/HEAD)666
* | 77d3943 777
|/
* 80cce70 555
* e91fa37 444
* 0f65e15 333
* 044e815 222
* bd884ae 111
```

第 12 章
IntelliJ IDEA 集成 Git
插件的使用

与许多优秀的开发工具一样，IntelliJ IDEA 也集成了 Git 插件的使用，使得我们能够以图形化的方式操作 Git。这种集成在 IDE 中的 Git 插件，使我们在编写代码的同时，能够实时监控 Git 仓库的变化。若需操作 Git，无须切换任何的开发工具，直接在所使用的 IDE 中操作即可，使用起来非常方便。在实际开发过程中，作为一个开发人员使用自己的 IDE 来操作 Git 会更加频繁。

IntelliJ IDEA 开发工具作为 JetBrains 旗下的一款 Java 开发工具，与 JetBrains 旗下的其他开发工具操作 Git 方式都有些类似，如前端开发工具 WebStorm、C/C++开发工具 CLion、Python 开发工具 PyCharm、PHP 开发工具 PhpStorm、Go 开发工具 GoLand 等，这些开发工具操作 Git 的方式都与 IntelliJ IDEA 大致相同。下面以 IntelliJ IDEA 开发工具为例，演示我们之前所学习过的 Git 常用操作。

12.1　Git 插件的基本使用

在笔者看来，使用 IDEA 操作 Git 相较于 TortoiseGit 更为方便，这或许是由于笔者日常频繁使用 IDEA 的缘故。实际上，对于大多数开发者而言，最常使用的 Git 图形化工具往往是与特定编程语言对应的 IDE 工具。下面开始介绍使用 IDEA 操作 Git。

12.1.1　IDEA 绑定 Git 插件

首先，使用 IDEA 创建一个项目 Demo01。进入项目后，在菜单栏选择 File→Setting 打开 IDEA 的全局设置面板（快捷键为 Ctrl+Alt+S）。

（1）在设置面板中选择 Version Control→Git，在 Path to Git executable 处选择 Git 的可执行文件，然后单击 OK 按钮，如图 12-1 所示。

（2）设置完毕后，在菜单栏中选择 VCS→Enable Version Control Integration...开启版本控制，如图 12-2 所示。

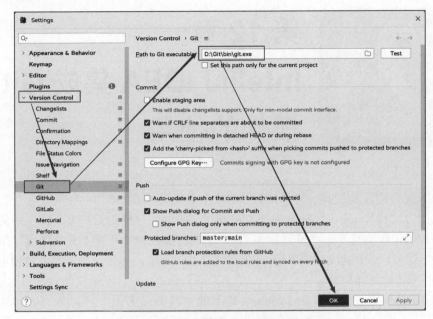

图 12-1

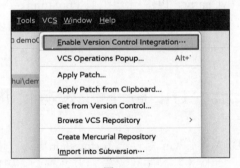

图 12-2

（3）在弹出的对话框中选择 Git 版本控制工具，然后单击 OK 按钮，如图 12-3 所示。

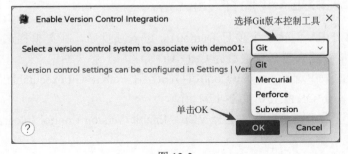

图 12-3

（4）添加成功，如图 12-4 所示。

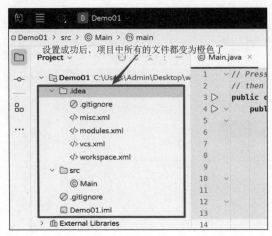

图 12-4

12.1.2　提交项目

在项目上右击，选择 Git→Commit Directory...，然后选中未被追踪的文件，并输入提交日志，单击 Commit 按钮进行提交，如图 12-5 所示。

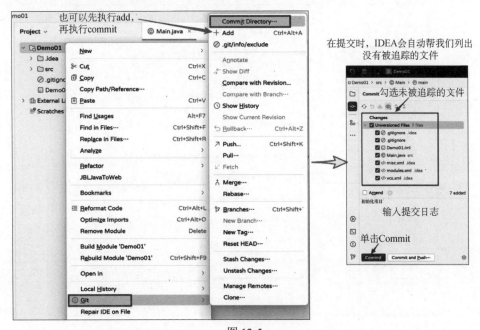

图 12-5

IDEA 中内置了一个终端命令行（快捷键为 Alt+F12），我们可以在此命令行中输入任意的 Git 命令，如图 12-6 所示。

图 12-6

12.1.3　添加忽略文件

使用 IDEA 创建好项目/模块之后，会夹杂一些项目/模块自身的配置信息，包括.idea 文件夹、*.iml 文件等。这些文件和文件夹是不需要提交到 Git 仓库进行管理的，因此我们要对其进行忽略。IDEA 开发工具提供了一种文件忽略的方式给开发者使用。将之前创建的 Demo01 项目删除，重新创建一个 Demo01 项目，然后打开 Settings→Editor→File Types，如图 12-7 所示。

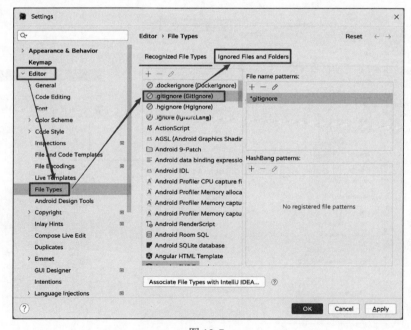

图 12-7

添加要屏蔽的文件和文件夹，然后单击 OK 按钮，如图 12-8 所示。

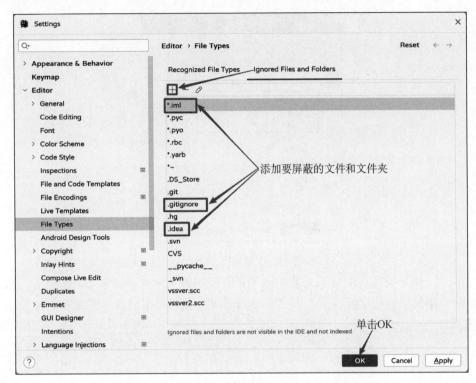

图 12-8

发现项目中被屏蔽的文件和文件夹都消失了，如图 12-9 所示。

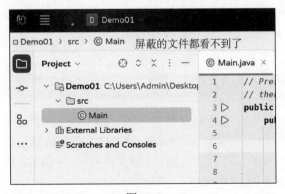

图 12-9

> **Tips：** 这些文件和文件夹并不是消失（被删除）了，只是被 IDEA 屏蔽了而已。打开项目所在的文件夹路径，依旧能看到这些文件和文件夹。

然后单击 Commit 按钮提交项目，如图 12-10 所示。

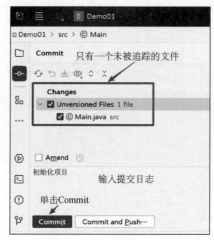

图 12-10

这样，一些无关紧要的且不需要纳入 Git 所控制的文件就不会被 Git 管理了。这种方法会出现一些问题，如查询当前工作空间的状态时，发现存在很多未被追踪的文件。

```
git status
On branch master

No commits yet

Untracked files:
  (use "git add <file>..." to include in what will be committed)
        .gitignore
        .idea/
        Demo01.iml
        src/

nothing added to commit but untracked files present(use "git add" to track)
```

实质上，这种采用 IDEA 来忽略文件并不能算是一种真正的忽略方式，只是 IDEA 帮我们"屏蔽"了这些文件。在执行 add 和 commit 时并不会将这些文件提示出来供我们选择，以此达到被 Git"忽略"的目的。如果回到命令行，使用 Git 命令的方式依旧是可以将这些文件纳入 Git 控制的。

使用命令行执行如下命令。

```
git add ./
git commit -m 'test' ./
```

```
git status                      # 那些被 IDEA "忽略" 的文件依旧被提交了
On branch master
nothing to commit,working tree clean
```

　　在使用 IDEA 开发工具创建好项目之后，会创建一个.gitignore 文件。我们在第 1 章学习过.gitignore 文件的使用，该文件是 Git 用于忽略文件的，我们可以在这个文件中添加需要忽略的文件和文件夹。

　　将 Demo01 项目删除，重新创建一个 Demo01 项目。在.gitignore 文件中添加需要忽略的文件/文件夹，如图 12-11 所示。

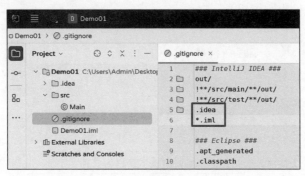

图 12-11

　　这样，*.idea 文件夹和.iml 文件就不会被 Git 纳入版本控制了，即执行 add、commit 等命令时，就不会将这些文件/文件夹纳入 Git 管理，如图 12-12 所示。

图 12-12

此时，查询工作空间的状态，发现正常。

```
git status
On branch master
nothing to commit, working tree clean
```

利用之前的办法，使用 IDEA 将.idea、*.iml、.gitignore 等文件/文件夹"屏蔽"，这样，就看不到不相关的文件了。

12.1.4 比较

将 Main.java 文件内容编辑为：

```
public class Main {
    public static void main(String[] args){
        System.out.println(111);
        System.out.println(222);
        System.out.println(333);
    }
}
```

Tips：IDEA 的 Git 插件只能对比工作空间和版本库中的文件，不能对比暂存区中的文件。

在需要对比的文件上右击，选择 Git→Show Diff，如图 12-13 所示。

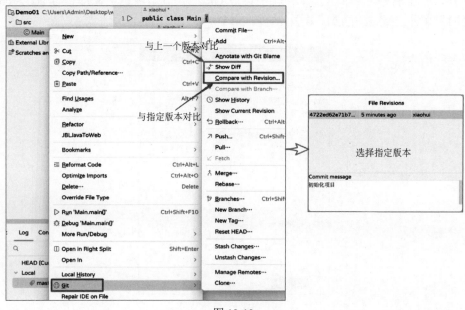

图 12-13

查看当前工作空间与指定版本对比内容，如图 12-14 所示。

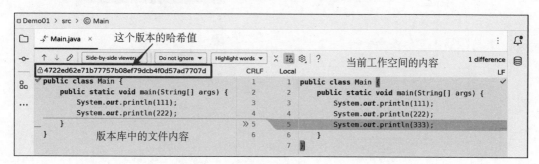

图 12-14

12.1.5　改名

在需要改名的文件上右击，选择 Refactor→Rename...，然后提交，如图 12-15 所示。

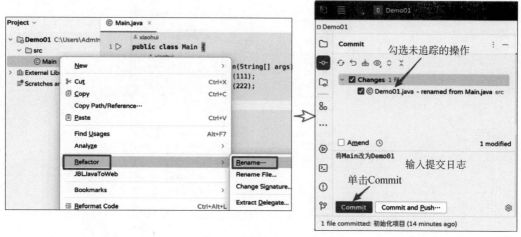

图 12-15

12.1.6　删除

在需要改名的文件上右击，选择 Delete...，在弹出的确认框中单击 OK 按钮，然后单击 Commit 按钮进行提交，如图 12-16 所示。

12.1.7　日志

在项目上右击，选择 Git→Show History，或者使用快捷键 Alt+9，如图 12-17 所示。

图 12-16

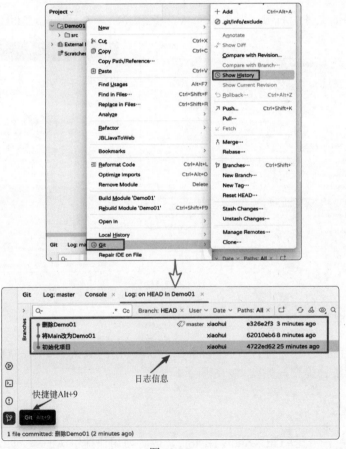

图 12-17

创建一个 Test01.java 并提交，用于后续测试。文件内容如下。

```java
public class Test01 {
    public static void main(String[] args){
        System.out.println(111);
        System.out.println(222);
    }
}
```

12.1.8　标签

（1）创建轻量标签：在项目上右击，选择 Git→New Tag...，没有填写注释的是轻量标签，如图 12-18 所示。

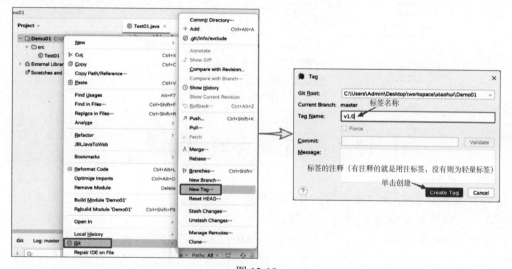

图 12-18

（2）创建附注标签：用同样的办法创建附注标签，如图 12-19 所示。

执行 Git 命令查看标签的类型。

```
git log --oneline
ec2a158(HEAD -> master,tag:v1.2,tag:v1.0)新建 Test01
e326e2f 删除 Demo01
62010eb 将 Main 改为 Demo01
4722ed6 初始化项目

git cat-file -t v1.0
commit
```

```
git cat-file -t v1.2
tag
```

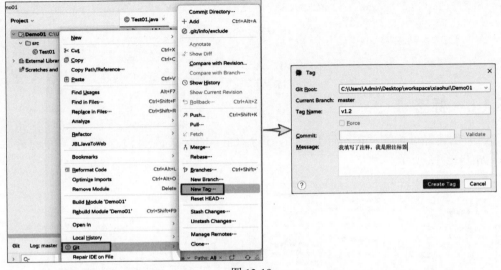

图 12-19

12.2　Git 插件数据恢复

接下来使用 IDEA 的 Git 插件操作数据恢复相关功能，将分别演示 restore 数据还原、amend 提交修正和 reset 数据回退等功能。

删除 Demo01 项目，创建一个新的项目，Main.java 文件内容为：

```java
public class Main {
    public static void main(String[] args){
        System.out.println(111);
    }
}
```

提交项目，然后将文件内容改为：

```java
public class Main {
    public static void main(String[] args){
        System.out.println(222);
    }
}
```

提交后发现，共产生了两个版本，查看日志如下。

```
git log --oneline
* dff0c6d(HEAD -> master)222
* f033e79 初始化项目
```

12.2.1　restore 数据还原

与 TortoiseGit 一样，IDEA 的 Git 插件也是只提供将暂存区和工作空间一起还原的操作，不支持单独还原暂存区。

编辑 Test01 文件，但不提交（提交之后的操作需要使用 reset 回退）。在项目上右击，选择 Git→Rollback...，在弹出的对话框中选择要还原的文件，单击 Rollback 按钮，如图 12-20 所示。

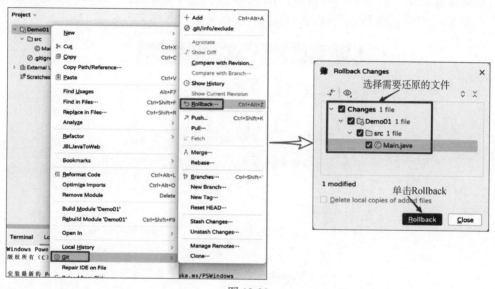

图 12-20

> **Tips：** 在项目上右击还原的是整个项目，在某个文件夹上右击还原的是该文件夹，在某个文件上右击还原的是指定的文件。

12.2.2　amend 提交修正

amend 是 git commit 命令的一个参数，可用于修正提交日志、文件内容、提交文件等操作。以上的操作都是一样的，下面以修正提交日志为例演示具体操作。

将文件内容编辑为：

```
public class Main {
    public static void main(String[] args){
```

```
      System.out.println(111);
      System.out.println(222);
      System.out.println(333);
   }
}
```

提交，查看日志。

```
git log --oneline
* ed51e22(HEAD -> master)三三三
* dff0c6d 222
* f033e79 初始化项目
```

在项目上右击，选择 Git→Commit Directory...，选中 Amend 复选框，代表要修正提交。接着输入新的提交日志，单击 Amend Commit 按钮进行提交，如图 12-21 所示。

图 12-21

再次查看日志。

```
git log --oneline
acba10e(HEAD -> master)333
dff0c6d 222
f033e79 初始化项目
```

12.2.3　reset 数据回退

git reset 命令可以帮助我们回退 HEAD 指针、暂存区和工作空间的内容。下面使用

IDEA 的 Git 插件演示 reset 命令。

在项目上右击，选择 Git→Reset HEAD...，如图 12-22 所示。

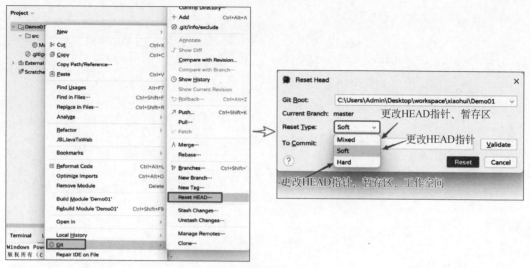

图 12-22

回退 HEAD 指针，如图 12-23 所示。

图 12-23

查看日志。

```
# 查看 log 日志
git log --oneline --all
dff0c6d(HEAD -> master)222
f033e79 初始化项目

# 查看 reflog 日志
git reflog
dff0c6d(HEAD -> master)HEAD@{0}:reset:moving to HEAD~
acba10e HEAD@{1}:commit(amend):333
```

```
ed51e22 HEAD@{2}:commit:三三三
dff0c6d(HEAD -> master)HEAD@{3}:commit:222
f033e79 HEAD@{4}:commit(initial):初始化项目

git ls-files -s
100644 82b7e88a225af2f782bc913c3c518b259bca6f5d 0          .gitignore
100644 b6e912268e34322e865cc4dc49e3a8524cd75d27 0          src/Main.java

# 暂存区的文件内容
git show b6e912268e3
public class Main {
    public static void main(String[] args){
        System.out.println(111);
        System.out.println(222);
        System.out.println(333);
    }
}

# 工作空间的文件内容
cat src/Main.java
public class Main {
    public static void main(String[] args){
        System.out.println(111);
        System.out.println(222);
        System.out.println(333);
    }
}
```

IDEA 中无法查询到 reflog 日志，但是在其提供的控制台中可以通过输入 Git 命令查看 reflog 日志，如图 12-24 所示。

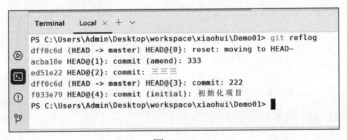

图 12-24

利用同样的方法，将 HEAD 指针重新回退到 333 版本，如图 12-25 所示。

我们可以根据需要回退 HEAD 指针、暂存区和工作空间，只需选择对应的 Soft、Mixed、Hard 即可，这里不再演示。

图 12-25

12.3　分支的操作

与 TortoiseGit 一样，在 IDEA 中操作 Git 的分支非常方便，并且一样能够通过图形化来直观地观察分支的变化、代码对比和解决冲突等。分支的所有操作也都通过图形化的操作方式来展示，与使用 Git 的命令行相比要轻松不少。

12.3.1　创建分支

创建一个新的项目 Demo01，在项目上右击，选择 Git→New Branch...，如图 12-26所示。

图 12-26

查看日志，如图 12-27 所示。

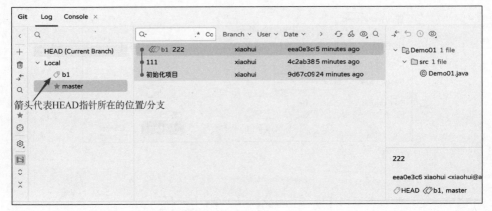

图 12-27

我们也可以在指定版本上创建分支。在指定版本上右击，选择 New Branch...，如图 12-28 所示。

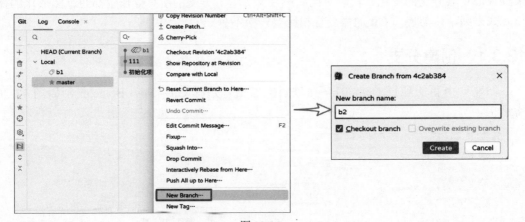

图 12-28

查看日志，如图 12-29 所示。

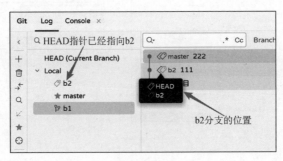

图 12-29

12.3.2　切换分支

在 Git 的日志窗口中，在指定的分支上右击，选择 Checkout，如图 12-30 所示。

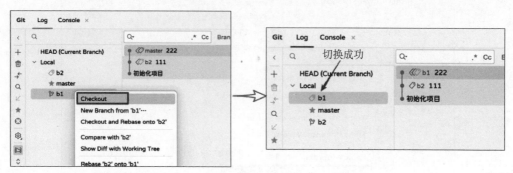

图 12-30

12.3.3　合并分支

查看 Git 日志。

```
git log --oneline --all
* eea0e3c(HEAD -> b1,master)222
* 4c2ab38(b2)111
* 9d67c09 初始化项目
```

使用 b1 分支开发一个版本，然后提交。
查看 Git 日志。

```
git log --oneline --all
* b03e209(HEAD -> b1)333
* eea0e3c(master)222                      # master 分支的位置
* 4c2ab38(b2)111
* 9d67c09 初始化项目
```

将分支切换到 master，在被合并的分支（b1）上右击，选择 Merge 'b1' into 'master'，如图 12-31 所示。
查看日志。

```
git log --oneline --all
* b03e209(HEAD -> master,b1)333
* eea0e3c 222
* 4c2ab38(b2)111
* 9d67c09 初始化项目
```

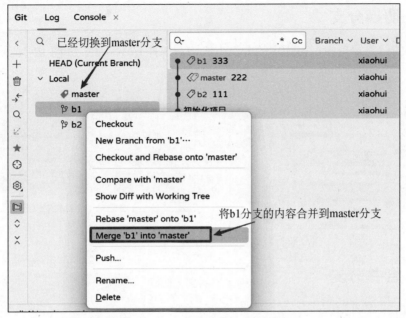

图 12-31

12.3.4　分支合并解决冲突

修改 b1 分支的内容，然后提交。

```
public class Demo01 {
    public static void main(String[] args){
        System.out.println(111666);
        System.out.println(222);
        System.out.println(333);
    }
}
```

切换到 master 分支，修改 master 分支的内容后提交。

```
public class Demo01 {
    public static void main(String[] args){
        System.out.println(111888);
        System.out.println(222);
        System.out.println(333);
    }
}
```

使用 IDEA 查看 Git 日志，如图 12-32 所示。

图 12-32

在 b1 分支上右击，选择 Merge 'b1' into 'master'，如图 12-33 所示。

图 12-33

合并出现冲突，选择 Merge...，如图 12-34 所示。

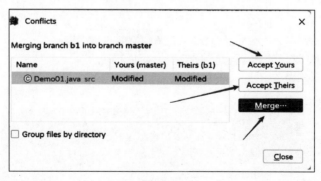

图 12-34

选择要合并的行，解决冲突，如图 12-35 所示。

图 12-35

编辑合并日志，如图 12-36 所示。

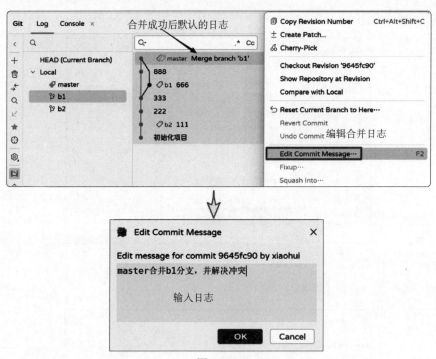

图 12-36

查看日志。

```
git log --oneline --all --graph
*   f81c197(HEAD -> master)master 合并 b1 分支，并解决冲突
|\
| * 9ab938b(b1)666
* | 63a8a6b 888
|/
* c6e1d8a 333
```

```
*  52e2723 222
*  02ac91b(b2)111
*  f49cf04 初始化项目
```

12.4　分支状态存储

分支状态存储用于存储一些当前分支还未操作完的功能，切换到其他分支完成一些临时任务，待临时任务处理完毕时，我们可以将分支存储中存储的步骤提取出来。关于分支状态存储的详细操作可参考 6.6 节。

编辑 Demo01.java 文件，但不提交。查看 Git 工作空间状态。

```
git status
On branch master
Changes not staged for commit:
  (use "git add <file>..." to update what will be committed)
  (use "git restore <file>..." to discard changes in working directory)
        modified:  src/Demo01.java

no changes added to commit(use "git add" and/or "git commit -a")
```

将当前分支状态存储起来，如图 12-37 所示。

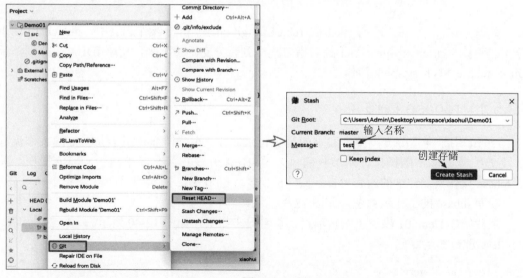

图 12-37

将当前状态存储起来后，工作空间的内容回到了没有修改前的状态。

读取存储，如图 12-38 所示。

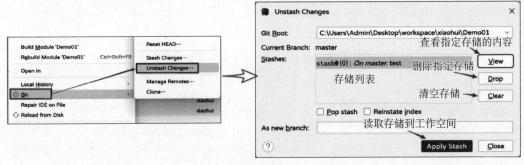

图 12-38

读取存储后，查看工作空间的状态如下。

```
git status
On branch master
nothing to commit,working tree clean
```

读取存储后发现，工作空间又变回了之前修改的内容。

12.5　分支高级操作

关于分支合并，我们还学习过 git rebase 和 git cherry-pick 操作。其中，git rebase 用于分支的变基，git cherry-pick 用于提取指定提交到新分支。接下来，使用 IDEA 来分别演示 Git 的 rebase 和 cherry-pick 操作。

12.5.1　rebase 操作

rebase 用于变基分支，整理和重构历史记录。在 7.6 节详细介绍了 rebase 的工作流程以及交互式 Rebase 的操作，本节我们只采用 IDEA 开发工具来简单演示 rebase 操作。关于 rebase 操作更加详细的内容可以翻阅 7.6 节学习 git rebase 的详细用法。

观察 rebase 的工作示意图，如图 12-39 所示。

重新创建 Demo01 项目，编辑项目，查看日志如下，如图 12-40 所示。

test 分支内容如下。

```
public class Main {
   public static void main(String[] args){
      System.out.println("111");
```

```
        System.out.println("222");
        System.out.println("333");
        System.out.println("444");
    }
}
```

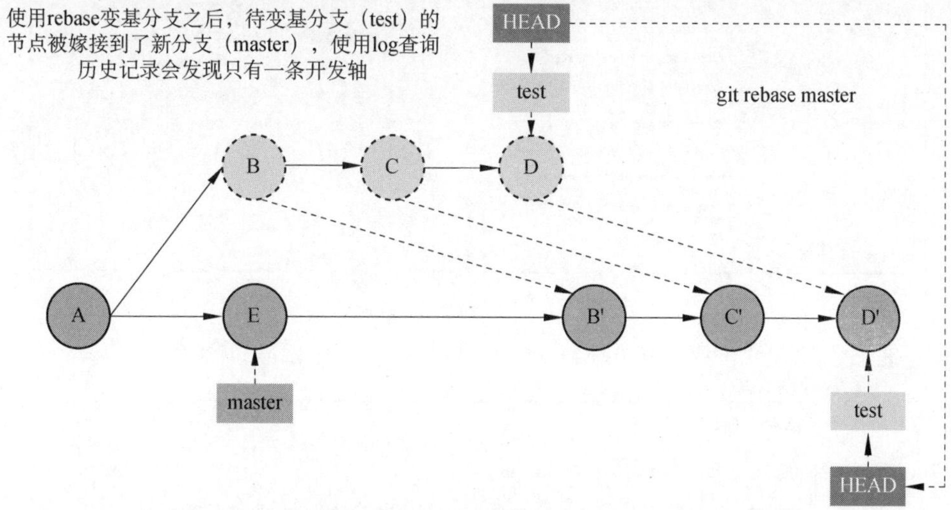

使用rebase变基分支之后，待变基分支（test）的
节点被嫁接到了新分支（master），使用log查询
历史记录会发现只有一条开发轴

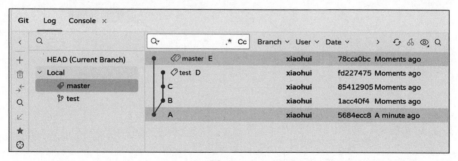

图 12-39

图 12-40

master 分支内容如下。

```
public class Main {
    public static void main(String[] args){
        System.out.println("111");
        System.out.println("555");
    }
}
```

切换到 test 分支，然后在 master 分支上右击，选择 Rebase 'test' onto 'master'，代表将

test 分支变基到 master 分支，如图 12-41 所示。

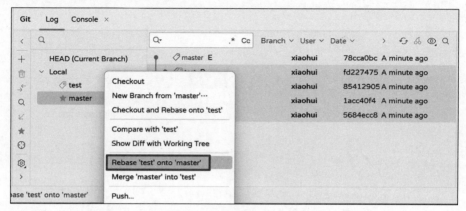

图 12-41

变基之后出现代码冲突，单击 Merge...合并冲突，如图 12-42 所示。

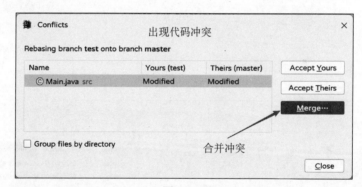

图 12-42

选择合并的内容，如图 12-43 所示。

图 12-43

输入变基合并日志，如图 12-44 所示。

查看变基后的日志，如图 12-45 所示。

图 12-44

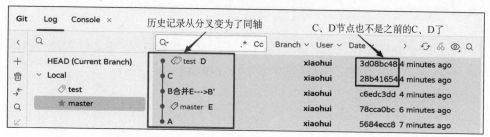

图 12-45

12.5.2　cherry-pick 操作

　　cherry-pick 用于将历史记录中的任意一个提交变更到当前工作分支上，这对代码来说也是一种合并，对于分支来说却不是合并，使用 cherry-pick 之后，分支还是以往的分叉开发路线。在 7.7 节详细介绍了 cherry-pick 的工作流程以及与 merge 命令的区别。本章我们只采用 IDEA 开发工具来简单演示 cherry-pick 命令的使用，不再过多讲解其原理。关于 cherry-pick 的详细使用可以参考 7.7 节。

　　观察 cherry-pick 的工作示意图，如图 12-46 所示。

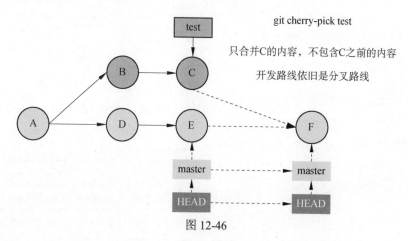

图 12-46

　　重新创建 Demo01 项目，编辑项目，查看日志，如图 12-47 所示。

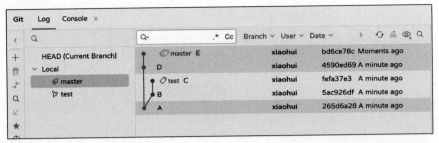

图 12-47

其中，master 分支中存在 A、D、E 文件，test 分支中存在 A、B、C 文件。在需要执行 cherry-pick 的节点上右击，选择 Cherry-Pick，如图 12-48 所示。

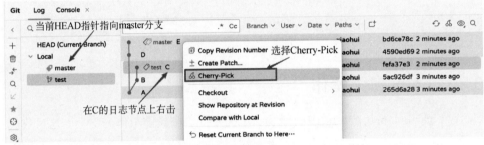

图 12-48

查看最新节点的内容，发现只合并了 C 节点的内容，C 节点之前的内容不会合并到当前分支，如图 12-49 所示。

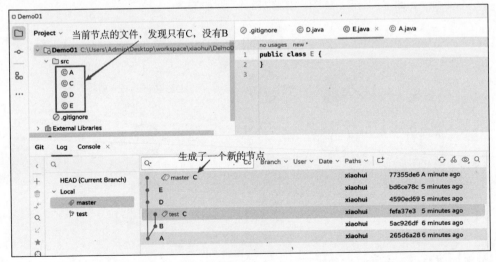

图 12-49

12.6　协同开发

IDEA 开发工具同样集成了丰富的协同开发功能，接下来利用 IDEA 开发工具完成协同开发。

（1）首先在 Gitee 创建一个仓库，如图 12-50 所示。

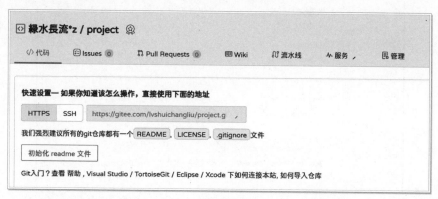

图 12-50

（2）使用 IDEA 创建一个本地项目，随意编辑几个版本，日志如下，如图 12-51 所示。

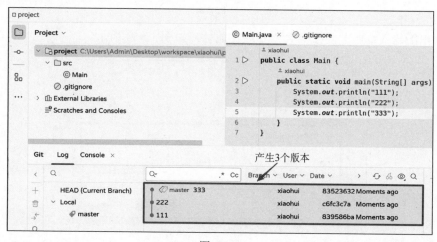

图 12-51

12.6.1　remote

在项目上右击，选择 Git→Manage Remotes...，如图 12-52 所示。

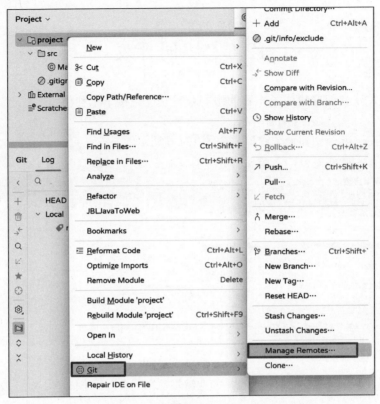

图 12-52

在弹出的输入框中输入项目名称和项目地址，如图 12-53 所示。

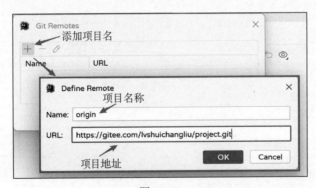

图 12-53

12.6.2 push

在项目上右击，选择 Git→Push…，如图 12-54 所示。

图 12-54

查看远程仓库，如图 12-55 所示。

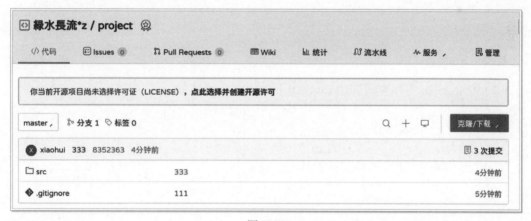

图 12-55

12.6.3　clone

单击菜单栏上的 File→New→Project from Version Control...，如图 12-56 所示。

我们之前在本地配置过全局的用户信息为 xiaohui，本地仓库的提交日志也是 xiaohui，因此，推送到远程仓库之后的用户日志信息依旧是 xiaohui。在 xiaolan 的工作空间中我们应该配置 xiaolan 的用户信息。否则，到时候提交的用户信息都是 xiaohui。在 xiaolan 的工作副本中打开命令行，输入以下命令。

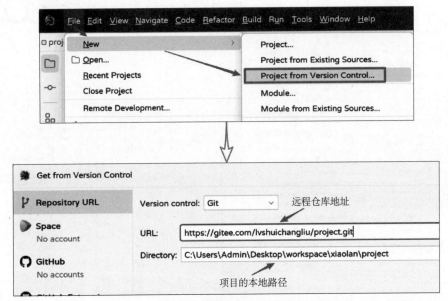

图 12-56

```
git config --local user.name 'xiaolan'
git config --local user.email 'xiaolan@aliyun.com'
```

12.6.4 fetch

（1）在 xiaohui 工作空间创建 Demo01.java 文件，内容如下。

```
public class Main {
    public static void main(String[] args){
        System.out.println("111");
        System.out.println("222");
        System.out.println("333");
        System.out.println("444");
    }
}
```

然后执行 commit、push 命令。

（2）在 xiaolan 工作空间执行 fetch。

在项目上右击，选择 Git→Fetch...，如图 12-57 所示。

查看 Git 日志发现，新功能在远程跟踪分支 origin/master 上，本地分支还在之前的位置，如图 12-58 所示。

使用本地分支合并远程跟踪分支的内容，将功能集成到本地分支上。在远程跟踪分支上右击，选择 Merge 'origin/master' into 'master'，如图 12-59 所示。

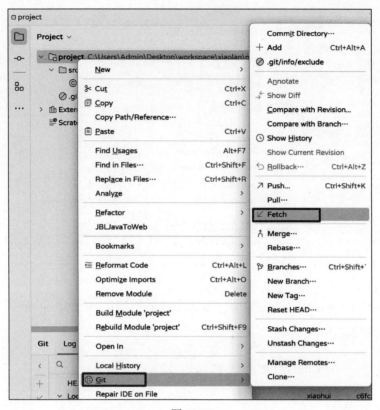

图 12-57

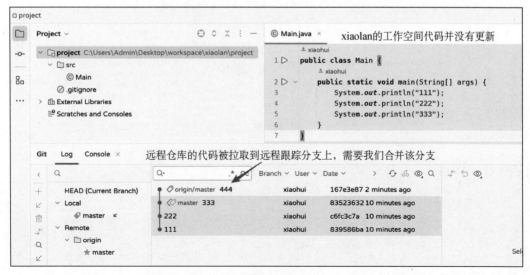

图 12-58

图 12-59

查看日志，发现 master 与远程跟踪分支已经合并成功，如图 12-60 所示。

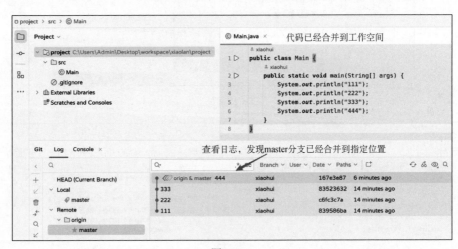

图 12-60

12.6.5　pull

（1）在 xiaohui 工作空间编辑代码。

```
public class Main {
    public static void main(String[] args){
        System.out.println("111888");
        System.out.println("222");
```

```
        System.out.println("333");
        System.out.println("444");
    }
}
```

然后执行 commit、push 命令。

（2）在 xiaolan 工作空间执行 pull 命令。

在项目上右击，选择 Git→Pull...，如图 12-61 所示。

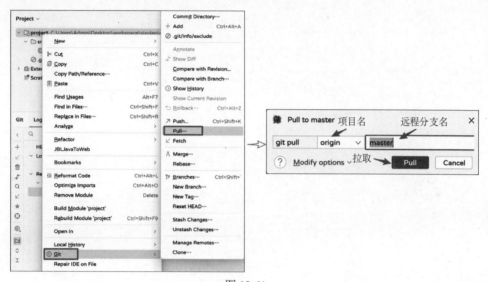

图 12-61

查看 Git 日志和工作空间，如图 12-62 所示。

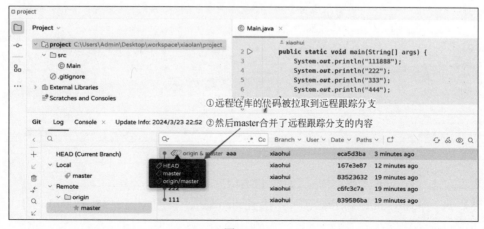

图 12-62

12.6.6 模拟协同开发冲突

（1）在 xiaolan 工作空间编辑代码。

```java
public class Main {
    public static void main(String[] args){
        System.out.println("111888");
        System.out.println("222999");
        System.out.println("333");
        System.out.println("444");
    }
}
```

然后执行 commit、push 等命令。

（2）在 xiaohui 工作空间编辑代码。

```java
public class Main {
    public static void main(String[] args){
        System.out.println("111888");
        System.out.println("222666");
        System.out.println("333");
        System.out.println("444");
    }
}
```

提交代码后执行 pull（在执行 push 之前执行 pull，以确保本地仓库的代码是最新的）。发现出现代码冲突，解决冲突，如图 12-63 所示。

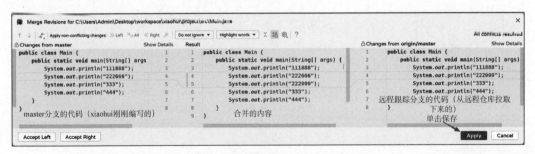

图 12-63

查看日志（xiaohui 工作空间），如图 12-64 所示。

然后执行 push，推送到远程仓库。接着 xiaolan 工作空间也可以执行 pull，将代码拉取到本地。

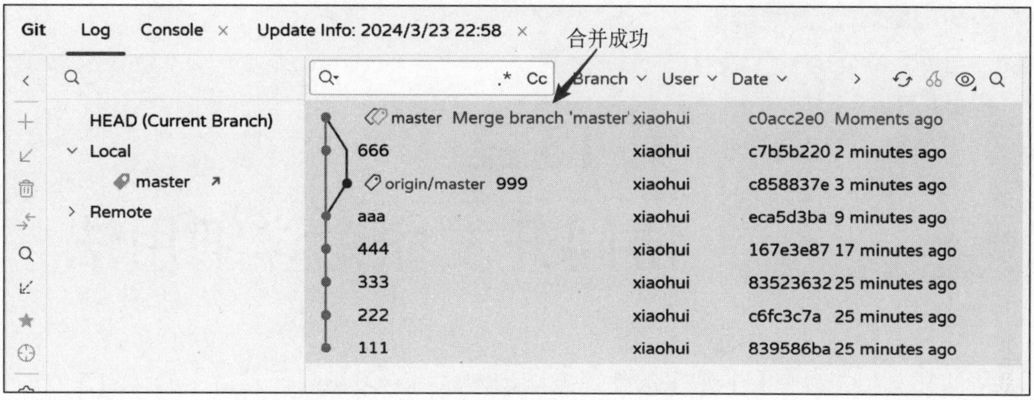

| Git | Log | Console | × | Update Info: 2024/3/23 22:58 | × | 合并成功 |

HEAD (Current Branch)　　　master　Merge branch 'master' xiaohui　　c0acc2e0　Moments ago

∨ Local　　　　666　　　　　　　　　　　　　　xiaohui　　c7b5b220 2 minutes ago

　　master　↗　　　origin/master　999　　　　　xiaohui　　c858837e 3 minutes ago

> Remote　　　aaa　　　　　　　　　　　　　　xiaohui　　eca5d3ba 9 minutes ago

　　　　　　444　　　　　　　　　　　　　　xiaohui　　167e3e87 17 minutes ago

　　　　　　333　　　　　　　　　　　　　　xiaohui　　83523632 25 minutes ago

　　　　　　222　　　　　　　　　　　　　　xiaohui　　c6fc3c7a　25 minutes ago

　　　　　　111　　　　　　　　　　　　　　xiaohui　　839586ba 25 minutes ago

图 12-64

第 13 章
协同开发命令详细用法

协同开发相关命令有非常多的使用方法，本章将学习协同开发命令的详细参数的使用，以加深我们对这些命令的理解与应用，以便我们能够灵活应对各种开发场景，提升开发效率。

13.1　push 命令

push 命令用于将本地分支的更新推送到远程仓库中，它的使用方式有多种，能够携带的参数也很多。接下来，我们将学习 push 命令的详细使用方式以及常用的参数。

13.1.1　push 命令的使用方式

git push 命令的使用方法如下。

（1）git push {remote} {local-branch}：推送指定的本地分支到远程仓库的同名分支。

新建一个本地仓库和一个远程仓库，示例代码如下。

```
git log --oneline
8aed6c4(HEAD -> master,origin/master)111

git checkout -b test01
git push origin test01
To https://gitee.com/lvshuichangliu/demo01.git
 * [new branch]      test01 -> test01

# 查看日志，远程跟踪分支也被创建了
git log --oneline
8aed6c4(HEAD -> test01,origin/test01,origin/master,master)111

# 查看所有的远程分支（显示对应的远程跟踪分支）
git branch -r
```

```
origin/master
origin/test01
```

（2）git push {remote} {local-branch：remote-branch}：推送本地分支到远程仓库的不同
分支。

示例代码如下。

```
git checkout -b test02
git push origin test02:demo02
To https://gitee.com/lvshuichangliu/demo01.git
 * [new branch]      test02 -> demo02

git log --oneline
8aed6c4(HEAD -> test02,origin/test01,origin/master,origin/demo02,
test01,master)111

# 查看所有远程分支
git branch -r
  origin/demo02
  origin/master
  origin/test01
```

（3）git push：默认推送当前分支到远程仓库的同名分支，需要建立与上游分支的关联
关系。

示例代码如下。

```
git checkout master
echo "222" >> aaa.txt
git commit -m '222' ./

git log --oneline
3183cf0(HEAD -> master)222
8aed6c4(origin/test01,origin/master,origin/demo02,test02,test01)111

# 推送当前分支（master）到远程仓库的同名分支
git push

# 推送失败，因为没有建立与上游分支的关联关系
fatal: The current branch master has no upstream branch.
...

# 查看所有分支与该分支对应的上游分支
git branch -vv
* master 3183cf0 222          # 本地分支（master）没有对应的上游分支
  test01 8aed6c4 111
```

```
   test02 8aed6c4 111

# 通过远程跟踪分支来建立与上游分支的关联关系
git branch --set-upstream-to=origin/master master
Branch 'master' set up to track remote branch 'master' from 'origin'.

git branch -vv
* master 3183cf0 [origin/master: ahead 1] 222            # 当前分支 master 的
上游分支为 origin/master
  test01 8aed6c4 111
  test02 8aed6c4 111

git push                    # 推送当前分支到远程仓库的同名分支
To https://gitee.com/lvshuichangliu/demo01.git
   8aed6c4..3183cf0  master -> master

git log --oneline
3183cf0(HEAD -> master,origin/master)222
8aed6c4(origin/test01,origin/demo02,test02,test01)111
```

测试 test01 分支的开发，代码如下。

```
git checkout test01
git merge master
git log --oneline
3183cf0(HEAD -> test01,origin/master,master)222
8aed6c4(origin/test01,origin/demo02,test02)111

# 推送 test01 分支到远程仓库的同名分支
git push
# 推送失败（该分支没有设置上游分支的关联关系）
fatal:The current branch test01 has no upstream branch.        ...

# 通过 test01 的远程跟踪分支来建立上游分支的关联关系
git branch --set-upstream-to=origin/test01 test01
Branch 'test01' set up to track remote branch 'test01' from 'origin'.

# 重新推送，成功
git push
To https://gitee.com/lvshuichangliu/demo01.git
   8aed6c4..3183cf0  test01 -> test01

git log --oneline
3183cf0(HEAD -> test01,origin/test01,origin/master,master)222
```

```
8aed6c4(origin/demo02,test02)111
```

测试 test02 分支的开发，代码如下。

```
git checkout test02
git merge master
git log --oneline
3183cf0(HEAD -> test02,origin/test01,origin/master,test01,master)222
8aed6c4(origin/demo02)111

# 推送当前分支到远程仓库的同名分支
git push
# 推送失败（该分支没有设置上游分支的关联关系）
fatal:The current branch test02 has no upstream branch.
...

# 通过 test02 的远程跟踪分支来建立上游分支的关联关系
git branch --set-upstream-to=origin/demo02 test02
Branch 'test02' set up to track remote branch 'demo02' from 'origin'.

# 推送失败，因为远程仓库没有与 test02 的同名分支
git push
fatal: The upstream branch of your current branch does not match
....

# 将当前 HEAD 指针指向的版本推送到远程仓库的 demo02 分支
git push origin HEAD: demo02
To https://gitee.com/lvshuichangliu/demo01.git
  8aed6c4..3183cf0  HEAD -> demo02
```

查询该远程仓库的上游分支关联关系的信息。

```
git branch -vv
  master 3183cf0 [origin/master] 222
  test01 3183cf0 [origin/test01] 222
* test02 3183cf0 [origin/demo02] 222
git branch -r
  origin/demo02
  origin/master
  origin/test01
```

13.1.2　push 命令的常用参数

　　push 命令可以携带很多参数，以实现许多不同的功能。git push 命令的参数如表 13-1 所示。

表 13-1

参数名	说明
--all	推送所有本地分支到远程仓库的同名分支
--mirror	不仅推送所有分支的更改，还会推送所有标签和其他引用等。它实际上会镜像本地仓库的所有内容到远程仓库，确保远程仓库是本地仓库的一个完全一致的副本
--tags	推送所有的本地标签到远程仓库
--follow-tags	在推送分支时，也推送与该分支相关的所有标签
--atomic	原子推送，要么全部成功，要么全部失败
-n 或 --dry-run	模拟推送，但不实际更新远程仓库
-f 或 --force	强制推送，即使远程分支落后于本地分支
-d 或 --delete	删除远程分支、远程仓库的标签等所有引用（本地分支/本地标签不会被删除）
--prune	在推送的同时，删除那些已经在本地被删除，但在远程仓库中仍然存在的对应引用（分支或标签）
-u 或 --set-upstream	设置当前分支的上游分支为远程仓库的同名分支
-v 或 --verbose	显示详细的推送过程（日志）
-q 或 --quiet	显示简洁的推送过程（日志）

13.1.3　push 命令常用参数演示

下面演示 push 命令的部分常用参数的使用方法。

（1）git push origin master：推送指定分支到远程仓库。

```
git remote add origin https://gitee.com/lvshuichangliu/demo01.git
git branch test01                        # 创建分支 test01
git branch test02                        # 创建分支 test02
git tag v1 -m 'v1'                       # 创建标签 v1
git log --oneline
be1db99(HEAD -> master,tag:v1,test02,test01)111

git push origin master                   # 只推送 master 分支到远程仓库
To https://gitee.com/lvshuichangliu/demo01.git
 * [new branch]     master -> master

git log --oneline                        # 建立了 master 分支的远程跟踪分支
be1db99(HEAD -> master,tag:v1,origin/master,test02,test01)111
```

（2）git push --all origin：推送所有本地分支到远程仓库的同名分支。

```
git push --all origin                    # 推送所有分支（标签不会被推送）
To https://gitee.com/lvshuichangliu/demo01.git
 * [new branch]      test01 -> test01      # 在远程仓库建立 test01 分支
 * [new branch]      test02 -> test02      # 在远程仓库建立 test02 分支

git branch -r                 # 查询所有的远程分支（以远程跟踪分支方式显示）
 origin/master
 origin/test01
 origin/test02

git log --oneline             # 建立了所有本地分支的远程跟踪分支（远程分支也会建立）
be1db99(HEAD -> master,tag:v1,origin/test02,origin/test01,
origin/master,test02,test01)111
```

（3）git push -d origin test01：删除远程分支、远程仓库的标签（本地分支不会被删除，但远程跟踪分支会被删除）。

```
# 删除远程分支 test01、test02（在本地的远程跟踪分支也会被删除）
git push -d origin test01
To https://gitee.com/lvshuichangliu/demo01.git
 - [deleted]          test01

git push -d origin test02
To https://gitee.com/lvshuichangliu/demo01.git
 - [deleted]          test02

git log --oneline              # 发现远程跟踪分支也被删除了
c02e4c2(HEAD -> master,tag:111,origin/master,test02,test01)111
```

（4）git push --mirror origin：不仅推送所有分支的更改，还会推送所有标签和其他引用等。

```
git push --mirror origin           # 推送本地的引用到远程仓库中（包括分支、标签等）
To https://gitee.com/lvshuichangliu/demo01.git
 * [new branch]      test01 -> test01    # 分支被推送了
 * [new branch]      test02 -> test02
 * [new reference]   origin/master -> origin/master
 * [new tag]         v1 -> v1           # 标签也被推送了

git log --oneline                  # 发现对应的远程跟踪分支也建立了
be1db99(HEAD -> master,tag:v1,origin/test02,origin/test01,
origin/master,test02,test01)111
```

（5）git push -d origin v1：删除远程仓库的标签。

```
git ls-remote --tags origin      # 查询远程仓库的所有标签
5974053add431164e3cf90f91b139e3036b3346c          refs/tags/v1
# 标签的 Git 对象哈希值
be1db999b144d197f928c01971c008959da0db06          refs/tags/v1^{}
# 该标签所指向的 Commit 对象哈希值

git push -d origin v1
To https://gitee.com/lvshuichangliu/demo01.git
 - [deleted]          v1          # 删除了远程仓库的 v1 标签

git log --oneline                # 只是删除了远程仓库的标签，本地仓库的标签不会被删除
be1db99(HEAD -> master,tag:v1,origin/test02,origin/test01,
origin/master,test02,test01)111
```

13.1.4　上游分支

使用 git push 命令的作用是将当前分支推送到远程仓库的同名分支，但前提是必须建立"上游分支"的关联关系。我们之前学习过本地分支、远程分支及远程跟踪分支，那么什么是上游分支呢？

上游分支的概念比较抽象，与我们之前所学的分支不同。它是一种假想概念，是一种与远程分支的追踪关系（上游分支是一种关系，它并不是一种实实在在的分支）。当本地分支与远程分支建立关联后，这种关联关系被称为"与上游分支的关联"，也可以说成本地分支已经建立了追踪关系。注意，这种追踪关系并不是我们之前所学的远程跟踪分支。在实际使用中，本地分支与远程分支建立了"上游分支"这种关联后，我们也时常称远程分支或远程跟踪分支为某某本地分支的上游分支。

上游分支不是一种具体的分支，关于上游分支的概念，读者不必过多细究，只要了解如何建立上游分支的关联以及建立了上游分支的关联的好处即可。

通过关联本地分支的远程分支或远程跟踪分支都可以关联上游分支，方法如下。

（1）git branch --set-upstream-to=origin/test01 test01：在建立分支时建立该分支的上游分支关联（通过远程跟踪分支来建立上游分支的关联）。

（2）git push --set-upstream origin test01：在执行 push 命令时建立当前分支与上游分支的关联（通过远程分支来建立上游分支的关联）。

（3）git checkout -b test01 --track origin/test01：在检出分支时建立该分支的上游分支关联（通过远程跟踪分支来建立上游分支的关联）。

> **Tips:** 根据不同的建立方式需要指定远程分支或远程跟踪分支来建立此上游分支的关联。

删除本地分支的上游分支关联命令为 git branch --unset-upstream test01，其中，test01 指的是本地分支的名称。

下面演示建立上游分支关联的方式，以及建立了本地分支的上游分支关联所带来的便捷。

（1）git branch --set-upstream-to=origin/test01 test01：将本地分支 test01 的上游分支设置为 origin/test01。示例代码如下。

```
git log --oneline
0c2f12b(HEAD -> master)222
57fdc33(origin/master)111

git branch -vv
* master 0c2f12b 111

# 推送当前分支失败，当前分支（master）没有建立上游分支关联
git push
fatal:The current branch master has no upstream branch.
To push the current branch and set the remote as upstream,use

    git push --set-upstream origin master

# 设置本地分支master与上游分支的关联
git branch --set-upstream-to=origin/master master
git branch -vv
* master 0c2f12b [origin/master:ahead 1] 222        # 建立了与上游分支的关联

git push                                            # 推送当前分支成功
To https://gitee.com/lvshuichangliu/demo01.git
   57fdc33..0c2f12b  master -> master
```

（2）git push --set-upstream origin test01：设置当前分支的上游分支为远程仓库的 test01 分支。示例代码如下。

```
git log --oneline
* 69a2503(HEAD -> master)222
* 448a0c4(origin/master)111

git branch -vv           # 查看本地分支的上游分支关联
* master 69a2503 222

git push                 # 推送当前分支失败，当前分支（master）没有建立上游分支关联
fatal: The current branch master has no upstream branch.
To push the current branch and set the remote as upstream, use
```

```
    git push --set-upstream origin master

# 推送当前分支，并且将当前分支与远程分支 master 建立上游分支关联
git push --set-upstream origin master
To https://gitee.com/lvshuichangliu/demo01.git
   448a0c4..69a2503  master -> master
# 当前分支 master 与远程分支 master 已经建立了追踪关系（与上游分支的关联）
Branch 'master' set up to track remote branch 'master' from 'origin'.

git branch -vv                          # 查看本地分支的上游分支关联
* master 69a2503 [origin/master] 222    # 建立了与上游分支的关联

echo "333" >> aaa.txt
git commit -m '333' ./
git push                                # 建立了追踪关系后，可以简化推送操作
To https://gitee.com/lvshuichangliu/demo01.git
   69a2503..ed60adf  master -> master
```

（3）git checkout -b test01 --track origin/test01：检出到 test01 分支，并将 test01 分支的上游分支设置为 origin/test01。

在 xiaohui 目录初始化本地仓库，然后推送。示例代码如下。

```
git remote add origin https://gitee.com/lvshuichangliu/demo01.git
git branch test01
git branch test02
git push -u origin master
git push -u origin test01
git push -u origin test02

git branch -vv
* master 8190056 [origin/master] 111
  test01 8190056 [origin/test01] 111
  test02 8190056 [origin/test02] 111

git log --oneline
8190056(HEAD -> master,origin/test02,origin/test01,origin/master,test02,
test01)111
```

在 xiaolan 目录执行 clone 命令。

```
git clone https://gitee.com/lvshuichangliu/demo01.git
cd demo01/
git log --oneline
```

```
8190056(HEAD -> master,origin/test02,origin/test01,origin/master,
origin/HEAD)111

# 在当前 HEAD 指针位置创建并检出到 test01 分支
git checkout -b test01

# 在当前 HEAD 指针位置创建并检出到 test02 分支，然后设置 test02 的上游分支关联关系
git checkout -b test02 --track origin/test02

git branch -vv
  master 8190056 [origin/master] 111
  test01 8190056 111
* test02 8190056 [origin/test02] 111          # test02 分支建立了上游分支关联
```

删除上游分支的关联，可以使用如下代码。

```
git branch --unset-upstream test02          # 删除本地分支 test02 的上游分支的关联
git branch -vv
  master 8190056 [origin/master] 111
  test01 8190056 111
* test02 8190056 111                         # test02 分支的上游分支关联被删除了
```

13.1.5　修剪分支

当需要删除那些在本地已经被删除但远程仓库仍然存在的分支时，我们可以使用 git push --prune 来修剪这些分支。

```
git log --oneline
8190056(HEAD -> master,origin/test02,origin/test01,origin/master,
origin/HEAD,test02,test01)111

git branch -r                           # 查看远程分支
  origin/HEAD -> origin/master
  origin/master
  origin/test01
  origin/test02

git branch -d test02                    # 删除本地分支 test02
git push --prune --all                  # 推送所有分支到远程仓库（进行分支修剪）
remote: Powered by GITEE.COM [GNK-6.4]
To https://gitee.com/lvshuichangliu/demo01.git
 - [deleted]            test02

git branch -r                           # 查看远程分支发现，test02 被删除了
```

```
 origin/HEAD -> origin/master
 origin/master
 origin/test01

git log --oneline                     # 在本地仓库对应的远程跟踪分支也被删除了
8190056(HEAD -> master,origin/test01,origin/master,origin/HEAD,test01)111
```

13.1.6 强制推送

在执行 git push 命令时，需要保证当前本地仓库的版本是最新的才可以进行推送。因此，执行 push 命令之前都会先执行 pull 命令，来确保本地仓库的代码是最新版本的。然而，在这一步可能会出现代码冲突。本质上，pull 命令=fetch+merge 命令，在执行 merge 命令时就可能会产生代码冲突。

当我们不想将远程仓库的最新版本拉到本地，而是需要将远程仓库的这个最新版本直接覆盖时，可以使用强制推送来覆盖。下面演示强制推送的具体使用方法和应用场景。

（1）在 xiaohui 目录创建一个本地仓库，然后推送到远程仓库。

```
git push origin master
git log --oneline
35e2d4c(HEAD -> master,origin/master)111
```

（2）在 xiaolan 目录克隆远程仓库到本地，并产生一个版本，然后推送到远程仓库。

```
git clone https://gitee.com/lvshuichangliu/demo01.git
cd demo01/
git log --oneline
35e2d4c(HEAD -> master,origin/master,origin/HEAD)111

echo "222" >> aaa.txt
git commit -m '222' ./
git push origin master

git log --oneline
93c7b70(HEAD -> master,origin/master,origin/HEAD)222
35e2d4c 111
```

（3）在 xiaohui 目录，产生一个版本，然后强制推送。

```
echo "333" >> aaa.txt
git commit -m '333' ./
git log --oneline
be14da3(HEAD -> master)333
35e2d4c(origin/master)111
```

```
git push origin master            # 推送失败，因为必须先将本地更新到最新版本
To https://gitee.com/lvshuichangliu/demo01.git
 ! [rejected]        master -> master(fetch first)

git push --force origin master                # 强制推送，推送成功，远程仓库的 222
版本被覆盖了
To https://gitee.com/lvshuichangliu/demo01.git
 + 93c7b70...be14da3 master -> master(forced update)

git log --oneline
be14da3(HEAD -> master,origin/master)333
35e2d4c 111
```

（4）在 xiaolan 目录获取 xiaohui 产生的版本，出现冲突，解决冲突后推送到远程仓库。

```
git pull origin master            # 拉取远程仓库的代码，出现冲突
From https://gitee.com/lvshuichangliu/demo01
 * branch            master  -> FETCH_HEAD
 + 93c7b70...be14da3 master   -> origin/master(forced update)
Auto-merging aaa.txt
CONFLICT(content):Merge conflict in aaa.txt
Automatic merge failed;fix conflicts and then commit the result.

vi aaa.txt                        # 编辑冲突内容，本次冲突内容包含 222 和 333 版本的
git add ./
git merge --continue
*   2658f77(HEAD -> master)444-解决了执行 pull 的冲突，该冲突包含了 xiaohui 的 333
版本内容和笔者之前编写的 222 版本内容
|\
| * be14da3(origin/master,origin/HEAD)333
* | 93c7b70 222
|/
* 35e2d4c 111

git push origin master
To https://gitee.com/lvshuichangliu/demo01.git
   be14da3..2658f77  master -> master
```

（5）在 xiaohui 目录获取 xiaolan 解决冲突后的代码。

```
git pull origin master
From https://gitee.com/lvshuichangliu/demo01
 * branch            master  -> FETCH_HEAD
   be14da3..2658f77  master   -> origin/master
```

```
git log --oneline --graph
*    2658f77(HEAD -> master,origin/master)444-解决了执行 pull 的冲突，该冲突包含
了 xiaohui 的 333 版本内容和笔者之前编写的 222 版本内容
|\
| * be14da3 333
* | 93c7b70 222
|/
* 35e2d4c 111
```

13.2   fetch 命令

　　fetch 命令用于将远程分支的代码获取到本地仓库的远程跟踪分支中。通常情况下，还需要将本地分支与远程跟踪分支合并。这样，远程分支的代码才算是集成到了本地分支中。接下来，我们将学习 fetch 命令的使用方式以及常用的参数。

　　fetch 命令的使用方式如下。

　　（1）git fetch {remote} {remote-branch}：获取指定远程分支的代码到当前分支的远程跟踪分支上。

　　（2）git fetch {remote} {local-branch：remote-branch}：获取指定远程分支的代码到本地分支的远程跟踪分支上，然后将本地分支与远程跟踪分支合并。注意：当前 HEAD 指针不能指向正在操作的分支。

　　（3）git fetch：获取远程仓库中的所有引用到本地仓库（分支、标签等）。

13.2.1   fetch 命令的常用参数

　　git fetch 命令的参数如表 13-2 所示。

表 13-2

参数名	说明
--all	获取远程仓库的所有引用，包括分支、标签等
-f，--force	强制更新指定远程分支的代码到指定的本地分支的远程跟踪分支上，然后将本地分支与远程跟踪分支合并。该参数类似于 git pull 命令
-m，--multiple	获取所有远程仓库的更新
-t，--tags	获取远程仓库的所有标签
-p，--prune	执行 fetch 命令时，在本地删除远程仓库不存在的远程跟踪分支（本地分支不会被删除）

续表

参数名	说明
-P，--prune-tags	执行 fetch 命令时，在本地删除远程仓库不存在的本地标签，搭配--prune 参数使用
--set-upstream	执行 fetch 命令时，设置该远程分支与当前本地分支的关联（建立与上游分支的关联）

13.2.2　fetch 命令常用参数演示

下面演示 fetch 命令的部分常用参数的使用方法。

（1）在 xiaohui 目录创建一个本地仓库，然后推送到远程仓库。

```
git push -u origin master
git log --oneline
bd6539b(HEAD -> master,origin/master)111
```

（2）在 xiaolan 目录克隆远程仓库。

```
git clone https://gitee.com/lvshuichangliu/demo01.git
cd demo01/
git log --oneline
bd6539b(HEAD -> master,origin/master,origin/HEAD)111
```

（3）在 xiaohui 目录创建分支、标签等，并推送到远程仓库。

```
git checkout -b test01
git checkout -b test02
git tag v1 -m 'v1'
git tag v2 -m 'v2'

git push --all               # 推送所有分支到远程仓库，建立与本地分支同名的远程分支
remote:Powered by GITEE.COM [GNK-6.4]
To https://gitee.com/lvshuichangliu/demo01.git
 * [new branch]      test01 -> test01
 * [new branch]      test02 -> test02

git push --tags                      # 推送所有标签到远程仓库中
To https://gitee.com/lvshuichangliu/demo01.git
 * [new tag]         v1 -> v1
 * [new tag]         v2 -> v2

git log --oneline
bd6539b(HEAD -> test02,tag:v2,tag:v1,origin/test02,origin/test01,
origin/master,test01,master)111
```

（4）在 xiaolan 目录获取远程仓库的所有引用，包括分支、标签等，然后在本地建立分支。

```
git fetch                        # 获取远程仓库的所有引用到本地仓库
From https://gitee.com/lvshuichangliu/demo01
 * [new branch]      test01     -> origin/test01      # 获取了分支
 * [new branch]      test02     -> origin/test02
 * [new tag]         v1         -> v1                  # 获取了标签
 * [new tag]         v2         -> v2

git branch test01                    # 创建分支
git branch test02                    # 创建分支

git log --oneline
925e9ae(HEAD -> master,tag:v2,tag:v1,origin/test02,origin/test01,
origin/master,origin/HEAD,test02,test01)111
```

（5）在 xiaohui 目录删除远程分支 test01 和远程仓库的 v1 标签。

```
git push -d origin test01      # 删除远程分支 test01
To https://gitee.com/lvshuichangliu/demo01.git
 - [deleted]        test01

git push --delete origin v1    # 删除远程仓库的标签
To https://gitee.com/lvshuichangliu/demo01.git
 - [deleted]        v1
git log --oneline   # 本地分支 test01 不会被删除，本地仓库的 v1 标签也不会被删除
bd6539b(HEAD -> test02,tag:v2,tag:v1,origin/test02,origin/master,
test01,master)111
```

（6）在 xiaolan 目录执行分支修剪、标签修剪。

```
git fetch --prune                    # 删除本地的远程跟踪分支(origin/test01)
From https://gitee.com/lvshuichangliu/demo01
 - [deleted]        (none)  -> origin/test01

git fetch --prune --prune-tags       # 删除本地仓库的 v1 标签
From https://gitee.com/lvshuichangliu/demo01
 - [deleted]        (none)  -> v1

git log --oneline                    # 删除了 test01 分支的远程跟踪分支和本地仓库的 v1 标签
bd6539b(HEAD -> master,tag:v2,origin/test02,origin/master,
origin/HEAD,test02,test01)111
```

（7）在 xiaolan 目录执行--set-upstream 来关联上游分支。

```
# 将远程分支 master 与当前本地分支建立上游分支关联
git fetch --set-upstream origin master    From
https://gitee.com/lvshuichangliu/demo01
 * branch            master    -> FETCH_HEAD


git checkout test02


# 将远程分支 test02 与当前本地分支建立上游分支关联
git fetch --set-upstream origin test02
From https://gitee.com/lvshuichangliu/demo01
 * branch            test02    -> FETCH_HEAD


git branch -vv
# 查看本地分支的上游分支关联关系
  master 925e9ae [origin/master] 111
  test01 925e9ae 111
* test02 925e9ae [origin/test02] 111        # test02 分支关联了上游分支


git branch --unset-upstream master        # 删除本地分支 master 的上游分支关联
git branch --unset-upstream test02        # 删除本地分支 test02 的上游分支关联


git branch -vv
# 查看本地分支的上游分支关联关系
  master bd6539b 111
  test01 bd6539b 111
* test02 bd6539b 111
```

13.2.3　强制获取

在执行 git fetch origin local-branch：remote：branch 命令时，不仅会将远程仓库的分支
拉取到远程跟踪分支上，此外，本地分支也会合并该远程跟踪分支。该命令与 pull 命令类
似（不同的是，pull 命令会将当前分支合并远程跟踪分支，fetch 命令则不会）。当执行该
命令时，如果本地仓库与远程仓库拥有不同的 commit 时（如本地仓库中有一个临时的
commit），此时执行强制获取，则会将本地仓库中临时的 commit 覆盖。

需要注意的是，强制获取必须搭配 git fetch origin local-branch：remote：branch 使用，
否则，强制获取是没有意义的。

强制获取的语法如下。

```
git fetch --force <remote> <local-branch>:<remote-branch>
```

下列演示强制 fetch 的使用。

（1）在 xiaohui 目录创建一个本地仓库，然后推送到远程仓库（参考 13.2.2 节）。

（2）在 xiaolan 目录克隆远程仓库（参考 13.2.2 节）。

（3）在 xiaohui 目录编写一个版本，然后推送代码。

```
echo "222" >> aaa.txt
git commit -m '222' ./
git push origin master
git log --oneline --all
* b1b9122(HEAD -> master,origin/master)222
* d2e0f1a 111
```

（4）在 xiaolan 目录编写一个临时版本，然后执行强制拉取。

```
echo "333" >> aaa.txt
git commit -m '333' ./
git log --oneline --all
* be496bb(HEAD -> master)333
* d2e0f1a(origin/master,origin/HEAD,test01)111
# 在 111 版本的位置上创建一个分支，因为执行强制获取时 HEAD 指针不能指向正在操作的分支
git checkout -b test d2e0f1a
# 执行强制拉取
git fetch -force origin master: master

# 查询日志，发现 master 已经合并了远程跟踪分支，此时 333 版本已经丢失（被覆盖）
git log --oneline -all
* b1b9122(origin/master,origin/HEAD,master)222
* d2e0f1a(HEAD -> test01)111
```

13.3　pull 命令

pull 命令是 fetch 与 merge 命令的组合，大多数情况下，我们使用 pull 命令会更加频繁。接下来，我们将学习 pull 命令的使用方式以及常用参数。

pull 命令的使用方式如下。

（1）git pull {remote} {remote-branch}：拉取指定远程分支的代码到当前分支的远程跟踪分支上，然后当前分支会合并远程跟踪分支。

（2）git pull {remote} {local-branch: remote-branch}：拉取指定远程分支的代码到本地分支的远程跟踪分支上，然后将该本地分支与远程跟踪分支合并。

（3）git pull：拉取远程仓库中的所有引用到本地仓库（分支、标签等）中（如果是分

支，将会拉取到远程跟踪分支，然后本地分支会与远程跟踪分支合并）。

13.3.1　pull 命令的常用参数

pull 命令是 fetch 与 merge 命令的组合。pull 命令的参数分为两大类，一类是关于拉取的，另一类是关于合并的。

关于拉取相关的参数如表 13-3 所示。

表 13-3

参数名	说明
--all	拉取远程仓库的所有引用，包括分支、标签等到本地仓库
-t，--tags	拉取远程仓库的所有标签到本地仓库
-p，--prune	执行 pull 命令时，在本地删除远程仓库不存在的远程跟踪分支（本地分支不会被删除）
--set-upstream	执行 pull 命令时，设置该远程分支与当前本地分支的关联（建立与上游分支的关联）
-f，--force	强制拉取

关于合并相关的参数如表 13-4 所示。

表 13-4

参数名	说明
-r，--rebase	执行 pull 命令时，采用 rebase，而不是 merge
--squash	将多个提交合并为一个提交，适用于在合并时希望只有一个提交记录的场景
--ff	默认值，分支合并时，不会生成一个新的 Commit 对象来记录本次分支合并
--ff-only	禁用 fast-forward 模式，将合并记录保留在历史中，使得分支合并更加明确
-s，--strategy	指定合并的策略，默认为 recursive 策略
-X，--strategy-option	指定合并策略的选项值，recursive 策略可以选择 ours、theirs 等

Tips： 合并相关参数的使用可以参考 7.5 节的内容。

13.3.2　pull 命令常用参数演示

下面演示 pull 命令的部分常用参数的使用方法。

（1）在 xiaohui 目录创建一个本地仓库，然后推送到远程仓库。

```
git remote add origin https://gitee.com/lvshuichangliu/demo01.git
```

```
git push -u origin master
git log --oneline
0f46393(HEAD -> master,origin/master)111
```

（2）在 xiaolan 目录克隆远程仓库。

```
git clone https://gitee.com/lvshuichangliu/demo01.git
cd demo01/
git log --oneline
0f46393(HEAD -> master,origin/master,origin/HEAD)111
```

（3）在 xiaohui 目录创建分支、标签等，推送到远程仓库。

```
git checkout -b test01                        # 创建分支
git checkout -b test02                        # 创建分支
git tag v1 -m 'v1'                            # 创建标签
git tag v2 -m 'v2'                            # 创建标签

git push --all
To https://gitee.com/lvshuichangliu/demo01.git
 * [new branch]      test01 -> test01
 * [new branch]      test02 -> test02

git push --tags
To https://gitee.com/lvshuichangliu/demo01.git
 * [new tag]         v1 -> v1
 * [new tag]         v2 -> v2

git log --oneline
0f46393(HEAD                                                     ->
test02,tag:v2,tag:v1,origin/test02,origin/test01,origin/master,test01,mas
ter)111
```

（4）在 xiaolan 目录拉取远程仓库的所有引用，包括分支、标签等，然后在本地建立分支。

```
git pull                          # 拉取远程仓库的所有引用到本地仓库
From https://gitee.com/lvshuichangliu/demo01
 * [new branch]      test01     -> origin/test01     # 拉取了分支
 * [new branch]      test02     -> origin/test02
 * [new tag]         v1         -> v1                # 拉取了标签
 * [new tag]         v2         -> v2

git branch test01
git branch test02
```

```
git log --oneline
0f46393(HEAD -> master,tag:v2,tag:v1,origin/test02,origin/test01,
origin/master,origin/HEAD,test02,test01)111
```

（5）在 xiaohui 目录删除远程分支 test01 和远程仓库的 v1 标签。

```
git push -d origin test01                        # 删除远程分支 test01
To https://gitee.com/lvshuichangliu/demo01.git
 - [deleted]        test01

git push --delete origin v1                      # 删除远程仓库的标签
To https://gitee.com/lvshuichangliu/demo01.git
 - [deleted]        v1

git log --oneline     # 本地分支 test01 不会被删除，本地仓库的 v1 标签也不会被删除
0f46393(HEAD -> test02,tag:v2,tag:v1,origin/test02,origin/master,
test01,master)111
```

（6）在 xiaolan 目录执行分支修剪、标签修剪。

```
git pull --prune                      # 删除本地的远程跟踪分支(origin/test01)
From https://gitee.com/lvshuichangliu/demo01
 - [deleted]        (none)   -> origin/test01

git fetch --prune --prune-tags        # 标签修剪需要使用 fetch 命令
From https://gitee.com/lvshuichangliu/demo01
 - [deleted]        (none)   -> v1

git log --oneline           # 删除了 test01 分支的远程跟踪分支和本地仓库的 v1 标签
0f46393(HEAD -> master,tag:v2,origin/test02,origin/master,
origin/HEAD,test02,test01)111
```

（7）在 xiaolan 目录执行--set-upstream 来关联上游分支。

```
# 将远程分支 master 与当前本地分支建立上游分支关联
git pull --set-upstream origin master
From https://gitee.com/lvshuichangliu/demo01
 * branch          master    -> FETCH_HEAD

git checkout test02

# 将远程分支 test02 与当前本地分支建立上游分支关联
git pull --set-upstream origin test02
From https://gitee.com/lvshuichangliu/demo01
```

```
  * branch             test02      -> FETCH_HEAD
git branch -vv
# 查看本地分支的上游分支关联关系
  master 0f46393 [origin/master] 111
  test01 0f46393 111
* test02 0f46393 [origin/test02] 111        # test02 分支关联了上游分支

git branch --unset-upstream master          # 删除本地分支 master 的上游分支关联
git branch --unset-upstream test02          # 删除本地分支 test02 的上游分支关联

git branch -vv
# 查看本地分支的上游分支关联关系
  master 0f46393 111                         # 取消关联成功
  test01 0f46393 111
* test02 0f46393 111                         # 取消关联成功
```

13.3.3　pull 变基操作

pull 命令是 fetch 与 merge 命令的组合，执行 pull 命令时需要先将远程分支的代码拉取到本地的远程跟踪分支，然后再使用 merge 合并远程跟踪分支的代码。pull 变基则指的是代码被拉取到远程跟踪分支后，采用 rebase 来将本地分支与远程跟踪分支合并。这样，有利于形成一个简洁的线性历史记录。

1. 采用默认的方式执行 pull 命令

（1）在 xiaohui 目录创建一个本地仓库，然后推送到远程仓库（参考 13.2.2 节）。

（2）在 xiaolan 目录克隆远程仓库（参考 13.2.2 节）。

（3）在 xiaohui 目录中产生一次提交并推送。

```
echo "222" >> aaa.txt
git commit -m '222' ./
git push
git log --oneline --all --graph
* 731a478(HEAD -> master,origin/master)222
* ae18e87 111
```

（4）在 xiaolan 目录中先产生一次版本，然后再执行 pull，出现冲突。

```
echo "333" >> aaa.txt
git commit -m '333' ./
git log --oneline --all --graph
* 6b8095f(HEAD -> master)333
* ae18e87(origin/master,origin/HEAD)111
```

```
git pull
From https://gitee.com/lvshuichangliu/demo01
   ae18e87..731a478  master     -> origin/master
Auto-merging aaa.txt
CONFLICT(content):Merge conflict in aaa.txt          # 合并出现代码冲突
Automatic merge failed;fix conflicts and then commit the result.

git log --oneline --all --graph
# 产生分叉开发路线（pull 默认采用 merge 合并）
* 6b8095f(HEAD -> master)333
# xiaolan 刚刚提交的版本
| * 731a478(origin/master,origin/HEAD)222              # xiaohui 推送的版本
|/
* ae18e87 111
```

（5）解决上一个 pull 命令出现的冲突，然后推送到远程仓库。

```
vi aaa.txt                                            # 编辑文件，解决冲突
git add ./
git merge --continue                                  # 继续合并
git log --oneline --all --graph
# 历史记录中含有分叉路线
*   a7b5200(HEAD -> master)333 合并 222 版本    # 合并 333 和 222 版本产生的新版本
|\
| * 731a478(origin/master,origin/HEAD)222
* | 6b8095f 333
|/
* ae18e87 111

git push                                              # 推送到远程仓库
git log --oneline --all --graph
*   a7b5200(HEAD -> master,origin/master,origin/HEAD)333 合并 222 版本
|\
| * 731a478 222
* | 6b8095f 333
|/
* ae18e87 111
```

（6）在 xiaohui 目录执行 pull 命令。

```
git pull
git log --oneline --all --graph
*   a7b5200(HEAD -> master,origin/master)333 合并 222 版本
# 分叉开发的历史记录信息
```

```
|\
| * 731a478 222
* | 6b8095f 333
|/
* ae18e87 111
```

2. 采用 rebase 的方式执行 pull 命令

（1）继续使用上述案例，在 xiaohui 目录产生提交，然后推送到远程仓库。

```
echo "444" >> aaa.txt
git commit -m '444' ./
git push
git log --oneline --all --graph
* d395d5e(HEAD -> master,origin/master)444
*   a7b5200 333 合并 222 版本
|\
| * 731a478 222
* | 6b8095f 333
|/
* ae18e87 111
```

（2）在 xiaolan 目录中先产生一次版本，然后再执行 git pull -r，出现冲突。

```
echo "555" >> aaa.txt
git commit -m '555' ./
git log --oneline --all --graph
* 0147e1d(HEAD -> master)555
*   a7b5200(origin/master,origin/HEAD)333 合并 222 版本
|\
| * 731a478 222
* | 6b8095f 333
|/
* ae18e87 111

git pull -r                      # 执行 pull,以 rebase 方式合并远程跟踪分支
From https://gitee.com/lvshuichangliu/demo01
   a7b5200..d395d5e  master     -> origin/master
Auto-merging aaa.txt             # 出现代码冲突
CONFLICT(content):Merge conflict in aaa.txt

git log --oneline --all --graph
* 0147e1d(master)555

# xiaohui 提交的版本被拉取下来了
```

```
| *  d395d5e(HEAD,origin/master,origin/HEAD)444
|/
*   a7b5200 333 合并 222 版本
|\
| * 731a478 222
* | 6b8095f 333
|/
* ae18e87 111
```

（3）解决上一个 pull 命令出现的冲突，然后推送到远程仓库。

```
vi aaa.txt
git add ./
git rebase --continue                          # 继续变基
git log --oneline --all --graph
# 将 444 版本的内容变基到 555 版本中了
* fb2a00f(HEAD -> master)555 合并 444--->555'
* d395d5e(origin/master,origin/HEAD)444
*   a7b5200 333 合并 222 版本
|\
| * 731a478 222
* | 6b8095f 333
|/
* ae18e87 111

git push
git log --oneline --all --graph
* fb2a00f(HEAD -> master,origin/master,origin/HEAD)555 合并 444
* d395d5e 444
*   a7b5200 333 合并 222 版本
|\
| * 731a478 222
* | 6b8095f 333
|/
* ae18e87 111
```

（4）在 xiaohui 目录执行 pull。

```
git pull
git log --oneline --all --graph
# 线性的提交历史记录
* fb2a00f(HEAD -> master,origin/master)555 合并 444--->555'
* d395d5e 444
*   a7b5200 333 合并 222 版本
|\
```

```
|  *  731a478 222
*  |  6b8095f 333
|/
*  ae18e87 111
```

13.3.4　强制拉取

　　pull 命令是 fetch 命令与 merge 命令的组合，当本地仓库与远程仓库拥有不同的提交时（如本地仓库中有一个临时的提交），如果此时执行 pull 命令，Git 会将远程仓库的代码拉取到本地的远程跟踪分支，之后本地分支与该远程跟踪分支合并就会出现冲突。强制拉取可以将本地的这个临时提交覆盖。

　　强制拉取的语法如下。

```
git pull --force <remote> <local-branch>:<remote-branch>
```

　　下列演示强制拉取的使用（下面的案例将省略创建远程仓库的过程）。

1. 演示不执行强制拉取，代码将出现冲突

（1）在 xiaohui 目录推送代码。

```
echo "222" >> aaa.txt
git commit -m '222' ./
git push
git log --oneline --all
2604c47(HEAD -> master,origin/master)222
bd3aa60 111
```

　　（2）在 xiaolan 目录使用 pull 拉取代码，出现冲突。解决冲突后提交。

```
echo "333" >> aaa.txt
git commit -m '333' ./                       # 产生一个临时版本
git log --oneline
d908867(HEAD -> master)333
bd3aa60(origin/master,origin/HEAD)111

git pull origin master                       # 拉取远程仓库的 222 版本
From https://gitee.com/lvshuichangliu/demo01
 * branch              master    -> FETCH_HEAD
   bd3aa60..2604c47  master    -> origin/master
Auto-merging aaa.txt                         # 出现冲突
CONFLICT(content):Merge conflict in aaa.txt
Automatic merge failed;fix conflicts and then commit the result.
```

```
vi aaa.txt                                          # 编辑冲突文件
git add ./
git merge --continue
git push
git log --oneline --all --graph
*    91bad33(HEAD -> master,origin/master,origin/HEAD)拉取 xiaohui 的 222 版本
出现冲突，解决了这个冲突
|\
| * 2604c47 222
* | d908867 333
|/
* bd3aa60 111
```

（3）在 xiaohui 目录将 xiaolan 刚刚的推送拉取到本地。

```
git pull
git log --oneline --all --graph
*    91bad33(HEAD -> master,origin/master)拉取 xiaohui 的 222 版本出现冲突，解决了
这个冲突
|\
| * 2604c47 222
* | d908867 333
|/
* bd3aa60 111
```

2. 演示执行强制拉取，将本地的临时版本覆盖

（1）在 xiaohui 目录推送代码。

```
echo "222" >> aaa.txt
git commit -m '222' ./
git push
git log --oneline
3ed200f(HEAD -> master,origin/master)222
8d2075d 111
```

（2）在 xiaolan 目录使用强制 pull。

```
echo "333" >> aaa.txt
# 在 xiaolan 目录开发一个版本，这个版本在远程仓库并不存在
git commit -m '333' ./
git log --oneline
f400db3(HEAD -> master)333
8d2075d(origin/master,origin/HEAD)111

git pull --force origin master:master                # 执行强制 pull
```

```
From https://gitee.com/lvshuichangliu/demo01
 + f400db3...3ed200f master    -> master(forced update)
   8d2075d..3ed200f  master    -> origin/master


git log --oneline                            # 333 版本被覆盖了
* 3ed200f(HEAD -> master,origin/master,origin/HEAD)222
* 8d2075d 111
```

第 14 章
Git 补丁

Git 补丁记录了代码库中文件或版本之间的差异。这些差异可以包括添加、删除或修改的代码行，以及其他与代码相关的更改。在其他工作副本中，我们可以导入这些补丁以达到添加、删除或修改的功能。需要注意的是，补丁并不是人为编写的，通常由 git diff 命令生成，并以特定的格式保存在文件中。这些补丁文件可以被其他开发人员或系统使用，以将更改应用到不同的代码库状态或分支中。

14.1 Git 补丁语法

Git 补丁是记录代码变更的差异文件，通常由 git diff 生成，用于在不同代码库状态或分支间传递和应用更改，以实现代码的快速更新和同步。

补丁文件是由 git diff 命令的结果集来生成的，例如：

```
# 将 git diff 的结果集生成一个补丁（补丁的后缀任意）
git diff > test.patch
```

当补丁生成后，在其他的工作副本中可以使用 git apply 命令导入补丁以达到恢复某些数据的功能。git apply 命令的语法如表 14-1 所示。

表 14-1

语法	说明
git apply {path...}	导入指定路径的补丁。 Tips：默认情况下只会将补丁的内容导入到工作空间
git apply -	从剪贴板中导入补丁到工作空间
git apply --index {path}	将补丁导入工作空间和暂存区
git apply --cached {path}	只将补丁导入到暂存区
git apply --check {path}	检查模式用于检查补丁是否可以应用，而不实际应用补丁

Tips：使用 git apply 导入补丁时必须保证被应用的补丁为最新版本，否则将导入失败。

14.2　git apply 应用补丁

使用 git diff 命令生成补丁后，可以使用 git apply 命令来应用（导入）补丁，接下来将演示在 Git 中如何使用补丁。

14.2.1　git apply 使用示例

1. 测试场景 1：创建补丁给当前工作副本使用

（1）创建一个版本库。

```
rm -rf ./* .git
git init
echo '111' >> aaa.txt
git add ./
git commit -m '111' ./
echo "222" >> aaa.txt
git commit -m "222" ./

git log --oneline
33a7898(HEAD -> master)222
d5e1455 111
```

（2）使用 git diff 命令生成补丁。

```
echo "333" >> aaa.txt

# 将本次的 git diff 命令结果打一个补丁，补丁名称为 test-3.patch
git diff > ../test-3.patch

# 查看补丁内容
cat ../test-3.patch
diff --git a/aaa.txt b/aaa.txt
index a30a52a..641d574 100644
--- a/aaa.txt
+++ b/aaa.txt
@@ -1,2 +1,3 @@
 111
 222
+333
```

```
# 还原工作空间
git restore ./
```

（3）读取补丁到工作空间。

```
# 读取补丁到工作空间
git apply ../test-3.patch

# 查看工作空间文件（数据已经被读取出来）
cat aaa.txt
111
222
333

# 工作空间状态为有修改还未追踪（说明补丁的内容只被读取到了工作空间，并没有被读取到暂存区）
git status
On branch master
Changes not staged for commit:
  (use "git add <file>..." to update what will be committed)
  (use "git restore <file>..." to discard changes in working directory)
        modified: aaa.txt

no changes added to commit(use "git add" and/or "git commit -a")
```

（4）读取补丁到暂存区。

```
# 还原工作空间
git restore ./

# 读取补丁到暂存区
git apply --cached ../test-3.patch

# 查看暂存区
git ls-files -s
100644 641d57406d212612a9e89e00db302ce758e558d2 0       aaa.txt

# 查看暂存区内容（读取到了补丁）
git cat-file -p 641d57406d
111
222
333

# 查看工作空间的内容（说明补丁的内容并没有应用到工作空间）
cat aaa.txt
```

```
111
222
```

（5）读取补丁到工作空间和暂存区。

```
# 还原暂存区
git restore --staged ./

# 读取补丁到工作空间和暂存区
git apply --index ../test-3.patch

# 查看工作空间（读取到了补丁）
cat aaa.txt
111
222
333

# 工作空间状态为有修改而且已被追踪（说明补丁的内容被读取到工作空间和暂存区）
git status
On branch master
Changes to be committed:
  (use "git restore --staged <file>..." to unstage)
        modified:   aaa.txt
```

2. 测试场景 2：创建补丁给其他成员使用

（1）创建两个工作副本：demo01、demo02。

demo01 工作副本的内容如下。

```
rm -rf ./* .git
git init
echo '111' >> aaa.txt
git add ./
git commit -m '111' ./

git log --oneline
e11053e(HEAD -> master)111
```

demo02 工作副本的内容如下。

```
rm -rf ./* .git
git init
echo '111' >> aaa.txt
git add ./
git commit -m '111' ./
```

```
git log --oneline
292afff(HEAD -> master)111
```

（2）使用 demo01 开发几个版本。

```
echo "222" >> aaa.txt
git commit -m '222' ./
echo "333" >> aaa.txt
git commit -m '333' ./

git log --oneline
c827e52(HEAD -> master)333
64be377 222
e11053e 111
```

（3）导出版本 2 和版本 3 的补丁。

```
# 查看版本 1 和版本 3 的差异
git diff e11053e c827e52
diff --git a/aaa.txt b/aaa.txt
index 58c9bdf..641d574 100644
--- a/aaa.txt
+++ b/aaa.txt
@@ -1 +1,3 @@
 111
+222
+333

# 将版本 1 和版本 3 的差异导出为补丁
git diff e11053e c827e52 > ../test_2_3.patch
```

（4）在 demo02 工作副本中导入补丁。

```
# 应用补丁
git apply ../test_2_3.patch

cat aaa.txt
111
222
333

git commit -m '导入了版本 2、3 的补丁' ./
[master ee2e6cc] 导入了版本 2、3 的补丁
 1 file changed,2 insertions(+)
```

```
git log --oneline
ee2e6cc(HEAD -> master)导入了版本 2、3 的补丁
292afff 111
```

14.2.2　git apply 旧版本问题

需要注意的是，在使用 git apply 应用补丁时，被应用的补丁必须是最新版本，否则会与当前工作副本不兼容而导致应用失败。这可能是因为补丁是针对一个旧的提交或分支创建的，而我们的工作目录中的文件已经经过了其他的修改。观察如下案例。

（1）创建一个新的工作副本，并提交一个版本。

```
git log --oneline
* 4b4c6cf(HEAD -> master)444
* 0aa81eb 111
```

（2）导入之前的版本 2 和版本 3。

```
# 导入失败
git apply ../test_2_3.patch
error:patch failed:aaa.txt:1
error:aaa.txt:patch does not apply
```

导入失败是因为该工作副本提交了版本导致补丁不是最新的版本，因此导入补丁失败。

14.3　git format-patch 生成补丁

git format-patch 与之前所使用的 git diff 类似，都可以用作打补丁操作。两者的区别在于，format-patch 是 Git 中专门用于打补丁的命令，而 diff 命令是 Git 中用于检查版本之间差异的命令，format-patch 命令在一定程度上比 diff 命令更加强大。

diff 命令只是记录文件改变的内容，不记录提交信息，多个提交可以合并成一个 diff 文件。而 format-patch 命令除了记录文件改变的内容外还记录提交信息，每一条提交记录都对应一个 patch 文件。

git format-patch 命令的语法如表 14-2 所示。

表 14-2

语法	说明
git format-patch {commit-hash...}	将指定的一些版本生成补丁

语法	说明
git format-patch {commit-hash-start} {commit-hash-end}	将指定范围内的版本生成补丁
git format-patch {commit-hash} -n	将指定提交对象前面的 n 个提交对象生成补丁

> **Tips：** git format-patch 命令生成的补丁以"编号-提交日志.patch"命名，且生成在当前目录下。

下面使用 git format-patch 命令演示如何生成补丁。

（1）创建一个版本库，使用 format-patch 命令生成补丁。

```
rm -rf ./* .git
git init
echo '111' >> aaa.txt
git add ./
git commit -m '111' ./
echo "222" >> aaa.txt
git commit -m "222" ./
echo "333" >> aaa.txt
git commit -m "333" ./

git log --oneline
e979221(HEAD -> master)333
9e7bfd2 222
f45f179 111
```

（2）使用 git format-patch 命令生成补丁。

```
# 生成 3 个版本的补丁
git format-patch f45f179 9e7bfd2 e979221
0001-111.patch
0002-222.patch
0003-333.patch

# 生成版本 1 到版本 3 的补丁
git format-patch f45f179 e979221
0001-111.patch
0002-222.patch
0003-333.patch

# 生成上一个版本的补丁
git format-patch HEAD~
0001-333.patch
```

```
# 生成上一个版本和上上个版本的补丁
git format-patch HEAD~ HEAD~~
0001-111.patch
0002-222.patch

# 生成 e979221 版本的补丁
git format-patch e979221 -1
0001-333.patch

# 生成 e979221 版本的前面两个版本的补丁
git format-patch e979221 -2
0001-222.patch
0002-333.patch
```

（3）应用补丁。

首先创建一个新的工作副本。

```
rm -rf ./* .git
git init
echo '111' >> aaa.txt
git add ./
git commit -m '111' ./

git log --oneline
b6913ed(HEAD -> master)111
```

将刚刚打好的补丁复制到新的工作副本中，然后应用补丁。

```
# 应用版本 2 的补丁
git apply 0002-222.patch
cat aaa.txt
111
222

# 应用版本 3 的补丁
git apply 0003-333.patch
cat aaa.txt
111
222
333

# 提交
git add ./
git commit -m '导入了版本 2 和 3 的补丁' ./
git log --oneline
```

```
afa365a（HEAD -> master）导入了版本 2 和 3 的补丁
b6913ed 111
```

14.4　git am 应用补丁

与 git apply 不同，git am 会自动创建提交记录。这意味着，当我们应用一个或多个补丁并希望自动创建相应的提交记录时，git am 是一个更合适的选择。此外，git am 能够处理更加复杂的补丁应用的情况，如解决冲突、跳过补丁、撤销补丁应用等。但是需要注意的是，git am 使用应用 git format-patch 生成的补丁，严格意义上来说只有 git format-patch 生成的补丁才能算是一个合格的补丁。

git am 命令的语法如表 14-3 所示。

表 14-3

语法	说明
git am {patch...}	应用指定的补丁，并创建这些补丁的提交
git am –abort	撤销补丁的导入
git am --skip	跳过本次版本补丁的导入
git am --continue	导入补丁出现冲突后继续导入

下面演示 git am 应用补丁以及和 git apply 的区别。

14.4.1　git am 使用示例

（1）创建一个新的工作副本，日志如下。

```
git log --oneline
b6913ed(HEAD -> master)111
```

（2）将之前生成的 3 个补丁复制到当前工作副本，使用 git apply 导入这 3 个补丁。

```
git log --oneline
* 130f774(HEAD -> master)111

# 使用 git apply 导入补丁，导入失败（版本 1 已经存在了）
git apply 0001-111.patch 0002-222.patch 0003-333.patch
error:aaa.txt:already exists in working directory
```

（3）重新生成一个工作副本，将补丁复制到当前工作副本中，使用 git am 导入这 3 个补丁（当前工作空间已经忽略了 patch 文件）。

```
git log --oneline
* 9c302c2(HEAD -> master)111

# 使用 git am 导入补丁，导入失败（版本 1 已经存在了）
git am 0001-111.patch 0002-222.patch 0003-333.patch
error:aaa.txt:already exists in index
...

# 撤销导入
git am --abort
cat aaa.txt                    # 工作空间还是未导入前的状态
111

git log --oneline              # 提交日志也没有变化
* 9c302c2(HEAD -> master)111

# 重新导入补丁
git am 0001-111.patch 0002-222.patch 0003-333.patch
error:aaa.txt:already exists in index
...

# 跳过本次版本的导入，继续下一个版本
git am --skip
Applying: 222                  # 导入版本 2 成功
Applying: 333                  # 导入版本 3 成功

cat aaa.txt
111
222
333

git log --oneline
* 3e0ffb5 (HEAD -> master) 333
* b284214 222
* 9c302c2 111
```

14.4.2　git am 解决冲突

　　git apply 导入补丁时要求补丁的版本必须是最新版本，否则补丁导入失败。git am 允许补丁不是最新版本也能导入，但此时可能会出现代码冲突，需要我们来解决代码冲突问题。

　　git am 解决冲突的语法如表 14-4 所示。

表 14-4

语法	说明
git am --3way	当补丁不能干净地应用时，使用三路合并来合并这些补丁

下面演示使用 git am 命令导入补丁。

（1）创建一个新的工作副本，日志如下。

```
rm -rf ./* .git
git init
echo '111' >> aaa.txt
git add ./
git commit -m '111' ./
echo '444' >> aaa.txt
git commit -m '444' ./

git log --oneline
2964161(HEAD -> master)444
5d8837a 111
```

（2）将之前生成的 3 个补丁复制到当前工作副本，使用 git am 导入这 3 个补丁。

```
# 导入 3 个补丁
git am 0001-111.patch 0002-222.patch 0003-333.patch
error: aaa.txt: already exists in index     # 提示版本 1 已经存在

# 跳过这个版本，继续下一个版本
git am --skip
error: patch failed: aaa.txt: 1
...
Patch failed at 0002 222                 # 导入版本 2 失败，因为版本 2 并不是最新版本

# 使用 3 路合并，合并版本 2
git am --3way
...
CONFLICT(content):Merge conflict in aaa.txt     # 出现代码冲突
error:Failed to merge in the changes.

# 查看冲突
cat aaa.txt
111
<<<<<<< HEAD
444
=======
```

```
222
>>>>>>> 222

vi aaa.txt                              # 编辑冲突
git add aaa.txt                         # 添加到暂存区

git am --continue                       # 继续导入
error:patch failed:aaa.txt:1
...
Patch failed at 0003 333                # 导入版本 3 失败

# 使用 3 路合并，合并版本 3
git am --3way
...
Auto-merging aaa.txt                    # 自动合并成功

# 查看工作空间
cat aaa.txt
111
444
222
333

# 查看提交记录（导入补丁成功）
git log --oneline
* b2c9278(HEAD -> master)333
* 8792419 222
* 2964161 444
* 5d8837a 111
```

第 15 章
Git 工作流

Git 工作流，即 Git 工作流程，也称 Git Flow。它定义了一套清晰的分支管理策略（一个项目该有几个分支，什么分支该干什么功能），旨在为开发团队提供一个结构化的分支模型和工作流程，实现高效的团队协作和版本控制。它通过定义明确的分支类型和开发流程，使软件开发过程更加有序、可控。

简言之，Git 工作流就是帮助我们定义了一套标准的开发流程，这套开发流程中规定了如何建立、合并分支，如何发布，如何维护历史版本等一套行为规范，使得产品、开发与测试等各个部门更高效地协同工作。使用这套工作流程能够使我们开发项目变得结构清晰、易管理。

> **Tips：** 需要注意的是，Git Flow 是一个非强制性的规范，而非强制性约束。我们可以按照规范来建立该流程中的分支，也可以不完全按照流程中的步骤建立自己的分支。

15.1　Git Flow 中的分支

1. Git Flow 分支功能说明

Git Flow 实质上就是一套项目工作流程，在 Git Flow 中定义了许多标准的分支，这些分支分别被赋予了一些功能上的语义。Git Flow 中的分支类型如下。

- ☑ 主（master）分支：master 分支不做任何功能开发，其功能只能从其他分支合并过来，主要用于存储生产环境中稳定且已发布的代码。每一次更新，都需要在主要分支上打上对应的版本号以标注本次项目的版本。

- ☑ 开发（develop）分支：develop 分支从 master 分支派生而来，作为日常开发的主要集成分支，主要用于合并其他分支。develop 分支包含即将发布的新功能，该功能可能是非稳定的。

- ☑ 功能（feature）分支：feature 分支是为开发新功能而创建的临时分支，从 develop 分支派生而来。用于开发一个新的功能或基于原有功能的升级，开发完毕后合并回 devleop 分支，并清除不再需要的 feature 分支。

☑ 发布（release）分支：release 分支用于准备软件发布。在发布前的最后阶段，从 develop 分支上创建一个 release 分支，在此分支上进行 bug 修复以及最终测试。发布完成后，将 release 分支合并回 master 分支，并在 master 分支上打上新的标签以标识正式版。然后再合并回 develop 分支，最后清除不再需要的 release 分支。

☑ 热修复（hotfix）分支：hotfix 分支用于紧急修复生产环境中的问题。当生产环境中的软件发现紧急问题时，可以从 master 分支上创建一个 hotfix 分支，完成修复后再将其合并回 master 分支并建立标签。然后再合并回 develop 分支。

在一般情况下，release、hotfix 分支完成操作后，项目合并到 master 分支及 develop 分支都需要产生一个新的提交节点，以记录本次合并日志。

在 Git Flow 的分支模型中，其中最主要的是 master、develop、feature、release 和 hotfix 这 5 种核心分支类型。我们可以根据实际需求创建一些辅助或临时分支。这些辅助分支通常用于处理特定场景下的任务，虽然它们不是 Git Flow 规范中严格定义的一部分，但有助于优化团队的工作流程。

2. Git Flow 分支工作顺序

图 15-1 表示了 Git Flow 分支的工作顺序。

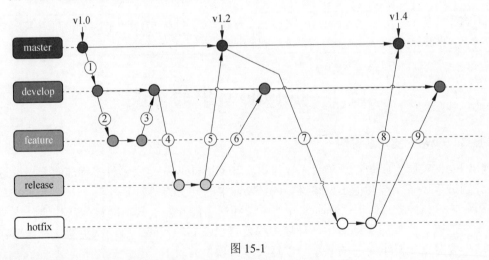

图 15-1

图 15-1 中各个标号的解析如下。

① 在 master 分支建立 develop 分支，用于后续开发任务使用。

② 在 develop 分支建立 feature-01 分支进行功能开发。

③ 开发完毕后将功能发布到 develop 分支，随后将该 feature 分支删除。

④ 建立 release 分支，在 release 分支上做 bug 测试。

⑤ 测试完毕后发布到 master 分支并打上标签。

⑥ 将 release 分支上的功能再发布到 develop 分支，随后将该 release 分支删除。

⑦ v1.2 功能使用了一段时间后，当发现有一些问题需要修复/优化时，将 v1.2 发布到 hotfix 分支，进行问题修复。

⑧ 修复/优化完成后发布到 master 分支并打上标签。

⑨ 将 hotfix 分支上的功能再发布到 develop 分支，随后将该 hotfix 分支删除。

15.2　使用 Git Flow 模拟开发

下面使用代码模拟使用完整的 Git Flow 来开发一个项目。

（1）初始化项目并建立 develop 分支。

```
rm -rf ./* .git
git init
echo 'init' >> init.txt
git add ./
git commit -m 'init' ./

git tag v1.0 -m 'v1.0-项目初始化'          # 打上标签

git branch develop                        # 创建 develop 分支
git log --oneline --all --graph
* d27ab94(HEAD -> master,tag:v1.0,develop)init
```

（2）建立 feature 分支，进行功能开发。

```
git checkout -b feature-login             # 创建 feature 分支，并切换到该分支

echo "QQ-login" >> login.txt              # 进行功能开发
git add ./
git commit -m 'QQ-login' ./

git log --oneline --all --graph
* b2b2845(HEAD -> feature-login)QQ-login
* d27ab94(tag:v1.0,master,develop)init
```

（3）开发完毕后合并到 develop 分支，随后删除 feature 分支。

```
git checkout develop
git merge feature-login                   # 将功能合并到 develop 分支
```

```
git branch -d feature-login             # 删除 feature 分支

git log --oneline --all --graph
* b2b2845(HEAD -> develop)QQ-login
* d27ab94(tag:v1.0,master)init
```

（4）将 develop 分支的功能发布 release 分支，进行功能测试。

```
git checkout -b release-login           # 创建并切换到 release 分支

echo "QQ-login-Test" >> login.txt       # 进行功能测试
git commit -m 'QQ-login-Test' ./

git log --oneline --all --graph
* e6233f8(HEAD -> release-login)QQ-login-Test
* b2b2845(develop)QQ-login
* d27ab94(tag:v1.0,master)init
```

（5）测试完毕后发布到 master 分支并打上标签作为一个稳定版本。

```
git checkout master                     # 将 release 分支的功能合并到 master 分支
git merge --no-ff release-login         # 禁用快速合并，产生一个新的合并提交节点

git tag v1.2 -m 'v1.2-QQ 登录功能完成'        # 打上标签

git log --oneline --all --graph
*   af9786e(HEAD -> master,tag:v1.2)QQ 登录功能完成
|\
| * e6233f8(release-login)QQ-login-Test
| * b2b2845(develop)QQ-login
|/
* d27ab94(tag:v1.0)init
```

（6）将 release 分支的功能再发布到 develop 分支，随后删除 release 分支。

```
git checkout develop                    # 将 release 分支的功能合并到 develop 分支
git merge --no-ff release-login         # 禁用快速合并，产生一个新的合并提交节点

git branch -d release-login             # 删除 release 分支

git log --oneline --all --grahp
*   1a8e043(HEAD -> develop)QQ 登录功能完成，继续开发下一个功能
|\
| | *   af9786e(tag:v1.2,master)QQ 登录功能完成
| | |\
```

```
| | |/
| |/|
| * | e6233f8 QQ-login-Test
|/ /
* / b2b2845 QQ-login
|/
* d27ab94(tag:v1.0)init
```

（7）对 v1.2 版本进行优化，将 v1.2 版本发布 hotfix 分支，做功能优化。

```
# 在 v1.2 版本这个位置上创建分支
git checkout -b hotfix-login v1.2              # 创建 hotfix 分支对功能进行优化

echo "QQ-login-optimize" >> login.txt          # 优化功能
git commit -m 'QQ-login-optimize' ./

git log --oneline --all --graph
* 7229118(HEAD -> hotfix-login)QQ-login-optimize
*   af9786e(tag:v1.2,master)QQ 登录功能完成
|\
| | *   1a8e043(develop)QQ 登录功能完成，继续开发下一个功能
| | |\
| | |/
| |/|
| * | e6233f8 QQ-login-Test
| |/
| * b2b2845 QQ-login
|/
* d27ab94(tag:v1.0)init
```

（8）优化完毕后发布到 master 分支并打上标签。

```
git checkout master                    # 将 hotfix 优化的功能合并到 master 分支
git merge --no-ff hotfix-login         # 禁用快速合并，产生一个新的合并提交节点

git tag v1.4 -m 'v1.4-优化了 QQ 登录功能'          # 打标签

git log --oneline --all --graph
*   ce5e199(HEAD -> master,tag:v1.4)优化了 QQ 登录功能
|\
| * 7229118(hotfix-login)QQ-login-optimize
|/
*   af9786e(tag:v1.2)QQ 登录功能完成
|\
| | *   1a8e043(develop)QQ 登录功能完成,继续开发下一个功能
```

```
| | |\
| | |/
| |/|
| * | e6233f8 QQ-login-Test
| |/
| * b2b2845 QQ-login
|/
* d27ab94(tag:v1.0)init
```

（9）将 hotfix 分支的功能再发布到 develop 分支，随后删除 hotfix 分支。

```
git checkout develop              # 将 hotfix 分支的功能合并到 develop 分支
git merge --no-ff hotfix-login    # 禁用快速合并，产生一个新的合并提交节点

git branch -d hotfix-login        # 删除 hotfix 分支

git log --oneline --all --graph
*   b0041c6(HEAD -> develop)优化了 QQ 登录功能，继续开发下一个功能
|\
* \   1a8e043 QQ 登录功能完成，继续开发下一个功能
|\ \
| | | *   ce5e199(tag:v1.4,master)优化了 QQ 登录功能
| | | |\
| | | |/
| | |/|
| | * | 7229118 QQ-login-optimize
| | |/
| | *   af9786e(tag:v1.2)QQ 登录功能完成
| | |\
| | |/
| |/|
| * | e6233f8 QQ-login-Test
|/ /
* / b2b2845 QQ-login
|/
* d27ab94(tag:v1.0)init
```

15.3　使用 Git Flow Script 开发

　　Git Flow Script 是一套基于 Git 的扩展脚本，这套脚本提供了一种便捷的方式来实施 Git Flow，它在 Git 的基础上定义了一系列命令，使得开发者能够更简单地遵循 Git Flow 的分支管理策略。

通过安装 Git Flow（如使用 git-flow 插件），开发者可以执行诸如初始化项目、创建新功能分支、发布新的版本、合并分支等一系列预定义的操作。这些操作通常包括：

☑　git flow init：初始化一个新的 Git 仓库以适应 Git Flow 模型。

☑　git flow feature start <feature-name>：创建并切换到一个新功能分支。

☑　git flow feature finish <feature-name>：将功能分支合并回 develop 分支，并删除该功能分支。

☑　git flow release start <release-version>：开始一个新的发行版本分支，创建一个 release 分支，并切换到该分支。release-version 既是 release 分支的名称，也是最终标签的名称。

☑　git flow release finish <release-version>：将发布分支上的所有改动合并回 master 分支，并且在 master 分支上打上标签，然后再合并到 develop 分支，最终删除发布分支。

☑　git flow hotfix start <hotfix-version>：在 master 的位置上创建 hotfix 分支，并切换到 hotfix 分支。hotfix-version 既是 release 分支的名称，也是最终标签的名称。

☑　git flow hotfix finish <hotfix-version>：完成修复后，hotfix 分支的改动会合并回 master 分支，并在 master 分支上打上标签，然后再合并到 develop 分支，随后删除 hotfix 分支。

Git Flow Script 简化了复杂的手动分支管理和合并步骤，确保团队成员遵循一致的工作流程，有助于大型项目或团队协作时的版本控制和迭代开发。

下面使用 Git Flow Script 完成 15.2 节中的案例。

（1）使用 git flow init 命令初始化项目。

```
rm -rf ./* .git
git flow init

# 输入生产分支的名称（默认为 master），直接按 Enter 键
Branch name for production releases: [master]
# 输入开发分支的名称（默认为 develop），直接按 Enter 键
Branch name for "next release" development: [develop]

# 要如何命名以下分支的前缀
How to name your supporting branch prefixes?
# feature 分支的前缀（默认为 feature），直接按 Enter 键
Feature branches? [feature/]
# bugfix 分支的前缀（默认为 bugfix），直接按 Enter 键
Bugfix branches? [bugfix/]
# release 分支的前缀（默认为 release），直接按 Enter 键
Release branches? [release/]
# hotfix 分支的前缀（默认为 hotfix），直接按 Enter 键
```

```
Hotfix branches? [hotfix/]
# support 分支的前缀（默认为 support），直接按 Enter 键
Support branches? [support/]
# 版本的前缀（默认情况下没有前缀），直接按 Enter 键
Version tag prefix? []
# 钩子和过滤器的目录
Hooks and filters directory?
[C:/Users/Admin/Desktop/workspace/xiaohui/demo01/.git/hooks]


git tag v1.0 -m 'v1.0-项目初始化'


git log --oneline --all --graph
* c975106（HEAD -> develop, master）Initial commit
```

（2）建立 feature-01 分支，进行功能开发。

```
# 创建 feature 分支，并切换到该分支
git flow feature start login
git log --oneline --all --graph
00583c6(HEAD -> feature/login,tag:v1.0,master,develop)Initial commit

echo "QQ-login" >> login.txt
git add ./
git commit -m 'QQ-login' ./

git log --oneline --all --graph
* e2b4d26(HEAD -> feature/login)QQ-login
* c975106(master,develop)Initial commit
```

（3）开发完毕后合并到 develop 分支，随后删除 feature 分支。

```
# 将功能合并到 develop 分支，并删除 feature 分支
git flow feature finish login
git log --oneline --all --graph
* e2b4d26(HEAD -> develop)QQ-login
* c975106(master)Initial commit
```

（4）将 develop 分支的功能发布 release 分支，做功能测试。

```
git flow release start v1.2-login            # 创建 releaes 分支，并切换到该分支
git log --oneline
* e2b4d26(HEAD -> release/v1.2-login,develop)QQ-login
* c975106(master)Initial commit

echo "QQ-login-Test" >> login.txt            # 进行功能测试
```

```
git commit -m 'QQ-login-Test' ./

git log --oneline --all --graph
* 7eb7ddf(HEAD -> release/v1.2-login)QQ-login-Test
* e2b4d26(develop)QQ-login
* c975106(master)Initial commit
```

（5）测试完毕后发布到 master 分支并打上标签作为一个稳定版本。

```
# 合并到 master 分支并打标签，然后再合并到 develop 分支，最后删除 release 分支
git flow release finish v1.2-login

git log --oneline --all --graph

# 合并到 develop 分支
*   cc0e25c(HEAD -> develop)QQ 登录功能完成，继续开发下一个功能
|\

# 合并到 master 分支，并创建了标签
| *   5f71082(tag:v1.2-login,master)QQ 登录功能完成
| |\
| | * 7eb7ddf QQ-login-Test
| |/
|/|
* | e2b4d26 QQ-login
|/
* c975106 Initial commit
```

执行完 git flow release finish 命令后，会先把当前 release 分支的内容合并到 master 分支并提示输入合并日志，然后生成标签对象并提示输入标签日志，接着合并到 develop 分支并提示输入合并日志，最终把 release 分支删除。因此，输入完该命令后，Git 的命令行窗口会弹出 3 个输入框，我们依次输入合并 master 的提交日志、标签的日志和合并 develop 分支的日志。

首先输入合并到 master 的提交日志，如图 15-2 所示。

```
MINGW64:/c/Users/Admin/Desktop/workspace/xiaohui/demo01
QQ登录功能完成
# Please enter a commit message to explain why
# especially if it merges an updated upstream i
#
# Lines starting with '#' will be ignored, and
# the commit.

            合并到master分支的提交日志
```

图 15-2

然后再输入标签的注释，如图 15-3 所示。

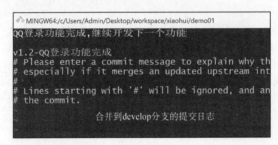

图 15-3

最后再输入合并到 develop 分支的提交日志，如图 15-4 所示。

图 15-4

（6）将 release 分支的功能再发布到 develop 分支，随后删除 release 分支。

在步骤 5 中执行 `git flow release finish v1.2-login` 命令已经完成了这一步操作

（7）对 v1.2 版本进行优化，将 v1.2 版本发布 hotfix 分支，做功能优化。

```
# 创建 hotfix 分支，并切换到该分支
git flow hotfix start v1.4-optimize-login
git log --oneline --all --graph
*   cc0e25c(develop)QQ 登录功能完成，继续开发下一个功能
|\
| *   5f71082(HEAD -> hotfix/v1.4-optimize-login,tag:v1.2-login,
master)QQ 登录功能完成
| |\
| | * 7eb7ddf QQ-login-Test
| |/
|/|
* | e2b4d26 QQ-login
|/
* c975106 Initial commit
```

```
# 进行功能优化
echo "QQ-login-optimize" >> login.txt
git commit -m 'QQ-login-optimize' ./

git log --oneline --all --graph
* c61ad8c(HEAD -> hotfix/v1.4-optimize-login)QQ-login-optimize
| *   cc0e25c(develop)QQ 登录功能完成，继续开发下一个功能
| |\
| |/
|/|
* |   5f71082(tag:v1.2-login,master)QQ 登录功能完成
|\ \
| * | 7eb7ddf QQ-login-Test
| |/
| * e2b4d26 QQ-login
|/
* c975106 Initial commit
```

（8）优化完毕后发布到 master 分支并打上标签。

```
# 合并到 master 分支并打标签，然后再合并到 develop 分支，最后删除 hotfix 分支
git flow hotfix finish v1.4-optimize-login

git log --oneline --all --graph
*   e17338a(HEAD -> develop)QQ 登录功能完成，继续开发下一个功能
|\
| *   fc54c74(tag:v1.4-optimize-login,master)优化了 QQ 登录功能
| |\
| | * c61ad8c QQ-login-optimize
| |/
* | cc0e25c QQ 登录功能完成，继续开发下一个功能
|\|
| *   5f71082(tag:v1.2-login)QQ 登录功能完成
| |\
| | * 7eb7ddf QQ-login-Test
| |/
|/|
* | e2b4d26 QQ-login
|/
* c975106 Initial commit
```

　　和 git flow release finish 一样，执行完 git flow hotfix finish 命令后，Git 的命令行窗口会弹出 3 个输入框，我们依次输入合并 master 的提交日志、标签的日志和合并 develop 分支的日志。

首先输入合并到 master 的提交日志，如图 15-5 所示。

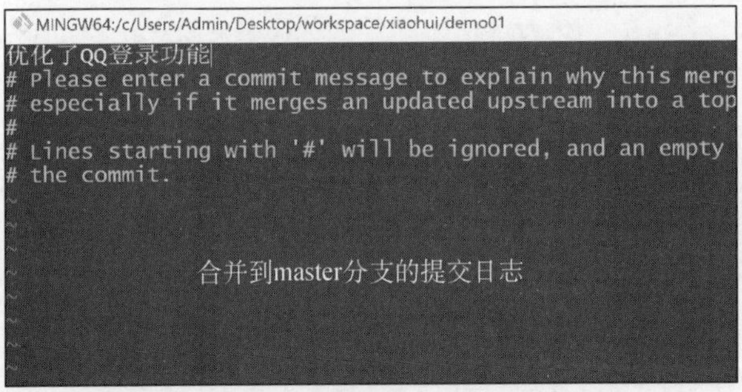

图 15-5

然后再输入标签的注释，如图 15-6 所示。

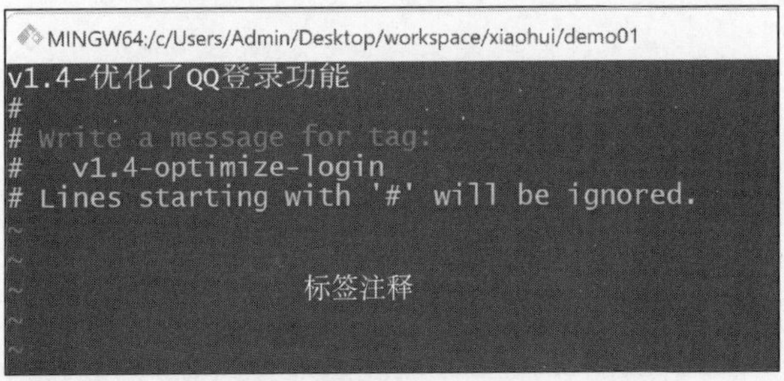

图 15-6

最后再输入合并到 develop 分支的提交日志，如图 15-7 所示。

图 15-7

（9）将 hotfix 分支的功能再发布到 develop 分支，随后删除 hotfix 分支。

在步骤 8 中执行 git flow hotfix finish v1.4-optimize-login 命令已经完成这一步操作

16

第 16 章
Git 钩子

Git 钩子是嵌入在 Git 中的一系列可执行脚本，在特定 Git 操作执行前后触发，类似于触发器的角色。它用于实现自动化任务、执行自定义验证及工作流扩展，例如在提交前运行代码质量检查、推送后自动部署。常见场景涵盖代码校验、测试、邮件通知、部署流程等。

这些钩子可以在 Git 仓库的 .git/hooks 目录下找到，并以 .sample 结尾作为示例。如果要使用 Git 钩子，需要将示例文件重命名，以去除 .sample 后缀，并添加我们自己的脚本内容。

本章首先将会讲解关于 Git 钩子的相关概念，.git/hooks 目录那些脚本的含义以及如何使用这些脚本，最后我们将自己编写脚本（钩子）来完成某项自定义功能。

16.1　钩子的作用

Git 的钩子存放在.git/hooks 目录中，当初始化一个 Git 仓库后，会存在一些默认的钩子，这些钩子在某些特定的情况下触发以完成一些特定的功能。Git 的钩子分为客户端钩子和服务端钩子。客户端钩子在本地执行，在提交和合并时触发；而服务端钩子则在远程仓库执行，在推送时触发。

> **Tips：** 每一种钩子都会在特定场景下触发，而这些条件是根据钩子的命名规则来决定的。简言之，钩子的名称决定了钩子的触发时机。

默认情况下，这些钩子并非激活状态，而是以.sample 后缀名存在，如 pre-commit.sample。要启用它们，只需移除后缀名并赋予执行权限。根据项目和团队的需求，我们可以自定义这些钩子以满足特定的版本控制策略。

16.1.1　客户端钩子

常见的客户端钩子如表 16-1 所示。

表 16-1

钩子名称	调用时机	特点
pre-commit	在提交前运行	如果脚本返回非 0 退出状态，Git 将阻止本次提交操作
prepare-commit-msg	在提交消息编辑器启动前运行	
commit-msg	在提交过程中，编辑完提交日志后	如果脚本返回非 0 退出状态，Git 将阻止本次提交操作
post-commit	在提交完成后运行	
post-checkout	在 checkout 操作完成后运行	
post-merge	在合并完成后运行	
pre-push	在 push 操作执行前运行	如果脚本返回非 0 退出状态，Git 将阻止本次 push 操作
pre-auto-gc	在垃圾回收之前运行	如果脚本返回非 0 退出状态，Git 将阻止本次垃圾回收操作
pre-rebase	在执行 git rebase 前运行	如果脚本返回非 0 退出状态，Git 将阻止本次 rebase 操作

16.1.2　服务端钩子

常见的服务端钩子如表 16-2 所示。

表 16-2

钩子名称	调用时机	特点
pre-receive	在接收到所有推送对象但还未尝试更新任何引用之前运行。 作用：一般用于实现权限控制、规则检查等	如果脚本返回非 0 退出状态，整个推送都将被拒绝
update	针对每一个即将更新的引用，每次更新前运行一次。 作用：一般用于实现权限控制、规则检查等	
post-receive	接收到推送并完成所有更新后运行。 作用：用于触发自动构建、部署或其他后处理操作	

16.2　使 用 钩 子

Git 钩子默认提供的脚本样本通常是 shell 脚本，但实际上可以写入任何可执行脚本。

我们可以根据需要，使用 shell、Python、Ruby、Perl 等各种编程语言编写钩子脚本，只要它们能在目标系统的环境中正确执行即可。所以，即使初始模板可能是 shell 脚本，我们也可以自由选择我们所熟悉或项目所需的任何语言来编写 Git 钩子。

16.2.1　编写 pre-commit 钩子

pre-commit 钩子在提交操作执行前执行。下面以 pre-commit 钩子来演示一个最简单的钩子使用。

（1）初始化一个 Git 仓库，在.git/hooks 目录中将 pre-commit.sample 的后缀.sample 去掉。这样，这个钩子就生效了。

（2）将.git/hooks 目录中的 pre-commit 文件的内容编辑为如下。

```
#!/bin/sh
echo "pre-commit 钩子阻止了提交!!!! "
exit 1                    # 非 0 状态退出，Git 将阻止任何提交操作
```

（3）在 Git 仓库中提交文件。

```
git log --oneline
aa145b4(HEAD -> master)111

echo "222" >> aaa.txt
git add ./
git commit -m '222' ./
pre-commit 钩子阻止了提交!!!!                    # 阻止了提交
On branch master
nothing to commit,working tree clean

git log --oneline                              # 发现并没有提交成功
aa145b4(HEAD -> master)111
```

（4）将.git/hooks 目录中的 pre-commit 文件改为如下。

```
#!/bin/sh
echo "是以 0 状态退出的，可以提交!! "
exit 0                         # 以 0 状态退出的 pre-commit 脚本代表是正常状态，可以提交
```

（5）重新提交。

```
git commit -m '222' ./                    # 提交成功
是以 0 状态退出的，可以提交!!
[master cf5ea3d] 222
 1 file d485f80,1 insertion(+)
```

```
git log --oneline
* bc865ca(HEAD -> master)222
* aa145b4 111
```

另外，我们可以在执行 commit 命令时传递--no-verify 参数，例如 git commit --no-veryfy -m 'xxx' ./代表跳过本次钩子。

16.2.2 编写 commit-msg 钩子

commit-msg 钩子在编辑完提交日志后执行。我们在这个钩子中可以获取提交的日志，该钩子也能阻止本次的提交操作。如果脚本以非 0 退出状态，那么，本次提交操作将被阻止。

在.git/hooks 目录中将 commit-msg.sample 的后缀.sample 去掉，这样，这个钩子就生效了。commit-msg 文件内容如下。

```
#!/bin/sh

# 获取这一次的提交日志
COMMIT_MSG=$(cat $1)

# 打印提交日志
echo "本次的提交日志为： " $COMMIT_MSG

# 如果提交日志是 No，那么就终止提交操作
if [ "$COMMIT_MSG" == "No" ]; then
    echo "提交失败，终止本次提交！"
    exit 1
fi
```

操作 Git 仓库，填写提交日志为 No，发现提交失败。

```
git log --oneline
* bc865ca(HEAD -> master)222
* aa145b4 111

echo "333" >> aaa.txt              # 编辑文件
git commit -m 'No' ./              # 提交失败，因为提交日志为 No
本次的提交日志为： No
提交失败，终止本次提交！

git log --oneline                  # 再次查询日志，发现提交失败
* bc865ca(HEAD -> master)222
* aa145b4 111
```

```
git commit -m '333' ./            # 更换日志，再次提交，发现提交成功
本次的提交日志为： 333
[master f17c6b8] 333
 1 file changed,1 insertion(+)

git log --oneline
* f17c6b8(HEAD -> master)333
* bc865ca 222
* aa145b4 111
```

16.2.3　采用 Java 实现钩子

我们可以根据程序退出的状态来控制提交操作，可以根据实际情况来编写钩子。另外，Git 的钩子不局限于 shell，我们可以使用各类编程语言来编写钩子脚本以符合需要。下面将以 Java 代码来实现一个 pre-commit 钩子。

（1）在.git/hooks/classHooks 目录（该目录可以为任意名称）下准备一个 Java 程序内容如下，随后将其编译为.class 文件。

```
public class Demo01 {
    public static void main(String[] args){
        // 获取执行该程序传递的参数
        String pwd = args[0];
        if(pwd.equals("admin")){
            System.out.println ("您的密码为:【" + pwd + "】,密码正确,可以提交! ");
            System.exit(0);          // 以 0 退出，可以正常提交
        } else {
            System.out.println ("您的密码为:【" + pwd + "】,密码错误,不能提交! ");
            System.exit(1);          // 以非 0 退出，阻止本次提交
        }
    }
}
```

（2）编写 pre-commit 钩子。

```
#!/bin/sh
# 执行指定目录下的 class 文件，并传递参数给该 Java 程序
java -classpath "./.git/hooks/classHooks/" Demo01 "abc"
```

（3）使用 git commit 命令测试。

```
echo "444" >> aaa.txt
git commit -m '444' ./
```

> 您的密码为：【abc】，密码错误，不能提交！

（4）修改 pre-commit 钩子。

```
#!/bin/sh
# 执行指定目录下的 class 文件，并传递参数给该 Java 程序
java -classpath "./.git/hooks/classHooks/" Demo01 "admin"
```

（5）再次提交。

```
git commit -m '444' ./                          # 提交成功
您的密码为：【admin】，密码正确，可以提交！
[master e05c653] 444
 1 file changed,1 insertion(+)
```

　　Git 的钩子种类非常多，实现钩子的方式也很多，我们可以采用各类编程语言以及符合自身的业务逻辑来实现 Git 的钩子以完成某些复杂的操作。

第 17 章
Git 的配置项

在 Git 中，我们可以通过 git config 命令来对 Git 进行一些配置设定，这些配置设定分为客户端配置与服务端配置。Git 的客户端配置侧重于个人使用体验和效率提升，而服务端配置则关注仓库的管理、安全和稳定性。两者共同协作，可确保 Git 能够在各种场景中高效、安全地运行。

我们可以对 Git 进行一些参数上的设定，以满足个人或团队的特定需求。若配置得当，可以提高工作效率、确保代码质量，并使 Git 的使用更符合我们的工作流程和习惯。

本章将学习 Git 的配置和扩展来满足一些个性化需求。首先会对 git config 命令进行讲解，学习该命令的详细使用方法，随后将探究 Git 仓库中那些文件夹的含义以及工作方式，最终将学习 Git 提供的配置项的含义及使用方法。

17.1　git config 命令

git config 命令用于在 Git 版本控制系统中读取、写入各种设置。我们可以通过该命令设置用户信息、编辑器偏好、忽略文件模式等。此外，我们还可以通过该命令定义不同类型的配置项，如布尔值、整数、字符串等。

下面演示 git config 命令的详细用法。

17.1.1　查询信息类

通过调整 git config 中的相关参数，我们可以查询当前配置的作用范围、所属的配置文件等信息，从而更好地了解配置。

关于 git config 命令的查询信息类参数如表 17-1 所示。

表 17-1

参数	说明
--name-only	只查询键–值对中键的名称
--show-origin	显示配置选项来源于哪个配置文件
--show-scope	显示配置选项的作用范围

示例代码如下。

```
git config --name-only --list
...
init.defaultbranch
credential.helper
user.email
user.name
core.repositoryformatversion
core.filemode
...

git config --show-origin --list
...
file:D:/Git/etc/gitconfig        init.defaultbranch=master
file:D:/Git/etc/gitconfig        credential.helper=store
file:C:/Users/Admin/.gitconfig user.email=xiaohui@aliyun.com
file:C:/Users/Admin/.gitconfig user.name=xiaohui
file:.git/config        core.repositoryformatversion=0
file:.git/config        core.filemode=false
...

git config --show-scope --list
...
system  init.defaultbranch=master
system  credential.helper=store
global  user.email=xiaohui@aliyun.com
global  user.name=xiaohui
local   core.repositoryformatversion=0
local   core.filemode=false
...
```

17.1.2　作用域类

作用域类就是在 1.6 节提到的配置范围/级别，关于 git config 命令的作用域类参数如表 17-2 所示。

表 17-2

参数	说明
--system	使用系统级别的配置，system 配置存储在 Git 的安装目录的 etc/gitconfig 文件中
--global	使用全局级别的配置，global 配置存储在 C:/Users/${user}/.gitconfig 文件中
--local	使用本地级别的配置，local 配置存储在本地仓库的.git/config 文件中。在使用 git config 命令设置某些配置时，如果没有明确指定该配置的级别，默认设置的是 local 级别的配置
--worktree	使用工作树级别的配置，worktree 配置存储在.git/config.worktree 文件中。工作树级别的配置需要开启 extensions.worktreeConfig 配置，否则不允许使用
-f，--file	允许指定一个特定的配置文件来读取或写入。该文件只用于存储 Git 的配置，而不能被 Git 所使用

Tips: 在上面几个作用域范围中：worktree < local < global < system，如果存在 worktree 级别的配置，那么优先使用 worktree 级别的配置。

1. 演示 worktree 级别的配置

（1）初始化一个 Git 仓库，配置工作树级别的配置。

```
# 开启工作树配置（否则，不能使用 worktree 级别的配置）
git config extensions.worktreeConfig true

# 创建一个工作树级别的用户
git config --worktree user.name aaa
git config --worktree user.email aaa@aliyun.com

git config --local user.name bbb
git config --local user.email bbb@aliyun.com

# 查看所有级别的 user.name 配置的详细信息
git config --get-all --show-origin --show-scope user.name
global          file:C:/Users/Admin/.gitconfig  xiaohui
local           file:.git/config                              bbb
worktree   file:.git/config.worktree        aaa

# 查看配置文件
cat .git/config.worktree
[user]
      name = aaa
      email = aaa@aliyun.com

# 只查询提交哈希值、作者、作者邮箱
```

```
git log --pretty=format:"%h %an %ae"

 # 这一条提交使用的是 worktree 级别的配置
98f0787 aaa aaa@aliyun.com
4327a50 xiaohui xiaohui@aliyun.com
```

（2）创建一个新工作树，在新的工作树工作空间查看用户配置。

```
git branch test

git worktree add ../test test
Preparing worktree(checking out 'test')
HEAD is now at 98f0787 222

# 只有 global 和 local 级别
git config --get-all --show-origin --show-scope user.name
global  file:C:/Users/Admin/.gitconfig  xiaohui
local   file:C:/Users/Admin/Desktop/workspace/xiaohui/demo01/.git/config
bbb
```

2. 演示使用指定的文件来存储配置

示例代码如下。

```
# 将配置写入指定的文件
git config -f D:/aaa.txt user.name xiaohong
git config -f D:/aaa.txt user.email xiaohong@aliyun.com

cat D:/aaa.txt
[user]
       name = xiaohong
       email = xiaohong@aliyun.com

git config -f D:/aaa.txt --unset user.name

cat D:/aaa.txt
[user]
       email = xiaohong@aliyun.com
```

Tips： file 级别的配置只用于存储/读取某些配置，这些配置不能被 Git 直接使用。我们可以把这些配置复制到 Git 所能识别的配置文件中以使其生效。

17.1.3 属性操作类

关于 git config 命令的属性操作类参数如表 17-3 所示。

表 17-3

参数	说明
--get	获取指定键的值。默认情况下只获取最小作用域的值
--get-all	获取指定键的所有值（读取所有作用域的值）
--get-regexp	根据正则表达式来查询键，并显示该键的值
--replace-all	替换键的值
--add	添加键–值对
--unset	根据键来删除键–值对
--unset-all	根据键来删除这个键对应的所有值
--rename-section	修改配置项的名称
--remove-section	删除配置项
-l, --list	查看当前作用域的所有配置。如果不加任何作用域，默认查询所有作用域的配置
-e, --edit	编辑当前作用域的配置

下面，我们将重新初始化一个仓库，来演示上述参数的用法。

（1）演示 get、get-all、get-regexp。

```
# 查询所有级别的 user.name 配置（目前只有一个 global 级别的配置）
git config --get-all --show-origin --show-scope user.name
global  file: C:/Users/Admin/.gitconfig  xiaohui

# 开启 worktree 配置，否则，不允许使用 worktree 级别的配置
git config extensions.worktreeConfig true

git config --worktree user.name 111
git config user.name 222                    # 不写配置级别，则默认为 local 级别
git config --global user.name 333           # 覆盖了之前的配置
git config --system user.name 444

git config --get-all --show-origin --show-scope user.name
system        file: D:/Git/etc/gitconfig        444
global        file: C:/Users/Admin/.gitconfig  333
local         file: .git/config                     222
worktree    file: .git/config.worktree        111

# 查询配置等级最低的配置（worktree 级别）
git config --get user.name
111
```

```
# 查询所有配置级别的信息（排序从大到小）
git config --get-all user.name
444
333
222
111

# 根据正则表达式来查询配置（查询的是所有级别的配置）
git config --get-regexp --show-scope '^user\.'
system          user.name 444
global          user.email xiaohui@aliyun.com
global          user.name 333
local           user.name 222
worktree    user.name 111
```

（2）演示 replace-all、add。

```
# 替换 global 级别的 user.name
git config --global --replace-all user.name xiaohui

# 查询所有级别的 user.name 配置
git config --get-all --show-origin --show-scope user.name
system          file: D:/Git/etc/gitconfig          444
global          file: C:/Users/Admin/.gitconfig  xiaohui
local           file: .git/config                          222
worktree    file: .git/config.worktree        111

# 添加一个 global 级别的自定义配置
git config --global --add myconfig.name zhangsan

# 添加一个 local 级别的自定义配置
git config --add myconfig.name lisi

# 查看 global 级别的配置文件
cat C:/Users/Admin/.gitconfig
...
[user]
      email = xiaohui@aliyun.com
      name = xiaohui
[gui]
      recentrepo = C:/Users/Admin/Desktop/project
[extensions]
      worktreeConfig = false
[myconfig]
```

```
        name = zhangsan
...

# 查看 local 级别的配置文件
cat .git/config
....
[extensions]
      worktreeConfig = true
[user]
      name = 222
[myconfig]
      name = lisi
```

（3）演示 rename-section、remove-section。

```
# 将 global 级别的 myconfig 配置项修改为 testconfig
git config --global --rename-section myconfig testconfig

# 将 local 级别的 myconfig 配置项修改为 testconfig（默认操作的是 local 级别，因此
local 可加可不加）
git config --local --rename-section myconfig testconfig
cat C:/Users/Admin/.gitconfig
...
[testconfig]
      name = zhangsan
...

cat .git/config
...
[testconfig]
      name = lisi
...

# 删除 global 级别的 testconfig 配置项
git config --global --remove-section testconfig

# 删除 local 级别的 testconfig 配置项
git config --local --remove-section testconfig
```

（4）演示 unset。

```
git config --get-all --show-origin --show-scope user.name
system        file:D:/Git/etc/gitconfig        444
global        file:C:/Users/Admin/.gitconfig xiaohui
local         file:.git/config                 222
```

```
worktree    file:.git/config.worktree        111

# 删除 system、local、worktree 级别的配置
git config --system --unset user.name
git config --local --unset user.name
git config --worktree --unset user.name

# 再次查询所有级别的 user.name 配置，发现只剩下 global 级别的配置
git config --get-all --show-origin --show-scope user.name
global  file:C:/Users/Admin/.gitconfig  xiaohui
```

（5）演示 unset-all。

```
git config --local --add test.name aaa
git config --local --add test.name bbb

cat .git/config
...
[test]
        name = aaa
        name = bbb
...

# 移除 local 级别的 test.name 的所有键-值对
git config --local --unset-all test.name
```

（6）演示-e 或 edit。

```
# 打开 global 级别配置的编辑窗口
git config --global -e
```

输入完上述命令后，将会打丌 global 级别配置的编辑窗口，我们可以在窗口中编辑 global 级别的配置，如图 17-1 所示。

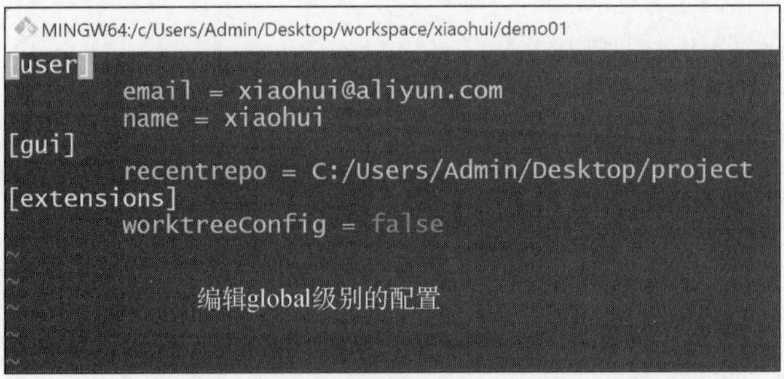

图 17-1

17.2　.git 目录详解

通常来说，所有的工作副本都会存在一个.git 目录。目录是 Git 版本控制系统的核心，它包含了 Git 需要的所有信息，包括版本历史、分支、标签、配置等。在 Git 项目中，.git 目录是一个隐藏的文件夹，通常位于项目的根目录下。这个目录对于 Git 来说至关重要，它存储了项目的所有版本历史、元数据以及指向不同提交的引用。

我们不需要直接操作.git 目录中的内容，而是通过 Git 命令和工具来管理和操作仓库。这些命令和工具能够安全、有效地对.git 目录中的内容进行读取和修改，以确保项目的版本控制顺利进行。

17.2.1　.git 目录中文件夹的说明

下面针对.git 目录中的文件夹进行说明。

（1）hooks：存放 Git 的钩子目录。

（2）info：用于存储和管理版本库的元数据。它包含了一些重要的文件，这些文件提供了关于 Git 仓库的辅助信息和配置。

默认情况下，该文件夹中会含有一个 exclude 文件，用于添加文件忽略，只针对当前本地仓库有效，即使不被提交也不影响其他协作者。.git/info 目录主要被用来存放那些不打算提交到仓库，但又对本地仓库操作有影响的配置或规则，最常见的就是.git/info/exclude，对于其他可能存在的文件，则取决于具体的使用场景和用户自定义策略。

（3）logs：主要用于保存所有更新的引用记录。这些引用通常指的是分支、标签等。

初始化一个新的仓库，默认情况下，logs 文件夹中的文件结构如下。

```
logs
├── refs
│   ├── heads
│   │   └── master
├── HEAD
```

文件结构的说明如下。

☑　heads：文件夹，用于存储分支的文件，每当创建一个新的分支，都会在该文件夹下创建一个以分支名命名的文件。

☑　master：文件，保存该分支的所有日志，包括用户名、邮箱、提交日志、提交哈希值等，也包括 reflog 日志。

☑　HEAD：文件，保存整个 Git 仓库的所有日志，包括 reflog 日志。

当创建一个本地分支后，在 refs/heads 文件夹下会创建一个以分支名命名的文件，该文件存储这个分支的所有提交记录。

```
git branch test

logs
├── refs
│   ├── heads
│   │   └── master
│   │   └── test
├── HEAD
```

本地副本与远程仓库建立联系（push、clone）后，logs 文件夹中还会存在一个 remotes 文件夹，结构如下。

```
git push origin master
git push origin test
logs
├── refs
│   ├── heads
│   │   └── master
│   │   └── test
│   ├── remotes
│   │   └── origin
│   │       └── master
│   │       └── test
├── HEAD
```

含义如下。

☑ remotes：文件夹，存放所有远程仓库的项目名，每一个项目名都是一个文件夹。

☑ origin：文件夹，以项目名命名，存放该项目名下的所有远程分支。当创建了远程分支后，该文件夹下会创建远程分支对应的文件。

☑ master：文件，存放 master 分支远程操作（push、fetch、pull、clone 等）的日志。

☑ test：文件，存放 test 分支远程操作（push、fetch、pull、clone 等）的日志。

> **Tips：** remotes 文件夹中的远程分支文件只会记录远程操作记录，如 push，不会记录本地操作记录，如 commit。

（4）objects：存放 Blob、Tree、Commit 等 Git 对象，对象哈希值一共 40 位，前 2 位作为文件夹名称，后 38 位作为对象文件名。我们可以通过 git cat-file -p hash 查看 Git 对象的内容或通过 git cat-file -t 查看 Git 对象的类型。

（5）refs：主要用于保存所有分支、标签和其他引用的信息。

初始化一个新的仓库。默认情况下，logs 文件夹中的文件结构如下。

```
refs
├── heads
│   └── master
├── tags
```

含义如下。

- ☑ heads：文件夹，用于存储分支的文件，每当创建一个新的分支，都会在该文件夹下创建一个以分支名命名的文件。
- ☑ master：文件，只保存该分支指向最新 Commit 对象的哈希值。
- ☑ tags：文件夹，用于存储标签的文件每当创建一个新的 Tag 对象（附注标签），都会在该文件夹下创建一个以标签名命名的文件。

当我们创建一个附注标签后，tags 文件夹会创建一个以标签名命名的文件，该文件中存储这个标签所指向的提交哈希值。

```
git tag v1.2 -m '这是1.2版本'

refs
├── heads
│   └── master
├── tags
│   └── v1.2
```

本地副本与远程仓库建立联系（push、clone）后，logs 文件夹中还会存在一个 remotes 文件夹，结构如下。

```
git push origin master

refs
├── heads
│   └── master
├── tags
│   └── v1.2
├── remotes
│   ├── origin
│       └── master
```

含义如下。

- ☑ remotes：文件夹，存放所有远程仓库的项目名，每一个项目名都是一个文件夹。
- ☑ origin：文件夹，以项目名命名，存放该项目名下的所有远程分支。当创建了远程分支后，该文件夹下会创建远程分支对应的文件。
- ☑ master：文件，保存该分支对应的远程跟踪分支的 Commit 对象哈希值。

17.2.2 .git 目录中文件的说明

下面针对.git 目录中的文件进行说明。

（1）config：保存当前仓库的配置信息（local 级别的配置信息）。

（2）description：存储仓库的描述信息。

（3）HEAD：它指向了当前分支，存储的是 HEAD 指针指向的分支。

（4）index：暂存区，是一个二进制文件。

（5）COMMIT_EDITMSG：保存着最近一次的提交日志信息。

（6）FETCH_HEAD：记录最后一次执行 git fetch 操作时获取到的所有分支的最新提交 ID。

（7）MERGE_HEAD：在合并过程中发生冲突时，这个文件记录被合并的分支指向的最新提交哈希值。

（8）MERGE_MSG：如果在合并过程中发生冲突，这个文件会包含解决冲突之后提交的日志信息。

（9）ORIG_HEAD：在执行 git reset、git checkout、git merge 等命令时，Git 会用这个文件来保存 HEAD 之前的引用。

17.3 Git 客户端配置

在 Git 的配置中，存在客户端配置与服务端配置，这两大类下又存在许多的配置项，每个配置项中会有若干个键–值对。

客户端配置的配置项如表 17-4 所示。

表 17-4

配置项	说明
user	设置开发者身份，包括用户名、邮箱等
alias	设置命令别名
credential	设置 Git 凭证的获取和存储方式
merge	设置 Git 合并代码时的行为
push	设置 git push 命令的行为
commit	设置提交信息的相关选项
pull	设置 git pull 命令的行为
core	设置 Git 的基本工作方式和性能优化选项
diff	设置 git diff 命令的输出格式

17.3.1　user 配置项

user 配置项相关的配置主要涉及用户身份识别，用于标识在 Git 仓库中的每一次提交是由哪位开发者完成的。

主要参数如表 17-5 所示。

表 17-5

参数名	说明
user.name	配置提交作者的姓名或昵称
user.email	配置提交作者的电子邮件地址

使用示例如下。

```
# 设置 local 级别的用户名
git config user.name abc
# 设置 local 级别的用户
git config user.email abc@aliyun.com

# 查询所有级别的用户配置
git config --get-all --show-origin --show-scope user.name
global  file:C:/Users/Admin/.gitconfig  xiaohui
local   file:.git/config          abc

# 查看所有级别的邮箱配置
git config --get-all --show-origin --show-scope user.email
global  file:C:/Users/Admin/.gitconfig  xiaohui@aliyun.com
local   file:.git/config          abc@aliyun.com
```

17.3.2　alias 配置项

alias 配置项主要用于为 Git 命令创建自定义的别名，以简化命令行操作或创建符合个人习惯和喜好的命令缩写。

Git 在定义别名时不仅可以定义 Git 命令的别名，还可以在别名中使用任意的 shell 脚本，让我们执行 Git 别名的同时也能执行我们自己的 shell 脚本。另外，执行 shell 脚本时还可以传递执行命令的参数，shell 脚本中也可以执行 Git 命令，这样的结合方式让我们能够定义更加强大的别名配置。

alias 配置如表 17-6 所示。

表 17-6

配置名	说明
alias.*	给指定的 Git 命令配置别名

（1）给某些命令添加别名。

```
# 添加系统级别别名
git config --system alias.st "status"
git config --system alias.lg "log --oneline --all --graph"
git config --system alias.lgu "log --pretty=format:'%h %an %s %cd' --date=format:'%Y-%m-%d %H:%M:%S'"

# 查看系统级别配置文件
cat D:/Git/etc/gitconfig
...
[alias]
        lg = log --oneline --all --graph
        st = status
        lgu = log --pretty=format:'%h %an %s %cd' --date=format:'%Y-%m-%d %H:%M:%S'
...

# 使用别名
git lg
* facd206(HEAD -> master,origin/master)333
* 47530c8 222
* d1bcd6c 111

git lgu
facd206 xiaohui 333 2024-03-30 19:34:27
47530c8 xiaohui 222 2024-03-30 19:32:15
d1bcd6c xiaohui 111 2024-03-30 19:31:10

git st
On branch master
nothing to commit,working tree clean
```

（2）定义别名时使用 shell 命令。

```
date +%Y-%m-%d                                        # 执行命令
2024-03-31

# 定义 Git 别名，在别名中使用 Linux 命令
git config alias.date "! date +%Y-%m-%d
```

```
git date                                          # 使用别名
2024-03-31

echo "Hello World"                                # 使用命令
Hello World
git config alias.printf "! echo 'Hello World'"    # 定义 Git 别名
git printf                                        # 使用 Git 别名
Hello World
```

（3）定义别名时使用 shell 命令并传递参数。

```
# $1 代表第一个参数，还可以定义$2、$3……
git config alias.printfArgs "! echo '$1'"
git printfArgs "Hello Git"
Hello Git
git printfArgs "Hello Java"
Hello Java
```

（4）定义别名时使用 Git 命令并传递参数。

```
git log --oneline -1
82c2f0d(HEAD -> master)222

git log --oneline -2
82c2f0d(HEAD -> master)222
c74178f 111

git config alias.lg "! git log --oneline $1"      # 定义别名
git lg -1                                         # 使用别名
82c2f0d(HEAD -> master)222

git lg -2                                          # 使用别名
82c2f0d(HEAD -> master)222
c74178f 111

git config alias.cmt "! git commit -m $1"         # 定义别名
echo "333" >> aaa.txt
git add ./
git cmt "333" ./                                  # 使用别名
```

17.3.3　credential 配置项

credential 配置项主要用于管理 Git 的凭证存储，这些凭证通常包括用户名和密码或访问令牌，用于在克隆、拉取或推送仓库时验证用户身份。

主要配置如表 17-7 所示。

表 17-7

配置名	说明
credential.helper	用于存储和检索 Git 凭证，可选值如下。 cache：将凭证存储在内存中。默认情况下，凭证会被缓存 15 分钟。可以使用--timeout <seconds>来延长时间。 store：将凭证存储在磁盘上。 manager：使用系统的凭证管理器
credential.httpHeader	为 HTTP 请求添加自定义的头部信息，可以用于传递额外的认证信息或标识
credential.useHttpPath	控制是否将 HTTP 路径包含在凭证中，有助于区分不同路径下相同主机的凭证。默认为 false，设置为 true 表示将其开启

1. credential.helper 配置的使用示例

```
# 查看当前所配置的凭证存储策略
git config --get-all --show-scope credential.helper
system   store

# 清除凭证
git config --system --unset credential.helper

# 将 Git 凭证存储在磁盘中（默认情况下存储在 C:\Users\${user}\.git-credentials）
git config credential.helper store
# 我们也可以调整 Git 凭证存储的位置
# git config --global credential.helper 'store --file=D:/.git-credentials'

# 将 Git 凭证存储在内存中（存储 15 分钟）
git config credential.helper cache
# 使用系统的凭据管理器
git config credential.helper manager
```

清除凭证后，之后每一次对远程仓库的操作都需要输入代码托管平台的用户名和密码。

当使用 store 管理策略时，Git 会将凭证存储在磁盘的 C:\Users\${user}\.git-credentials 文件中，如图 17-2 所示。

```
https://用户名：密码@gitee.com
```

因此，当我们需要删除凭据时，也可以直接将这个文件删除，或者使用 git config --unset credential.helper 命令。

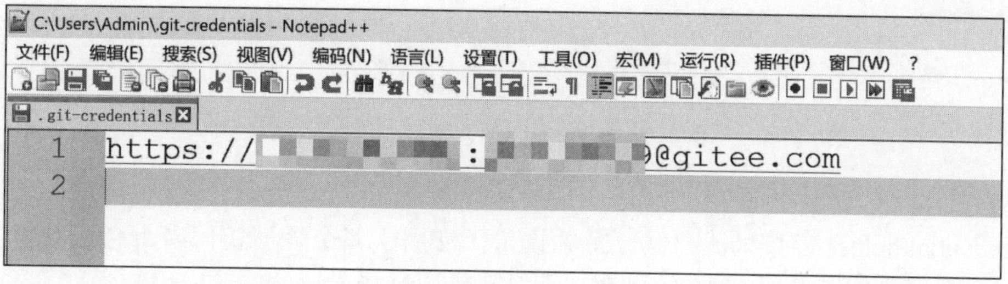

图 17-2

当使用 manager 管理策略时，Git 会将凭据存储在系统凭据管理器中，如图 17-3 所示。

图 17-3

当删除了 Windows 的凭据管理器中的 Git 凭证后，操作远程仓库时又需要重新输入用户名和密码了。但只要 manager 参数还在，我们就只需要输入一次用户名和密码，之后 Git 又会将凭据保存在 Windows 系统的凭据管理器中，等到下一次操作 Git 时无须输入用户名和密码，除非将 manager 参数移除。

2. credential.httpHeader 配置的使用示例

假设我们有一台 Git 服务器，现在规定在发起请求时，除了标准的认证信息外，还需携带一个名为 X-Auth 的 HTTP 请求头来验证请求。此时，我们可以使用 credential. httpHeader 配置来设置所需的请求信息。示例如下。

```
git config --global credential.httpHeader "X-
Auth: MjAyNC0wMy0zMCAxODowNjozOQ=="
```

设置了这个配置之后，Git 会在每次 HTTP 请求中包含这个头部。

3. credential.useHttpPath 配置的使用示例

credential.helper 参数只能存储一个凭据，无法用于多个凭据访问多个仓库的情况。例如，在托管平台中有两个仓库 A 和 B，分别需要通过账号 A 和账号 B 进行访问。在实际操作中，推送 A 的工作副本代码至 A 仓库时，系统会保存账号 A 的凭据。然而当我们下次操作 B 的工作副本推送至 B 仓库时，系统仍旧尝试使用账号 A 的凭据。为解决这个问题，credential.useHttpPath 参数应运而生。

credential.useHttpPath 可以控制是否在 Git 凭据中包含 HTTP 路径。这样，不同的仓库 Git 就能使用 HTTP 路径来区分多个不同的凭据了（因为不同的远程仓库的 HTTP 路径必定不同）。

假设我们有一台 Git 服务器，它托管了多个仓库，并且每个仓库都需要不同的凭据来访问，我们就可以将 credential.useHttpPath 参数设置为 true。

（1）初始化配置。

```
# 设置 system 级别的 helper 配置
git config --system credential.helper store
git config --get-all --show-scope credential.helper
system  store

# 设置 system 级别的 useHttpPath 配置
git config --system credential.useHttpPath true
```

（2）使用账号 A 在代码托管中心（Gitee）创建两个远程仓库 demo01、demo02。

（3）创建 demo01 本地仓库，然后推送。

```
git init
echo '111' >> aaa.txt
git add ./
git commit -m '111' ./

# 配置项目名
git remote add origin https://gitee.com/lvshuichangliu/demo01.git
# 输入这句代码会提示输入用户名和密码（我们输入账号 A 的用户名和密码）
git push origin master
```

在弹出的输入框中输入账号 A 的用户名和密码后，Git 将账号 A 的凭据存储起来，当下次操作远程仓库 demo01 时，则不需要再输入用户名和密码。

（4）创建 demo02 本地仓库，推送。

```
git init
echo '111' >> aaa.txt
git add ./
git commit -m '111' ./

# 配置项目名
git remote add origin https://gitee.com/lvshuichangliu/demo02.git
# 输入这句代码会提示输入用户名和密码（我们输入账号 B 的用户名和密码）
git push origin master
libpng warning:iCCP:known incorrect sRGB profile
libpng warning:iCCP:known incorrect sRGB profile
remote:[session-bd47e0b4] Access denied           # 推送失败，权限不足
fatal:unable to access 'https://gitee.com/lvshuichangliu/demo02.git/':
The requested URL returned error:403
```

在弹出的输入框中输入完账号 B 的用户名和密码时，发现推送失败。其原因是，账号 A 在创建远程仓库 demo02 时并没有给账号 B 开放权限，这也说明了本次推送并没有使用账号 A 的信息来推送。

打开 demo02 仓库设置，邀请账号 B 来开发 demo02 项目，如图 17-4 所示。

图 17-4

在另一个浏览器登录账号 B，单击"确认加入"，如图 17-5 所示。

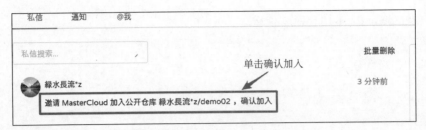

图 17-5

重新推送。

```
# 重新弹出输入框，输入账号 B 的用户名和密码，推送成功
git push origin master
```

我们可以查看存储在本地的 Git 凭据，打开 C:\Users\Admin\.git-credentials 文件。

```
https://账号 B 的用户名:账号 B 的密码@gitee.com/lvshuichangliu/demo02.git
https://账号 A 的用户名:账号 A 的密码@gitee.com/lvshuichangliu/demo01.git
```

C:\Users\Admin\.git-credentials 文件的内容如图 17-6 所示。

图 17-6

17.3.4　merge 配置项

merge 配置项主要影响 Git 在合并分支时的行为和策略。

主要配置如表 17-8 所示。

表 17-8

配置名	说明
merge.ff	控制 fast-forward 合并的行为，参数如下。 false：总是创建合并提交。 only：仅当可以 fast-forward 时才这样做。 always：尽可能 fast-forward
merge.defaultToUpstream	在执行 git merge 不指定分支时，默认会尝试合并当前分支的上游分支。默认值为 true，false 表示不合并到远程跟踪分支
merge strategy	指定合并策略，例如 recursive（默认）、resolve、octopus 等

（1）merge.ff 配置的使用示例如下。

```
# 初始化一个新的仓库，日志如下
git log --oneline --all --graph
* 1afd7fc(HEAD -> test)222
* 9a6f803(master)111

git checkout master

git config merge.ff false          # 将 merge.ff 参数设置为 false
git merge test                     # 提示输入提交日志，产生一个新的提交节点
git log --oneline --all --graph
*   82dc9a6(HEAD -> master)Merge branch 'test'
|\
| * 1afd7fc(test)222
|/
* 9a6f803 111

git config merge.ff only           # 将 merge.ff 参数设置为 only
git merge test                     # 不会产生一个新的提交节点
git log --oneline --all --graph
* 1afd7fc(HEAD -> test)222
* 9a6f803(master)111
```

（2）merge.defaultToUpstream 参数的使用如下。

```
# 首先初始化一个 Git 仓库，然后推送
git remote add origin https://gitee.com/lvshuichangliu/demo01.git
git push origin master
git log --oneline --all
* ea7c42f(origin/test,test)222
* f7f4ae1(HEAD -> master,origin/master)111

# 在另一个目录克隆该仓库，查看日志如下
git log --oneline --all
* ea7c42f(origin/test)222
* f7f4ae1(HEAD -> master,origin/master,origin/HEAD)111

# 将配置设置为 true（默认值）
git config merge.defaultToUpstream true

git checkout -b test

# 自动合并当前分支对应的远程分支的远程跟踪分支，但需要建立上游分支的关联
git merge
```

```
# 提示当前分支并没有建立上游分支的关联关系
fatal:No remote for the current branch.
git branch -vv
  master f7f4ae1 [origin/master] 111
* test   f7f4ae1 111

# 建立本地分支 test 与上游分支的关联
git branch --set-upstream-to=origin/test test
git branch -vv
  master f7f4ae1 [origin/master] 111
* test   f7f4ae1 [origin/test] 111          # 上游分支关联关系建立成功

git merge                                    # 自动合并到当前分支对应的远程跟踪分支
git log --oneline --all
* ea7c42f(HEAD -> test,origin/test)222       # 合并成功
* f7f4ae1(origin/master,origin/HEAD,master)111
```

17.3.5   push 配置项

push 配置项主要影响 Git 在推送时的一些操作。

主要配置如表 17-9 所示。

表 17-9

配置名	说明
push.default	该配置决定了 git push 在没有指定任何参数时的默认行为，参数如下。 nothing：不推送任何东西，除非明确指定要推送的引用。 current：推送当前分支到与之同名的远程分支，如果该远程分支不存在，则创建它。 simple：推送当前分支到远程仓库的同名分支（需要建立上游分支的关联，否则推送失败） matching：推送所有与远程分支同名的本地分支
push.followTags	执行 git push 命令时是否要推送标签到远程仓库 Tips：也可以通过--follow-tags/--no-follow-tags 参数来决定本次提交是否要推送标签

（1）push.default 配置的使用示例如下。

```
# 初始化一个远程仓库，推送
git remote add origin https://gitee.com/lvshuichangliu/demo01.git
git push origin master
git log --oneline
* 2215130(HEAD -> master)111
```

```
# 1. 设置默认推送规则为 nothing
git config push.default nothing
git checkout -b test
git push                    # 不进行任何推送
fatal:You didn't specify any refspecs to push,and push.default is "nothing".

# 2. 设置默认推送规则为 current
git config push.default current
# 推送成功（远程仓库也会创建一个远程分支为 test）
git push
git log --oneline
* 2215130(HEAD -> test,origin/test,origin/master,master)111

# 3. 设置默认推送规则为 simple（默认值）
git config push.default simple
git checkout -b test2
git push                    # 推送失败，需要建立本地分支与远程分支的关联
fatal:The current branch test2 has no upstream branch.
To push the current branch and set the remote as upstream,use

git push --set-upstream origin test2

# 'git branch --set-upstream-to=origin/test2 test2' 适用于已经存在远程跟踪分支
的情况

# 推送成功，并建立 test2 的上游分支关联
git push --set-upstream origin test2
git branch -vv                              # 查看分支的详情
  master c6277ad 111                        # 没有建立上游分支的关联
  test   c6277ad 111                        # 没有建立上游分支的关联
* test2  c6277ad [origin/test2] 111         # 建立了上游分支的关联

# 4. 设置默认推送规则为 matching
git config push.default matching
git checkout -b test3                       # 建立 test3 本地分支
git push origin test3                       # 建立 test3 远程分支
git checkout -b test4                       # 建立 test4 本地分支
git push origin test4                       # 建立 test4 远程分支

git log --oneline
* c6277ad(HEAD -> test4,origin/test4,origin/test3,test3,master....)111

git checkout test4
echo "test-4" >> aaa.txt
```

```
git commit -m 'test-4' ./
git checkout test3
echo "test-3" >> aaa.txt
git commit -m 'test-3' ./
git log --oneline --all --graph
* 99d2808(HEAD -> test3)test-3
| * 30a7c69(test4)test-4
|/
* c6277ad(origin/test4,origin/test3,master....)111

# 推送本地仓库的所有本地分支（该本地分支必须有同名远程分支，否则该分支不进行推送）
git push

git log --oneline --all --graph
* 99d2808(HEAD -> test3,origin/test3)test-3
| * 30a7c69(origin/test4,test4)test-4
|/
* c6277ad(origin/test2,origin/test,origin/master,master....)111
```

建立上游分支的关联非常有意义，我们可以在推送分支时就建立这种关联。

```
git checkout -b test5
git push -u origin test5

git branch -vv                          # 查看分支与远程分支的关联关系
...
* test5  e4602ae [origin/test5] 111     # 本地分支 test5 已经建立了上游分支的关联
...
```

（2）push.followTags 配置的使用示例如下。

```
git tag v1.0 -m '1.0 版本'
git push                                # 推送失败
git push --follow-tags                  # 推送成功

git config push.followTags true
git tag v1.2 -m '1.2 版本'
git push                                # 推送成功
```

17.3.6 其他配置项

commit 配置项包含了关于提交时的一些操作，其配置如表 17-10 所示。

表 17-10

配置名	说明
commit.template	指定一个文件作为提交信息的模板。当执行 git commit 命令时，Git 会自动将模板文件的内容填充到提交信息编辑器中，作为初始的提交信息
commit.clean	提交之前是否应该运行 git clean 来清理工作目录中的未跟踪文件。 Tips：注意，这通常不是一个推荐的做法，因为它可能会删除用户未提交的文件
commit.format	用于控制提交信息的格式
commit.sign	指定是否对提交进行 GPG 签名。GPG 签名可以确保提交者的身份和提交的完整性

core 配置项包含了一系列与 Git 核心行为相关的操作，其配置如表 17-11 所示。

表 17-11

配置名	说明
core.filemode	是否检查文件的执行权限，如果设置为 true，Git 会在添加、提交和检出文件时跟踪文件的执行权限
core.eol	决定在检出时如何处理文本文件的行尾字符，默认通常是自动检测并适应操作系统
core.ignorecase	如果为 true，Git 在该仓库中会像在不区分大小写的文件系统上一样工作；如果为 false，Git 会强制区分文件名大小写
core.excludesfile	设置全局排除文件的路径，用来定义那些不希望被 Git 追踪的文件模式
core.hidedotfiles	控制是否隐藏以点开头的文件（即隐藏文件）不显示在 Git 仓库中，默认情况下 Git 会跟踪隐藏文件
core.pager	设置 Git 命令的分页程序，如 less 或 more，用于分屏显示长输出
core.bare	标记当前仓库是否为裸仓库（bare repository），裸仓库不包含工作目录，仅用于存储版本历史
core.editor	设置用于提交信息的文本编辑器。例如，可以设置为 vim、nano 或其他喜欢的编辑器
core.hooksPath	设置钩子的存放路径，默认为.git/hooks 目录

pull 配置项包含了关于拉取时的一些操作，其配置如表 17-12 所示。

表 17-12

配置名	说明
pull.ff	控制 git pull 在执行合并操作时是否使用快速前进（fast-forward）策略
pull.rebase	控制 git pull 是否使用变基（rebase），而不是合并（merge）来整合远程分支的更改。 默认值为 false，可以设置为 true 将其开启

续表

配置名	说明
pull.tags	当设为 true 时，git pull 会同步远程仓库的所有标签到本地
pull.prune	当设为 true 时，git pull 会自动删除那些在远程仓库中已经被删除的本地分支

　　diff 配置项包含了关于对比时的一些操作，其配置如表 17-13 所示。

表 17-13

配置名	说明
diff.ignoreSpaceAtEnd	是否忽略行尾空格的差异
diff.ignoreSpaceAtBeginning	忽略行首空格的差异
diff.ignoreAllSpace	忽略所有空格的差异
diff.ignoreBlankLines	忽略空行的差异

17.4　Git 服务端配置

　　Git 服务端配置更多关注仓库的创建与管理、权限控制、钩子脚本、垃圾回收、认证与授权以及备份与恢复等方面。服务端配置通常由仓库管理员或系统管理员进行，以确保仓库的安全性和稳定性。例如，管理员可以创建和删除仓库、设置用户对仓库的访问权限，以及在特定事件发生时执行自定义的钩子脚本。此外，服务端配置还涉及如何认证和授权用户访问仓库，以及如何定期备份仓库以防止数据丢失。

　　Git 服务端的配置比较繁多，对于绝大多数开发者而言，使用不多。下面我们随机列举几个服务端的配置进行说明，以增强对 Git 相关概念的了解。更多详细的服务端配置请参考 Git 官方关于 git config 命令的说明（https://git-scm.com/docs/git-config）。

> **Tips：** 如果读者并非对 Git 原理有着很深的了解，那么，尽量不要对以下配置进行性能上的改动，以免对 Git 服务造成不必要的影响。

　　服务端配置的配置项如表 17-14 所示。

表 17-14

配置项	说明
receive	Git 服务器接收请求时的相关配置
http	设置 HTTP 连接相关配置
gc	用于控制垃圾回收的行为

17.4.1　receive 配置项

receive 配置项主要用于配置服务器端的接收钩子行为以及控制推送操作的策略。它用于定义当客户端向服务端推送更新时，服务器应该如何响应和处理这些推送请求。

1. receive.autogc

该配置用于控制是否在每次推送后自动运行垃圾回收（GC）。默认情况下，当从远程仓库接收数据并更新引用后，Git 会压缩松散的对象。如果希望禁用这个自动 GC 的功能，可以通过设置 receive.autogc 为 false 来实现。

使用示例如下。

```
git config receive.autogc false
```

2. receive.denyDeletes

该配置用于控制是否允许在推送时删除分支和标签。当设置为 true 时，此选项会防止通过推送来删除远程仓库的分支和标签，只有在服务器上手动删除相应的引用文件后才能删除它们。

使用示例如下。

```
git config receive.denyDeletes true
```

> **Tips：** receive.denyDeletes 选项并不是禁止了 git push --delete 操作，该配置的主要作用是防止用户在推送代码时误删了远程仓库中的分支或标签。Git 变基操作经常用于整合多个开发者的更改，但在变基后的推送可能会因为 denyNonFastForwards 策略而被拒绝，这时用户可能会试图通过删除分支后再次推送来绕过这个限制。设置 receive.denyDeletes 为 true 后，Git 会禁止这种做法，从而保护远程仓库不被未经授权的数据删除操作所影响。

3. receive.fsckObjects

该配置涉及 Git 服务器端在接收客户端推送操作时的行为。设置是否在每次推送生效之前检查所有接收到的对象的完整性，以确保没有因为客户端的问题而引入破坏性的数据。这一过程通常不会在每次推送时都执行，因为这样做会耗费较长时间，特别是在面对较大的代码库或推送文件时。若要在每次推送时都进行这种检查，可以通过设置 receive.fsckObjects 为 true 来实现。

使用示例如下。

```
git config receive.fsckObjects true
```

4. receive.unpackLimit

该配置用于设置 Git 在接收对象时的对象数量。若想在推送过程中接收的对象数量少于这个限制，那么，这些对象会被解包成松散的对象文件。反之，如果接收到的对象数量等于或超过这个限制，那么，接收到的包将被存储为包。这样可以使 push 操作更快地完成，尤其是在较慢的文件系统上。

使用示例如下。

```
git config receive.unpackLimit 100
```

17.4.2 http 配置项

1. http.proxy

该配置用于在 Git 客户端和远程仓库之间设置 HTTP 代理，以帮助处理可能出现的网络访问问题，如无法访问 Git 仓库、下载代码缓慢等。通过配置 HTTP 代理，Git 可以将请求转发到一个能够正常访问这些资源的代理服务器，从而绕过直接访问受限制的网络资源。

使用示例如下。

```
git config http.proxy http://<proxy-server>:<port>

git config http.proxy http://www.git.com:8080
```

2. http.proxyAuthMethod

该配置用于设置在使用 Git 时通过代理服务器进行通信时的认证方式。代理服务器可能需要用户名和密码才能访问，这时就需要用到该配置来指定认证方法。在此基础上，还需要配合 http.proxyUser 和 http.proxyPassword 来提供具体的用户凭证。

http.proxyAuthMethod 参数的可选值如表 17-15 所示。

表 17-15

参数	说明
anyauth	默认值，自动选择合适的身份验证方法
basic	采用 HTTP basic 认证方式
digest	HTTP 摘要式身份验证；可以防止密码以明文形式传输到代理
negotiate	GSS-Negotiate 身份验证
ntlm	NTLM 身份验证

使用示例如下。

```
# 设置代理服务器
git config http.proxy http://www.git.com:8080
```

```
# 设置认证方式
git config http.proxyAuthMethod 'basic'
# 设置用户名
git config http.proxyAuthUsername 'yourusername'
# 设置密码
git config http.proxyAuthPassword 'yourpassword'
```

3. http.postBuffer

该配置用于设置在使用 Git 进行 HTTP 协议传输时发送数据的缓冲区大小。默认情况下，Git 对 HTTP 请求的大小有限制，这通常适用于小文件传输。然而，当传输较大的文件时，可能会因缓冲区不足而导致传输失败或超时。通过增大 http.postBuffer 的值，可以允许更大的 HTTP 请求，从而解决大文件传输时可能出现的缓冲区溢出或超时问题。

使用示例如下。

```
# 设置 HTTP 请求缓冲区的大小，单位为字节
git config http.postBuffer 524288000
```

4. http.saveCookies

该配置用于 Git 在进行 HTTP 协议交互时的一个配置选项，决定了是否将接收到的 cookies 保存下来。当启用此选项时，Git 会将在请求期间收到的 cookies 存储到 .git/config 文件指定的 http.cookieFile 文件中。这通常用于处理需要身份验证的远程仓库，如 GitHub、Bitbucket 等。

使用示例如下。

```
# 开启 Cookie 存储
git config --global http.saveCookies true
# 设置 Cookie 文件的路径
git config http.cookieFile D:/cookie.txt
```

17.4.3　gc 配置项

1. gc.auto

该配置用于控制 Git 是否自动运行垃圾回收器。当执行某些可能导致很多松散对象的 Git 命令后，如 git pull 或 git push，如果存在大量松散对象或者包过多，gc.auto 将触发 git gc --auto 命令来对这些对象进行清理和优化。该配置用于优化本地存储库，清除不必要的文件和数据，从而节省磁盘空间并提升性能。我们可以通过命令行直接设置 gc.auto 的值来启用或禁用自动垃圾回收功能。

使用示例如下。

```
# 禁用垃圾回收
```

```
git config gc.auto 0

# 启用垃圾回收
git config --global gc.auto 1
```

2. gc.pruneExpire

该配置用于控制 Git 在进行垃圾回收时，清除无用 Git 对象的时间限制。这个时间限制是指对象自最后一次被引用以来到现在的时间间隔。如果超出了这个时间间隔，那么，这些对象就会被认为是无用的，会被 Git 自动删除以释放磁盘空间。

> **Tips：** 在进行垃圾回收时，Git 还会考虑其他因素，如 gc.auto 配置变量指定的无用对象数量限制以及 gc.autoPackLimit 指定的打包文件数量限制等。这些配置变量共同影响垃圾回收的策略和效率。

使用示例如下。

```
# 两周之前的对象会被认为是无用的，并被删除
git config gc.pruneExpire "2 weeks ago"
```

3. gc.maxCruftSize

git gc 命令用于维护 Git 存储库，它会执行多项内部任务，如压缩文件修订、删除无法访问的对象等，以减少磁盘空间消耗和提升性能。在执行这些任务时，如果设置了 gc.maxCruftSize，那么，新的 Cruft 包的大小就会被限制为最多 <n> 字节，其中，<n> 是用户设置的值。

gc.maxCruftSize 用于在执行 git gc 命令时控制 Cruft 包的最大大小，从而帮助我们优化存储库的磁盘空间使用。合理地设置该值有助于防止因包过大而引起的性能问题。如果未设置 gc.maxCruftSize，或者在运行 git gc 时未指定 --max-cruft-size 选项，则会使用 Git 默认的大小限制，通常是 250 MB。

> **Tips：** Cruft 包是 Git 中用来存储无法访问对象的特殊类型的包。通过限制 Cruft 包的大小，可以在一定程度上控制存储库的磁盘空间占用。

使用示例如下。

```
# 将 Cruft 包设置为 100MB
git config gc.maxCruftSize 100M
```